やさしく学ぶ

第三級海上無線通信士試験

吉村和昭・著

Ohmsha

まえがき

無線従事者は,「総合無線従事者」,「海上無線従事者」,「航空無線従事者」,「陸上無線従事者」,「アマチュア無線従事者」の5系統に区分され,合計23種類あります.

海上無線従事者には,海上無線通信士と海上特殊無線技士があり,GMDSS対応の海上無線通信士には「第一級海上無線通信士(一海通)」,「第二級海上無線通信士(二海通)」,「第三級海上無線通信士(三海通)」の3種類があります.

本書は三海通の国家試験に合格できるようにまとめたものですが,無線工学以外の3科目(法規,英語,電気通信術)は一海通～三海通で同じ問題が出題されるため,一海通や二海通を受験する方も本書をご活用いただけます.

三海通の試験科目は,「無線工学」「法規」「英語」「電気通信術」の4科目で,「電気通信術」の試験では実技がありますが,その他の試験は筆記により行われます.

三海通の受験者数は,年間1000名程度で合格率は概ね30～40%程度です.

科目別の合格率は年度や試験期により若干変化しますが,「無線工学」,「法規」,「英語」が概ね45～70%程度,「電気通信術」が85%程度です.3年間有効な科目合格制度もありますので,一度で4科目に合格する必要はありません.科目合格を積み重ねて合格を目指しましょう.

合格への近道は直近の数年間に出題された問題を複数回解き,傾向を把握することです.

「無線工学」と「法規」は過去問と同じような問題が度々出題されます.本書は,過去に繰返し出題された国家試験の問題を題材とし,問題を解くために必要最小限の知識をできる限り簡潔に解説しました.

「無線工学」の計算問題は基礎事項を習得していなければ正解を得ることが困難ですので,基礎事項を学習してから過去問を解いてみて下さい.

「法規」は出題範囲が広いため,難しく感じるかもしれませんが,出題されている問題は限定的なので,本書に掲載している問題を解けるようにしておきましょう.

「英語」は,過去問と同じ問題は出題されませんが,海上業務に関する専門用語を知らないと解けない問題もありますので,本書に掲載している過去に出題された専門用語の対訳表をご活用ください．

「電気通信術」は試験の形式とフォネティックコードを覚えれば，あとは練習あるのみです．本書はフォネティックコードと試験のポイントを掲載していますので，本番までしっかり練習しておきましょう．直接印刷電信の試験はパソコンのキーボードが普通に叩ければ大丈夫です．

また，各問題にある★印は出題頻度を表しています．★★★はよく出題されている問題，★★はたまに出題される問題です．合格ラインを目指す方はここまでしっかり解けるようにしておきましょう．★は出題頻度が低い問題ですが，出題される可能性は十分にありますので，一通り学習することをお勧めします．

本書が皆様の三海通の国家試験受験に役立てば幸いです．

2021 年 6 月

吉 村 和 昭

目 次

1編　無線工学

2編　法　規

付　録

1編

無線工学

INDEX

1章　通信方式

この章から **2** 問出題

代表的なアナログ通信方式の，A3E，J3E，F3E の特徴や違いを学ぶとともに，デジタル通信方式の，ASK，FSK，PSK の特徴と違いを学びます．出題範囲は限定的です．

1.1　アナログ通信とデジタル通信

アナログ通信は，振幅が時間とともに連続的に変化するアナログ信号をそのまま伝送する方式ですが，デジタル通信は，連続的なアナログ信号を離散的な（飛び飛びの）デジタル信号に変換して伝送する方式です．

音声のような低周波数の信号波は直接遠くに伝えることはできません．そのため，信号波などの情報を遠くに伝えるために，周波数の高い搬送波に信号波を乗せて伝送します．これを**変調**といいます．変調された電波を受信しても人間の耳には聞こえませんので，受信した電波から信号波を取り出す必要があります．これを**復調**といいます．変調にはアナログ変調とデジタル変調があり，復調にもアナログ復調とデジタル復調があります．

アナログの振幅変調を AM，周波数変調を FM といいます．なお，ラジオ放送の AM や FM は，変調方式の違いを示しています．

関連知識　搬送波と変調方式

搬送波の電流 i_c（瞬時値という）は，次式で表すことができます．I_c は振幅〔V〕，ω_c は搬送波の角周波数〔rad/s〕で周波数 f_c〔Hz〕との関係は $\omega_c = 2\pi f_c$，θ は位相〔rad〕，t は時間〔s〕です．

$$i_c = \sin(\omega_c t + \theta) = I_c \sin(2\pi f_c t + \theta) \tag{1.1}$$

式（1.1）の搬送波を信号波で変化させる（変調）ことができるのは，振幅 I_c，周波数 f_c，位相 θ のいずれかです．振幅を変化させる方式を**振幅変調**（AM：Amplitude Modulation），周波数を変化させる方式を**周波数変調**（FM：Frequency Modulation），位相を変化させる方式を**位相変調**（PM：Phase Modulation）といいます．

1.2　振幅変調

振幅変調（AM）は**振幅を変化**させる変調方式で，今でも，中波 AM 放送や航空管制通信などで使用されています．

図 1.1（a）の搬送波に図 1.1（b）の信号波を乗せて変調すると図 1.1（c）のような波形になります．

搬送波と信号波の振幅の比を**変調度**といい，搬送波の振幅（最大値）を A，信

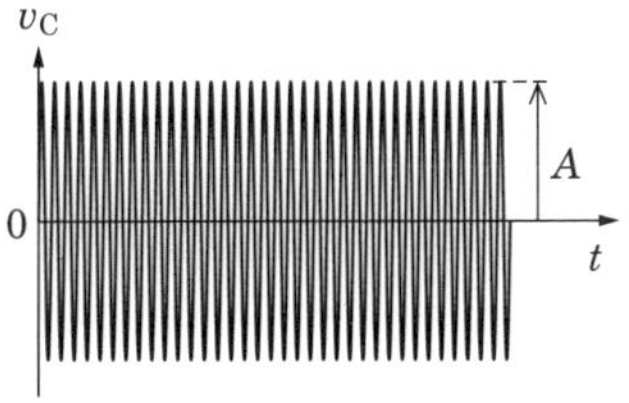

（a）搬送波

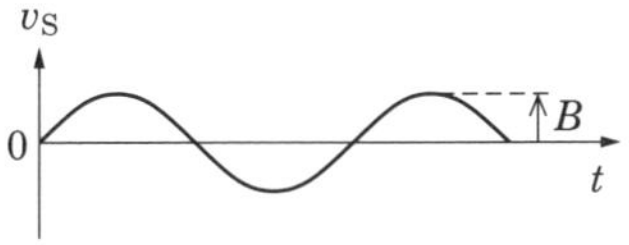

（b）信号波

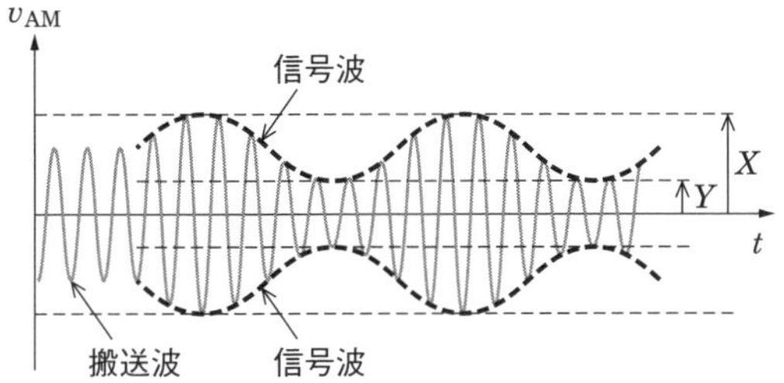

（c）振幅変調波

■図 1.1　振幅変調波の波形

号波の振幅（最大値）を B とすると，変調度 m は次式で求めることができます．

$$m = \frac{B}{A} \times 100 \text{〔\%〕} \tag{1.2}$$

　また，変調度 m は振幅変調波の最大値 X と最小値 Y を用い，次式で求めることもできます．

$$m = \frac{X - Y}{X + Y} \times 100 \text{〔\%〕} \tag{1.3}$$

振幅変調波の変調度 m は

$$m = \frac{\text{信号波電圧の振幅}}{\text{搬送波電圧の振幅}} \times 100 = \frac{B}{A} \times 100 \text{〔\%〕}$$

または

$$m = \frac{X - Y}{X + Y} \times 100 \text{〔\%〕}$$

で計算します．

関連知識　式 (1.2)＝式 (1.3) の証明

図 1.1 (c) より，$X = A + B$，$Y = X - 2B = A - B$ となるので

$$\frac{X - Y}{X + Y} = \frac{(A + B) - (A - B)}{(A + B) + (A - B)} = \frac{2B}{2A} = \frac{B}{A}$$

となります．これより，式 (1.2)＝式 (1.3) となることがわかります．

問題 1　★★★　➡1.2

次の記述は，**図 1.2** に示す DSB（A3E）振幅変調波 v_{AM} について述べたものである．［　　］内に入れるべき字句の正しい組合せを下の番号から選べ．ただし，v_{AM} の振幅の最大値を X〔V〕，最小値を Y〔V〕，搬送波（正弦波）v_C の振幅を A〔V〕及び信号波（正弦波）v_S の振幅を B〔V〕とする．また，$A > B$ とする．

(1) v_{AM} の変調度 m を A 及び B で表すと，m =（［A］）× 100〔%〕である．

(2) v_{AM} の変調度 m を X 及び Y で表すと，m = {［B］} × 100〔%〕である．

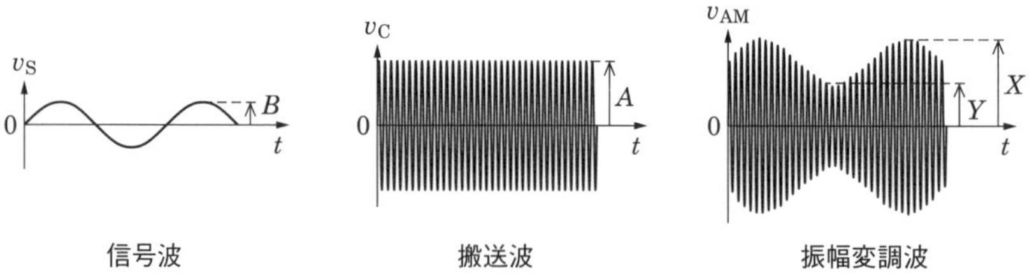

t：時間〔s〕

図 1.2

	A	B
1	B/A	$(X+Y)/(X-Y)$
2	B/A	$(X-Y)/(X+Y)$
3	A/B	$(X+Y)/(X-Y)$
4	A/B	$(X-Y)/(X+Y)$

解説　変調度 m は

$$m = \frac{\text{信号波電圧の振幅}}{\text{搬送波電圧の振幅}} \times 100 = \frac{\boldsymbol{B}}{\boldsymbol{A}} \times 100 \text{〔\%〕}$$

または

$$m = \frac{\boldsymbol{X - Y}}{\boldsymbol{X + Y}} \times 100 \text{〔\%〕}$$

で計算します．

答え▶▶▶2

1.3　振幅変調波の周波数分布

1.3.1　DSB（A3E）通信方式

周波数 f_s の信号波を単一正弦波（歪のない信号）として，周波数 f_c の搬送波を振幅変調（AM）すると，**図 1.3** のように，f_c の搬送波，f_c+f_s の上側波，f_c-f_s の下側波の 3 つの周波数成分が発生します．

搬送波を中心に両側に側波があるため**両側波振幅変調**（**DSB**：Double Side Band）といい，電波の型式は **A3E** となります．

AM（A3E）と DSB（A3E）は同じものです．

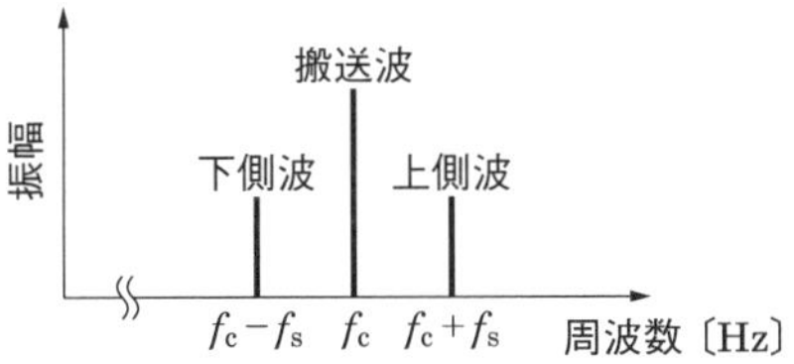

■図 1.3　単一正弦波で振幅変調したときの DSB（A3E）波の周波数分布

これら 3 つの周波数成分の各々の電流と電力をまとめたものを**表 1.1** に示します．ただし，f_c〔Hz〕は搬送波の周波数，f_s〔Hz〕は信号波の周波数，I_C〔A〕は搬送波電流の振幅，m は変調度を表します．

■表 1.1　単一正弦波で振幅変調したときの各周波数成分の電流と電力

周波数〔Hz〕	搬送波：f_c	上側波：f_c+f_s	下側波：f_c-f_s
電流の振幅（最大値）〔A〕	I_C	$\dfrac{mI_C}{2}$	$\dfrac{mI_C}{2}$
実効値〔A〕	$\dfrac{I_C}{\sqrt{2}}$	$\dfrac{mI_C}{2\sqrt{2}}$	$\dfrac{mI_C}{2\sqrt{2}}$
電力（R_r は放射抵抗）〔W〕	$\dfrac{{I_C}^2R_r}{2}=P_C$	$\dfrac{m^2{I_C}^2R_r}{8}=\dfrac{m^2P_C}{4}$	$\dfrac{m^2{I_C}^2R_r}{8}=\dfrac{m^2P_C}{4}$

※ DSB（A3E）波の電力 P_M は，$P_M=P_C+\dfrac{m^2P_C}{4}+\dfrac{m^2P_C}{4}=P_C\left(1+\dfrac{m^2}{2}\right)$

音声信号で搬送波を振幅変調した場合の周波数分布を**図 1.4** に示します．

音声信号は単一正弦波と異なり低い周波数から高い周波数までの多くの周波数成分を含んでいるため，上側波及び下側波は帯状になります．

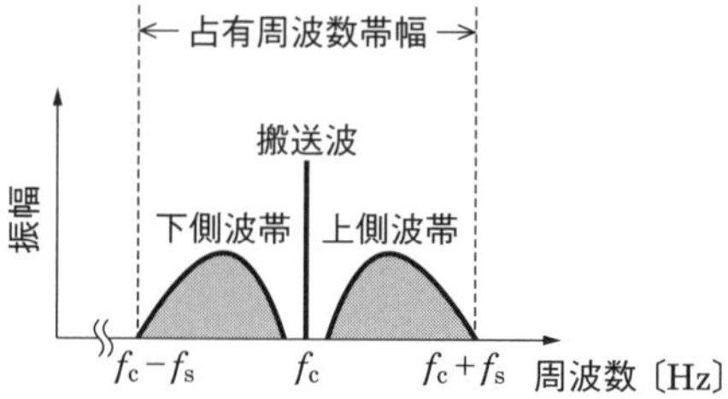

図 1.4　音声信号で変調した DSB（A3E）波の周波数分布

1.3.2　SSB（J3E）通信方式

図 1.4 でわかるように，DSB（A3E）と呼ばれる両側波振幅変調波は，同じ情報が上側波と下側波の両方にあるため，広い占有周波数帯幅が必要になり，周波数を有効に利用しているといえません．そこで，**図 1.5** に示すように情報の伝送に寄与しない搬送波と下側波を取り除き，上側波のみを伝送する通信方式を**搬送波抑圧単側波振幅変調**（**SSB**：Single Side Band）といい，電波の型式は **J3E** となります．J3E 方式は A3E 方式と比べて，占有周波数帯幅が半分で済むため，周波数を有効利用できます．

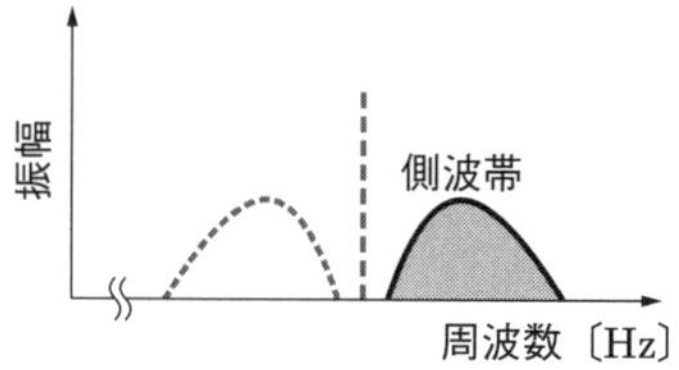

図 1.5　SSB（J3E）

表 1.2 からわかるように，上側波のみの SSB（J3E）波の電力 P_{USB} は，変調度 $m=1$（100％）の場合，$P_{USB} = \frac{1}{4} P_C$ となります．DSB（A3E）波の電力

P_M は，搬送波電力＋上側波電力＋下側波電力となるので，$P_M = P_C + \frac{1}{4}P_C + \frac{1}{4}P_C = \frac{6}{4}P_C$ となります．したがって，$m = 1$ のときの J3E 波の電力は A3E 波の電力の 1/6 になります．

SSB 波を発生させるには**図 1.6** に示す**リング変調器**と呼ばれる変調器が用いられます．搬送波 f_c〔Hz〕と信号波 f_s〔Hz〕を入力すると，出力には搬送波が抑圧され，上側波（$f_c + f_s$）〔Hz〕と下側波（$f_c - f_s$）〔Hz〕の両方（両側波帯成分）を取り出すことができます．

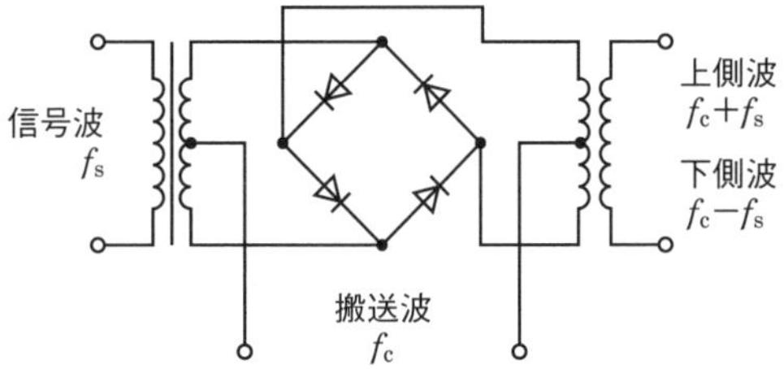

図 1.6　リング変調器

なお，リング変調器や平衡変調器などで SSB 波を発生させるには急峻なフィルタが必要になるため，実際には，フィルタが不要の位相器を使用した SSB 波を発生させる回路が使われています．

1.3.3　DSB（A3E）通信方式と SSB（J3E）通信方式の違い

J3E 方式は A3E 方式と比べ

- 占有周波数帯幅を狭くでき（**半分**），周波数を有効利用できる
- 空中線電力を少なくでき（100％変調のとき A3E の 1/6），**効率が良い**
- 選択性フェージングの影響が**小さい**

といった特徴があります．

関連知識　選択性フェージング

振幅変調された電波は，搬送波，上側波，下側波から構成されており，上側波と下側波には同じ情報が含まれています．電離層の伝搬特性が周波数によって相違する場合，上側波がフェージングの影響を受け，下側波がフェージングの影響を受けないということもあります．このようなフェージングを選択性フェージングといいます．

問題 2 ★★ ➡1.3.1

次の記述は，AM（A3E）送信機の送信電力 P_M について述べたものである．□内に入れるべき字句の正しい組合せを下の番号から選べ．ただし，送信機は，次式で示す振幅変調された電流 i_M を放射抵抗 R_r〔Ω〕の無損失アンテナに供給するものとする．

$$i_M = I_C \sin \omega_C t + \frac{mI_C}{2} \sin(\omega_C + p)t + \frac{mI_C}{2} \sin(\omega_C - p)t \text{〔A〕}$$

I_C〔A〕：搬送波の振幅，t〔s〕：時間，$m \times 100$〔%〕：変調度，
ω_C〔rad/s〕：搬送波の角周波数，p〔rad/s〕：信号波（単一正弦波）の角周波数

(1) P_M は，搬送波成分の電力 P_C と上側波成分の電力 P_{SU} と下側波成分の電力 P_{SD} の和で求められる．
(2) P_C は，$P_C =$ [A]〔W〕である．
(3) P_{SU} と P_{SD} は等しく，$P_{SU} = P_{SD} =$ [B]〔W〕である．
(4) したがって，P_M は，$P_M = P_C \times$ [C]〔W〕である．

	A	B	C
1	$I_C^2 R_r/2$	$m^2 I_C^2 R_r/4$	$(1 + m^2)$
2	$I_C^2 R_r$	$m^2 I_C^2 R_r/8$	$(1 + m^2)$
3	$I_C^2 R_r$	$m^2 I_C^2 R_r/4$	$(1 + m^2/2)$
4	$I_C^2 R_r/2$	$m^2 I_C^2 R_r/8$	$(1 + m^2/2)$

解説 AM（A3E）波の電力 P_M は，搬送波電力 P_C + 上側波電力 P_{SU} + 下側波電力 P_{SD} になります．電流の実効値を I_e〔A〕とすると

$$P_C = I_e^2 R_r = \left(\frac{I_C}{\sqrt{2}}\right)^2 R_r = \boldsymbol{\frac{I_C^2 R_r}{2}}$$

$$P_{SU} = P_{SD} = \left(\frac{mI_e}{2}\right)^2 R_r = \left(\frac{mI_C}{2\sqrt{2}}\right)^2 R_r = \boldsymbol{\frac{m^2 I_C^2 R_r}{8}} = \frac{m^2 P_C}{4}$$

となります．よって

$$P_M = P_C + P_{SU} + P_{SD} = P_C + \frac{m^2 P_C}{4} + \frac{m^2 P_C}{4} = P_C\left(\boldsymbol{1 + \frac{m^2}{2}}\right)$$

となります．

答え▶▶▶4

問題 3 ★　➡ 1.3.2

次の記述は，**図 1.7** に示す回路について述べたものである．[　　]内に入れるべき字句を下の番号から選べ．ただし，回路は，理想的に動作するものとし，変調信号を v_s，搬送波を v_c とする．また，v_s の周波数を f_s〔Hz〕，v_c の周波数を f_c〔Hz〕とする．

(1) 名称は，[ア]回路といわれる．
(2) SSB（J3E）通信方式の変調部として使うことが[イ]．
(3) v_c と v_s があるとき，出力信号には，両側波帯成分（$f_c \pm f_s$）が[ウ]．
(4) v_c と v_s があるとき，出力信号には，[エ]が含まれない．
(5) v_c があり，v_s がないとき，[オ]．

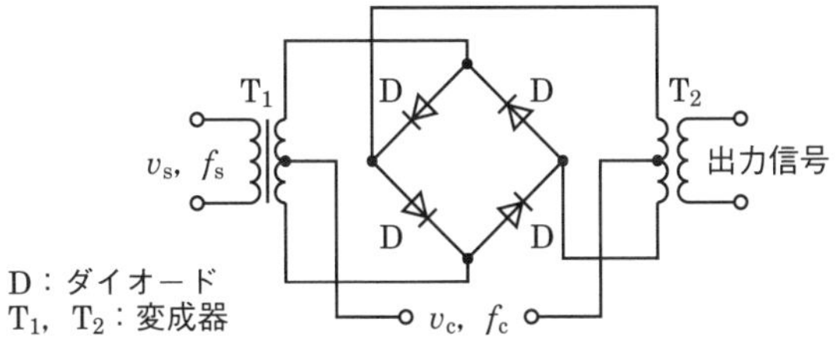

図 1.7

1　リング変調　　2　できる　　3　含まれない
4　搬送波成分（f_c）　　5　v_c が出力信号になる　　6　周波数弁別
7　できない　　8　含まれる　　9　両側波帯成分（$f_c \pm f_s$）
10　出力信号はない

解説　図の回路は**リング変調器**といわれ，SSB 通信方式の変調部で使うことが**できます．** v_c と v_s があるとき，上側波（$f_c + f_s$）と下側波（$f_c - f_s$）の**両側波帯成分（$f_c \pm f_s$）が含まれますが，搬送波成分（f_c）は含まれません．** また，v_c だけのときは，**出力信号はありません．**

答え▶▶▶ア－1　イ－2　ウ－8　エ－4　オ－10

問題 4 ★★ ➡1.3.3

次の記述は，DSB（A3E）通信方式と比べたときの SSB（J3E）通信方式の一般的な特徴について述べたものである．[　　]内に入れるべき字句の正しい組合せを下の番号から選べ．

(1) 送信電力の利用効率が[A]．

(2) 占有周波数帯幅は，ほぼ[B]である．

(3) 選択性フェージングの影響が[C]．

	A	B	C
1	悪い	1/4	小さい
2	悪い	1/2	大きい
3	良い	1/4	大きい
4	良い	1/2	小さい

解説　SSB は DSB と比べ

・空中線電力を少なくでき（100％変調のとき A3E の 1/6），効率が**良い**

・占有周波数帯幅を狭くでき（**半分**），周波数を有効利用できる

・選択性フェージングの影響が**小さい**

といった特徴があります．

答え ▶▶▶ 4

1.4 周波数変調

周波数変調（FM：Frequency Modulation は，**図 1.8** に示すように音声などの信号波の振幅の変化で搬送波の周波数を変化させる変調方式（F3E）です．

海上通信では国際 VHF などで使用されています．AM（A3E）波の側波は上側波と下側波の 2 つですが，FM（F3E）波の側波数は多くなり，占有周波数帯幅が広くなります．そのため，主に**超短波（VHF）帯及び極超短波（UHF）帯**の周波数帯で多く用いられます．同一周波数の妨害波があるとき，希望波が妨害波よりある程度強いと**妨害波を抑圧して通信することができます**．その他に FM（F3E）波には次のような特徴があります。

- 音質が優れている
- パルス性雑音の影響を受けにくい

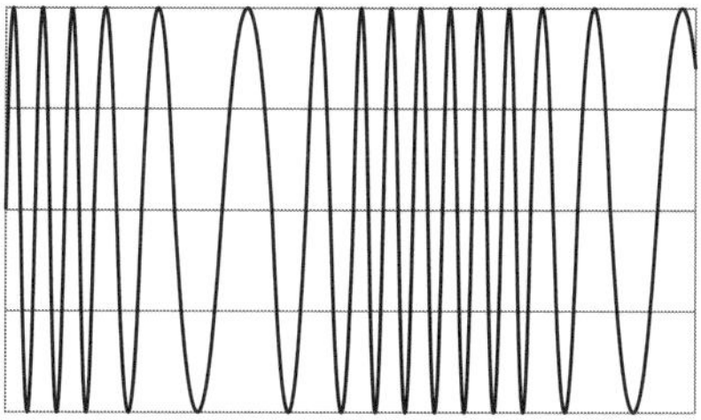

■図 1.8　周波数変調波

- 受信電波の強さがある程度変化しても受信機の出力は変わらない
- 受信機の入力信号の強度がある値以下になると，受信機出力の信号対雑音比（S/N）が急激に悪くなる

問題 5 ★ ➡1.4

次の記述は，AM（A3E）通信方式と比べたときの FM（F3E）通信方式の一般的な特徴について述べたものである．このうち誤っているものを下の番号から選べ．

1　パルス性雑音の影響を受けにくい．

2　主に超短波（VHF）帯及び極超短波（UHF）帯の周波数帯で多く用いられる．

3　受信電波の強度があるレベル以下になると，受信機出力の信号対雑音比（S/N）が急激に悪くなる．

4　同一周波数の妨害波があるとき，希望波が妨害波よりある程度強くても妨害波を抑圧して通信することができない．

解説　4「ある程度強くても妨害波を抑圧して通信することが**できない**」ではなく，正しくは「ある程度強い場合，妨害波を抑圧して通信することが**できる**」です．

答え ▶▶▶ 4

1.5 デジタル変調

船舶の遭難通信や緊急通信も扱う国際 VHF や HF 帯の無線電話はアナログ通信方式ですが，それ以外のものは，デジタル通信方式に置き換わってきています．デジタル通信方式の特徴は多重通信や誤り訂正等が可能なことです．

デジタル変調には，**振幅を変化**させる **ASK**（Amplitude Shift Keying），**周波数を変化**させる **FSK**（Frequency Shift Keying），**位相を変化**させる **PSK**（Phase Shift Keying）があります．デジタル変調は，雑音に強く秘話通信も可能です．

図 1.9 に 2 値のデジタル信号で変調された ASK，FSK，PSK 波形を示します．

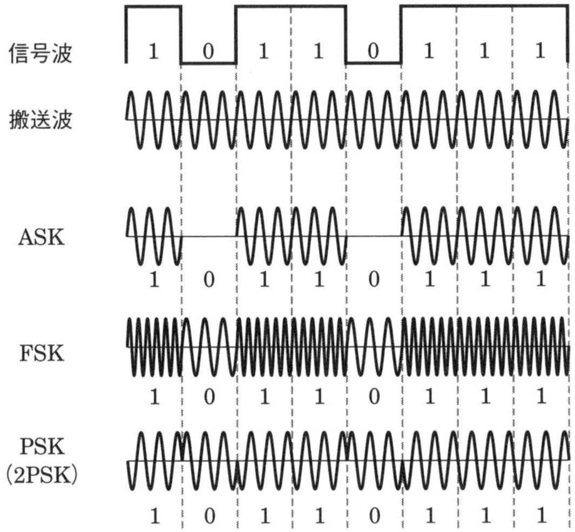

■図 1.9　2 値のデジタル信号で変調された ASK，FSK，PSK 波形

ASK は 2 進の「1」では電波が出ている状態，2 進の「0」では電波が出ていない状態を示しています．

FSK は 2 進の「1」では周波数の高い搬送波，2 進の「0」では周波数の低い搬送波を送出していることを示しています．

PSK（図は 2PSK）は，2 進の「1」と「0」では，位相が 180° 異なる搬送波を使用していることを示しています．PSK には，1 ビットの情報が伝送できる 2PSK（BPSK），2 ビットの情報が伝送できる 4PSK（QPSK），3 ビットの情報が伝送できる 8PSK などがあります．

これらのほか，伝送容量を増やす方式に振幅と位相を同時に変化させる QAM（Quadrature Amplitude Modulation）があります．

関連知識　パルス符号型式

デジタル変調は，ベースバンドと呼ばれるパルス信号を変調する方式です．パルス信号の符号形式には**表 1.2** に示すように多くの種類があり，用途により使い分けられています．

■表 1.2　パルス符号型式

符号形式	波形の例	特　徴
単極性 NRZ 符号	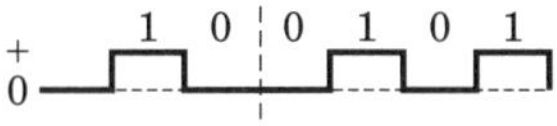	・RZ 方式より高調波成分が少ないので周波数帯域が広がりにくく無線系に適する． ・パルス幅＝タイムスロット ・同期をとりにくい．
両極性 NRZ 符号		
単極性 RZ 符号		・パルス幅が狭いので周波数帯域が広がる． ・パルス幅＜タイムスロット ・同期をとりやすい．
両極性 RZ 符号		
AMI 符号		・「High」レベルになるごとに極性が変わる． ・同期をとりやすい．

NRZ：Non Return to Zero
RZ：Return to Zero
AMI：Alternate Mark Inversion

問題 6　★★　➡1.5

次の記述は，デジタル変調方式について述べたものである．［　　］内に入れるべき字句の正しい組合せを下の番号から選べ．

(1) デジタル信号に応じて搬送波の位相を変化させるのは，［ A ］といわれる．

(2) デジタル信号に応じて搬送波の振幅と位相を変化させるのは，［ B ］といわれる．

	A	B
1	FSK	ASK
2	FSK	QAM
3	PSK	ASK
4	PSK	QAM

解説　搬送波の位相を変化させるのは **PSK** で，振幅と位相の両方を変化させるのはQAM です．

答え ▶▶▶ 4

問題 7 ★★ ➡1.5

次の記述は，デジタル変調について述べたものである．[　　]内に入れるべき字句の正しい組合せを下の番号から選べ．ただし，デジタル信号は，"1" 又は "0" の 2 値で表されるものとする．

(1) FSK は，デジタル信号の "1" 又は "0" に応じて，搬送波の[A]を変化させる方式である．

(2) PSK は，デジタル信号の "1" 又は "0" に応じて，搬送波の[B]を変化させる方式である．

	A	B
1	振幅	位相
2	振幅	振幅と位相
3	周波数	位相
4	周波数	振幅と位相

解説　FSK（Frequency Shift Keying）は搬送波の**周波数**を変化させる方式で，PSK（Phase Shift Keying）は搬送波の**位相**を変化させる方式です．

なお，搬送波の振幅を変化させる方式は ASK（Amplitude Shift Keying），振幅と位相を同時に変化させる方式は QAM です．

答え ▶▶▶ 3

1.6 衛星の多元接続

多くの地球局が一つの衛星を同時に使用して無線通信を行うには，地球局同士が干渉しない方法が必要となります．これらを実現するために，周波数を分割する方法や時間を分割する方法などがあります．これを**多元接続**といい，**周波数分割多元接続（FDMA）**，**時分割多元接続（TDMA）**，**符号分割多元接続（CDMA）**などがあります．

1.6.1 FDMA

FDMA（Frequency Division Multiple Access）は**周波数分割多元接続**ともいい，一つの中継器の帯域に，多数の地球局の電波のスペクトルが重ならないように周波数を分割して送受信する方式です．

1.6.2 TDMA

TDMA（Time Division Multiple Access）は**時分割多元接続**ともいい，一つの中継器に多数の地球局が一つの搬送周波数を用いて，時間的に信号が重ならないように時間を分割して送受信する方式です．

1.6.3 CDMA

CDMA（Code Division Multiple Access）は**符号分割多元接続**ともいい，送信側の信号に符号（PN 符号）を掛け算して送信し，受信側では受信信号に送信側と同じ符号を掛け算することにより送受信する方式です．符号がわからなければ受信できないため，秘話性に優れています．

問題 8 ★★ ➡1.6

次の記述は，衛星通信に用いられる多元接続方式の例について述べたものである．□内に入れるべき字句の正しい組合せを下の番号から選べ．

(1) 一つの中継器に多数の地球局が同一の搬送周波数を用いて，時間的に信号が重ならないように時間を分割して送受信する方式を，［ A ］方式という．

(2) 一つの中継器の帯域に，多数の地球局の電波のスペクトルが重ならないように周波数を分割して送受信する方式を，［ B ］方式という．

	A	B
1	TDMA	FDMA
2	TDMA	CDMA
3	FDMA	CDMA
4	FDMA	TDMA

解説 時間（Time）を分割するのが **TDMA**（Time Division Multiple Access），周波数（Frequency）を分割するのが **FDMA**（Frequency Division Multiple Access）です．

答え▶▶▶ 1

2章　送信機

この章から **1** 問出題

送信機は，音声などの信号波を搬送波に乗せて（変調という）送信する通信機器です．送信機に必要とされる特性は，「周波数安定度が高いこと」「占有周波数帯幅が規定値以内であること」「不要輻射が規定値以内であること」などです．本章では A3E 送信機，J3E 送信機，F3E 送信機の構成と原理を学びます．

2.1　DSB（A3E）送信機

DSB（A3E）送信機は音声などの信号波で搬送波の振幅を変化させた信号を送信する機能を有する通信機器で，構成例のブロック図を**図 2.1** に示します．

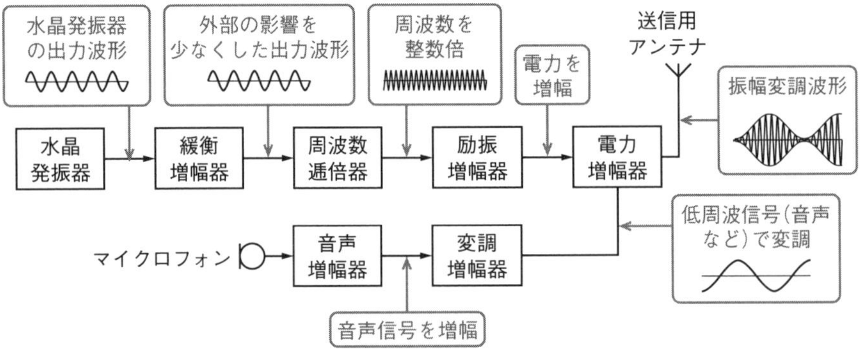

図 2.1　DSB（A3E）送信機の構成例

各部の働きは次のとおりです．

水晶発振器：搬送波のもとになる信号を発生させる回路です．搬送波の整数分の 1 の安定度の高い周波数を発生させます．多くの周波数で送信する必要がある場合は PLL 回路を使用したシンセサイザ発振器を使用します．

緩衝増幅器：発振器の周波数が周波数逓倍器や励振増幅器などの影響を受けないようにする回路です．

周波数逓倍器：所定の送信周波数を得るため，水晶発振器の発振周波数を整数倍にする回路です．増幅器を C 級で動作させ，高調波を利用します．数段必要になる場合もあります．

「逓倍」は周波数を高くすることで，周波数を 2 倍にすることを 2 逓倍，3 倍にすることを 3 逓倍といいます．

励振増幅器：電力増幅器が所定の出力が得られるように増幅します．

電力増幅器：所定の高周波出力が得られるように増幅します．

音声増幅器：マイクロホンからの信号を増幅します．

変調増幅器：その出力が電力増幅器に加えられ，十分な振幅変調が行われるように音声信号を増幅します．

関連知識 PLLシンセサイザ

図2.1のDSB（A3E）送信機には周波数を変化させることのできない水晶発振器が用いられていますが，多くのチャネルで送信する必要のある送信機は，水晶発振器の代わりに図**2.2**に示すPLL回路を用いたシンセサイザ発振器が用いられています．

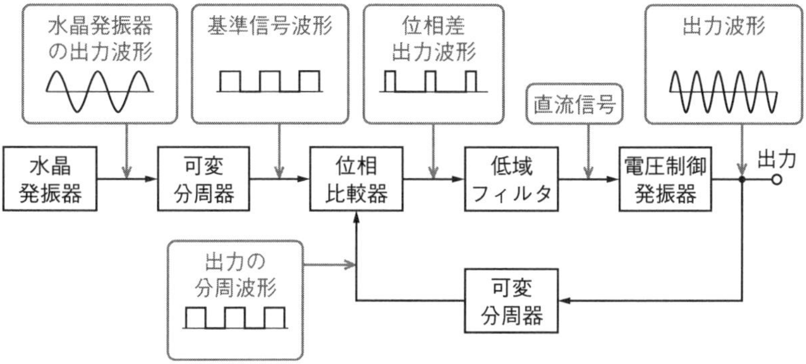

図2.2 PLL回路を用いたシンセサイザ発振器

シンセサイザ発振器は，PLL（Phase Locked Loop）回路を使い，周波数確度及び安定度の高い水晶発振器，可変分周器，位相比較器，低域フィルタ，電圧制御発振器（VCO）を組み合わせることにより，安定度の高い任意の周波数を発生させることができます．

問題 1 ★★ ➡2.1

次の記述は，**図2.3**に示すAM（A3E）送信機の基本的な構成例について述べたものである．［　　］内に入れるべき字句の正しい組合せを下の番号から選べ．なお，同じ記号の［　　］内には，同じ字句が入るものとする．

(1)［ A ］は，発振器の周波数が励振増幅器などの影響を受けないようにする役割がある．

(2)［ B ］は，その出力が電力増幅器に加えられ，十分な振幅変調が行われるように音声信号を増幅する役割がある．

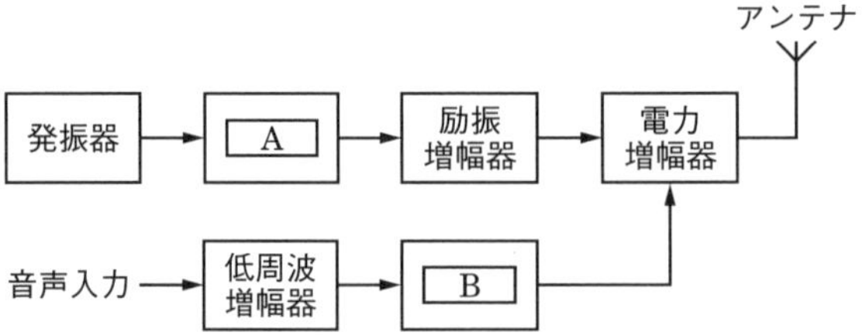

図 2.3

	A	B
1	緩衝増幅器	中間周波増幅器
2	緩衝増幅器	変調増幅器
3	周波数混合器	中間周波増幅器
4	周波数混合器	変調増幅器

解説　(1) **緩衝増幅器**についての説明です．なお，周波数混合器は受信機に用いられる回路で，高周波増幅器の出力周波数と局部発振器の出力周波数を混合して，周波数が一定の中間周波数に変換します．

(2) **変調増幅器**についての説明です．なお，中間周波増幅器は受信機に用いられる回路で，中間周波数に変換された信号を増幅します．

答え▶▶▶2

問題 2　★★★

➡2.1

図 2.4 は，FM 送信機などに用いられる位相同期ループ（PLL）回路を用いた発振器の原理的な構成例を示したものである．□内に入れるべき字句の正しい組合せを下の番号から選べ．

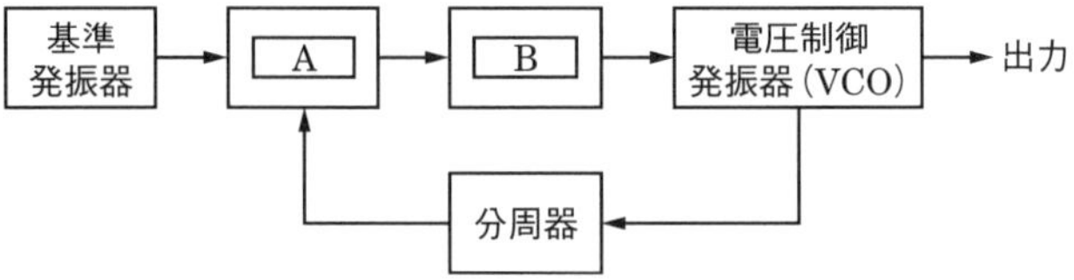

図 2.4

	A	B
1	位相比較器	自動利得調節器（AGC）
2	周波数弁別器	低域フィルタ（LPF）
3	位相比較器	低域フィルタ（LPF）
4	周波数弁別器	自動利得調節器（AGC）

解説　A の**位相比較器**で二つの発振器出力の位相を比較し，位相比較器から出力された電圧は B の**低域フィルタ**を通過して直流電圧となります．

答え▶▶▶ 3

出題傾向　電圧制御発振器（VCO）を空欄にした問題も出題されています．

2.2　SSB（J3E）送信機

SSB（J3E）送信機は音声などの信号波で変調された上側波又は下側波のみを送信する機能を有する電子機器で，構成例のブロック図を**図 2.5** に示します．

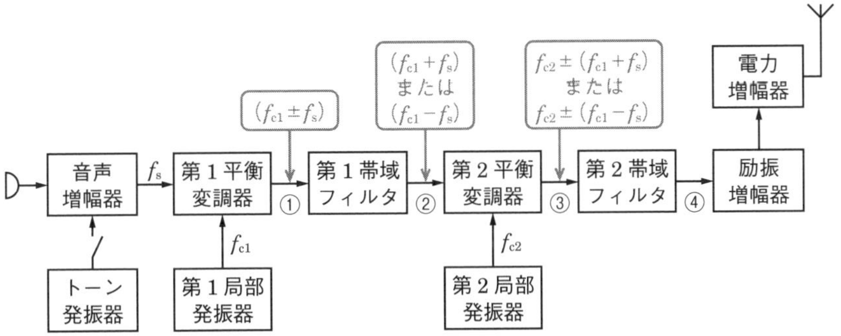

■図 2.5　SSB（J3E）送信機の構成例

各部の働きは次のとおりです．

第 1 平衡変調器：音声信号 f_s と搬送波の第 1 局部発振器の信号 f_{c1} を加えると，搬送波が抑圧されて，上側波（$f_{c1}+f_s$）と下側波（$f_{c1}-f_s$）が出力されます（図の①）．

第 1 局部発振器：搬送波 f_{c1} を発生する発振器です．

第１帯域フィルタ：平衡変調器から出力された，上側波と下側波のうち，いずれか一方を通過させます（図の②）.

第２局部発振器：搬送波 f_{c2} を発生する発振器です.

第２平衡変調器：第１帯域フィルタの出力が（$f_{c1}+f_s$）の場合は，$\{f_{c2}+(f_{c1}+f_s)\}$ と $\{f_{c2}-(f_{c1}+f_s)\}$ が出力され，（$f_{c1}-f_s$）の場合は，$\{f_{c2}+(f_{c1}-f_s)\}$ と $\{f_{c2}-(f_{c1}-f_s)\}$ が出力されます（図の③）. これらの出力のスペクトルの状態を**図 2.6** に示します.

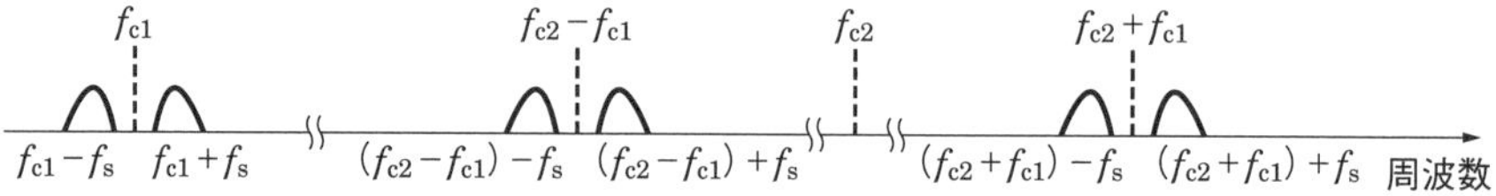

■図 2.6　第２平衡変調器の出力のスペクトル

第２帯域フィルタ：第２平衡変調器からの出力のうち希望の周波数を通過させます.

励振増幅器：電力増幅器を動作させるのに十分な電力まで増幅させる回路です.

電力増幅器：所定の高周波電力が得られるように増幅します.

トーン発振器：J3E 電波は音声信号がある場合だけ電波を発射します. 送信機の試験時に音声信号の代わりに使用します.

SSB（J3E）送信機の特徴的な回路は平衡変調器です. 音声信号 f_s〔Hz〕と搬送波信号 f_c〔Hz〕を平衡変調器に加えると，搬送波 f_c が抑圧され，（f_c+f_s）〔Hz〕の上側波と（f_c-f_s）〔Hz〕の下側波が出力されます.

関連知識　スピーチクリッパ

SSB（J3E）送信機において，過変調を防止するために音声信号のピーク部分を抑える回路をスピーチクリッパといいます.

問題 3　★★★　➡2.2

次の記述は，**図 2.7** に示す SSB（J3E）送信機の構成例について述べたものである. □内に入れるべき字句の正しい組合せを下の番号から選べ. ただし，音声（変調）入力信号の周波数及び第１局部発振器の周波数を，それぞれ f_s〔Hz〕及び f_o〔Hz〕とする. また，帯域フィルタ（BPF）は，上側波帯を通過帯域とする.

(1) 第 1 平衡変調器の出力信号の周波数は， [A] 〔Hz〕である．

(2) 帯域フィルタ（BPF）の出力信号の周波数は， [B] 〔Hz〕である．

(3) 音声入力信号がないとき，原理的にアンテナから電波は， [C] ．

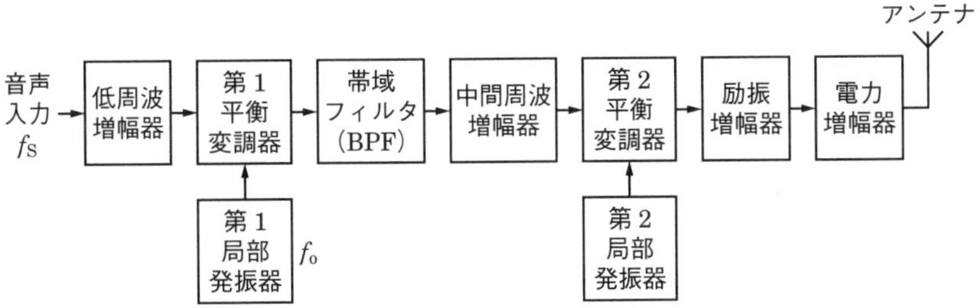

■図 2.7

	A	B	C
1	f_o+f_s と f_o-f_s と f_o	f_o-f_s	放射されない
2	f_o+f_s と f_o-f_s と f_o	f_o+f_s	f_o の成分だけが放射される
3	f_o+f_s と f_o-f_s	f_o-f_s	f_o の成分だけが放射される
4	f_o+f_s と f_o-f_s	f_o+f_s	放射されない

解説　第 1 平衡変調器では，上側波（$\boldsymbol{f_o+f_s}$）と下側波（$\boldsymbol{f_o-f_s}$）が出力されます．

帯域フィルタ（BPF）では，平衡変調器から出力された上側波との下側波のうち，いずれか一方を通過させますが，問題文に「上側波を通過帯域とする」とありますので，上側波（$\boldsymbol{f_o+f_s}$）が出力されます．

音声入力信号がないとき，原理的にアンテナから電波は**放射されません**．

答え▶▶▶ 4

2.3 FM（F3E）送信機

FM（F3E）送信機の構成のブロック図を**図 2.8** に示します．

各部の働きは次のとおりです．

水晶発振器：搬送波のもとになる信号を発生する回路です．送信周波数の整数分の 1 の安定した周波数を発生させます．

位相変調器：音声信号で位相変調を行います．

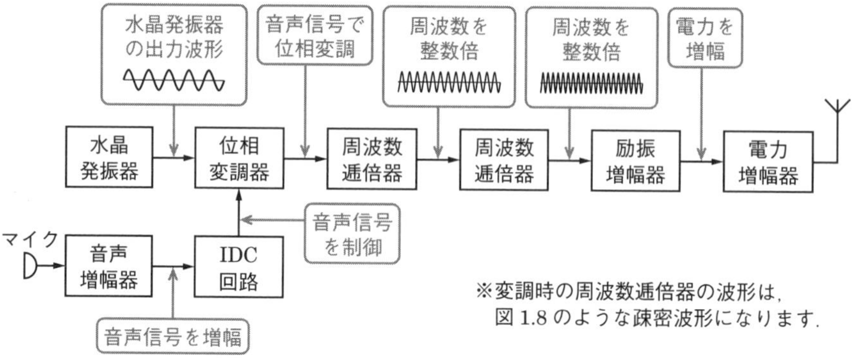

■図 2.8　FM（F3E）送信機の構成例

周波数逓倍器：水晶発振回路で発生した周波数が変調され，その周波数を所定の高い送信周波数にする回路です．また，所定の周波数偏移が得られるようにする役目もあります．送信周波数が高い場合には段数が多くなります．

励振増幅器：電力増幅器を動作させるのに十分な電力まで増幅させる回路です．

電力増幅器：所定の高周波電力が得られるように増幅する回路です．

音声増幅器：マイクロホンからの音声信号を増幅する回路です．

IDC（Instantaneous Deviation Control）回路：大きな音声信号が加わっても最大周波数偏移が所定の値からはみ出さないようによう制御する回路です．

受信時の信号対雑音比（S/N）を良くするために音声信号の高域部分を強めるプレエンファシス回路を付加することがあります．

FM（F3E）送信機に使用されている特徴的な回路は「位相変調器」「周波数逓倍器」「IDC 回路」です．

問題 4 ★★★ ➡2.3

次のうち FM（F3E）送信機に用いられるものを 1，用いられないものを 2 として解答せよ.

ア IDC 回路
イ ディエンファシス回路
ウ スケルチ回路
エ 周波数弁別器
オ プレエンファシス回路

解説 FM（F3E）送信機に用いられるものは **IDC 回路**と**プレエンファシス回路**です．なお，ディエンファシス回路，スケルチ回路，周波数弁別器はいずれも FM（F3E）受信機に用いられる回路です.

答え▶▶▶ア－1 イ－2 ウ－2 エ－2 オ－1

問題 5 ★ ➡2.1～2.3

次の記述は，各種送信機に用いられる回路等について述べたものである. [ ] 内に入れるべき字句を下の番号から選べ.

(1) FM（F3E）送信機において，受信時の信号対雑音比（S/N）を良くするために音声信号の高域部分を強める回路を，[ア] という.
(2) FM（F3E）送信機において，過大な音声信号が加わって周波数偏移が広がるのを防ぐ回路を，[イ] という.
(3) SSB（J3E）送信機において，過変調を防止するために音声信号のピーク部分を抑える回路を，[ウ] という.
(4) SSB（J3E）送信機において，搬送波を除去し側波帯のみを出力する回路を，[エ] という.
(5) DSB（A3E）送信機において，発振器の後にある増幅器等が発振器に与える影響を軽減する回路を，[オ] という.

1 ディエンファシス回路	2 STC	3 スピーチクリッパ
4 平衡変調器（リング変調器）	5 緩衝増幅器	6 プレエンファシス回路
7 IDC	8 アッテネータ	9 周波数逓倍器
10 励振増幅器		

答え▶▶▶ア－6 イ－7 ウ－3 エ－4 オ－5

3章 受信機

この章から **2** 問出題

受信機に必要な特性は,「感度が良いこと」「忠実度が良いこと」「選択度が良いこと」「安定度が良いこと」「不要輻射が少ないこと」で,これらを実現したのがスーパヘテロダイン受信機です.本章では,A3E 受信機,J3E 受信機,F3E 受信機の構成と動作原理を学びます.

3.1 受信機の性能

受信機に必要な特性は,「感度が良いこと」「忠実度が良いこと」「選択度が良いこと」「安定度が良いこと」「不要輻射が少ないこと」で,これらを実現したのがスーパヘテロダイン受信機です.

感度は,どの程度まで弱い電波を受信することができるかを表す能力をいいます.

忠実度は,受信した信号波を受信機の出力側で,どの程度元の信号波を再現できるかを表す能力をいいます.

選択度は,受信しようとする電波を多数の電波から分離して混信を受けないで受信することができるかを表す能力をいいます.

安定度は,周波数及び強さが一定の信号を受信したとき,再調整をしないで,一定の出力を出し続けられるかを表す能力をいいます.

不要輻射は,受信機内にある発振器などの高周波成分が漏れ出すことをいいます.

受信機の性能は「感度」,「選択度」,「忠実度」,「安定度」,「内部雑音」,「不要輻射」などで表します.

問題 1 ★ ➡3.1

次の記述は,受信機の性能について述べたものである.このうち誤っているものを下の番号から選べ.

1 感度とは,どの程度まで弱い電波を受信することができるかを表す能力をいう.

2 忠実度とは,受信した信号波を受信機の出力側で,どの程度元の信号波に再現できるかを表す能力をいう.

3 選択度とは,受信しようとする電波を多数の電波から分離して混信を受けないで受信することができるかを表す能力をいう.

4 安定度とは,周波数及び強さが一定の信号を受信したとき,再調整を繰り返して,一定の出力を出し続けられるかを表す能力をいう.

解説　4「**再調整を繰り返して**，一定の出力を出し続けられるかを表す能力」ではなく，正しくは「**再調整を繰り返さないで**，一定の出力を出し続けられるかを表す能力」です．

答え▶▶▶4

問題 2 ★ ➡3.1

次の記述は，受信機の性能について述べたものである．　　　内に入れるべき字句の正しい組合せを下の番号から選べ．

(1) 送信機から送られた信号波を受信機の出力側で，どれだけ正しく元の信号波に再現できるかを表す能力を，［ A ］という．

(2) 受信しようとする電波を，多数の電波から分離して混信を受けないで受信することができるかを表す能力を，［ B ］という．

	A	B
1	安定度	選択度
2	安定度	感度
3	忠実度	感度
4	忠実度	選択度

答え▶▶▶4

3.2 DSB（A3E）受信機

DSB（A3E）波受信用のスーパヘテロダイン受信機の構成のブロック図を**図3.1**に示します．スーパヘテロダイン受信方式は1918年に考案された回路で，現在，多くの受信機に採用されている方式です．

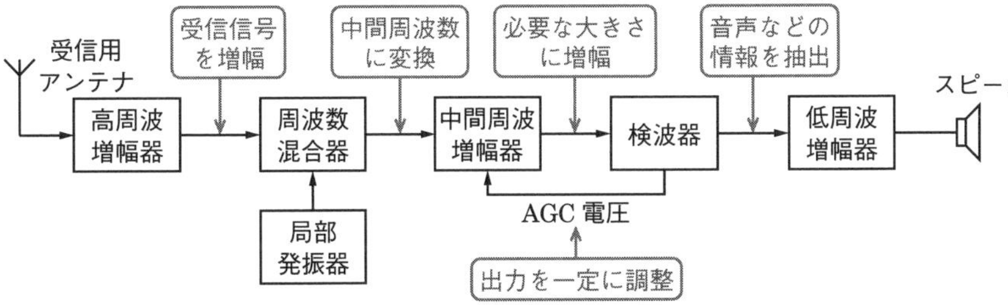

■図3.1　DSB（A3E）受信機の構成例

各部の働きは次のとおりです.

高周波増幅器：アンテナで捉えた微弱な信号を増幅する回路です．この回路の良し悪しが受信感度を左右します.

周波数混合器：受信周波数と局部発振器の周波数を混合させ周波数が一定の中間周波数に変換します.

局部発振器：受信周波数から中間周波数を作るのに必要な発振器です．高い安定度が必要なため，最近の受信機の局部発振器にはシンセサイザ方式の発振器が用いられています.

中間周波増幅器：中間周波数を必要な大きさの電圧まで増幅すると同時に近接周波数に対する選択度を向上させる役目があります.

検波器：振幅変調された電波から音声などの情報を取り出します.

低周波増幅器：スピーカを駆動できるレベルまで音声信号を増幅します.

AGC（Automatic Gain Control）回路：受信電波の強さが変動しても受信出力が一定になるようにする回路です．検波電圧の一部を中間周波増幅器に戻すことにより増幅度の調節を自動で行います.

問題 3 ★★★ ➡3.2

次の記述は，AM（A3E）受信機について述べたものである．［　　］内に入れるべき字句の正しい組合せを下の番号から選べ．なお，同じ記号の［　　］内には，同じ字句が入るものとする.

(1) 受信した電波の周波数を受信機内部で異なる周波数に変換して検波などを行う方式を，［　A　］方式という.

(2) ［　A　］方式において，受信機内部で変換された周波数を，［　B　］という.

	A	B
1	ストレート	中間周波数
2	ストレート	影像周波数
3	スーパヘテロダイン	中間周波数
4	スーパヘテロダイン	影像周波数

答え▶▶▶ 3

出題傾向

選択肢の「ストレート」が「再生」になる問題も出題されています．なお，ストレート方式受信機は，高周波信号をそのまま増幅して検波して音声信号を取り出す受信機です.

関連知識　影像周波数妨害

スーパヘテロダイン受信方式では，受信周波数 f_R と局部発振周波数 f_L を混合して中間周波数 f_I を発生させます．局部発振周波数 f_L を受信周波数 f_R より高く設定すると（上側ヘテロダインという），$f_I = f_L - f_R$ となります．f_L よりさらに，中間周波数分の f_I だけ高い周波数に電波 f_{IM} があるとします．その場合，$f_{IM} = f_L + f_I = (f_R + f_I) + f_I = f_R + 2f_I$ となります．f_{IM} と f_L の差は f_I の中間周波数なので，混信を生じることになります．この f_{IM} を**影像周波数**といい，**図 3.2**（a）に示すように，f_{IM} は局部発振周波数 f_L から中間周波数 f_I だけ高いところ，または，受信周波数 f_R からに $2f_I$ 高いところに発生します．同様に，局部発振周波数 f_L を受信周波数 f_R より低く設定すると（下側ヘテロダインという），$f_I = f_R - f_L$ となります．この場合，図 3.2（b）に示すように，影像周波数 f_{IM} が f_L から中間周波数 f_I だけ低いところに発生します．

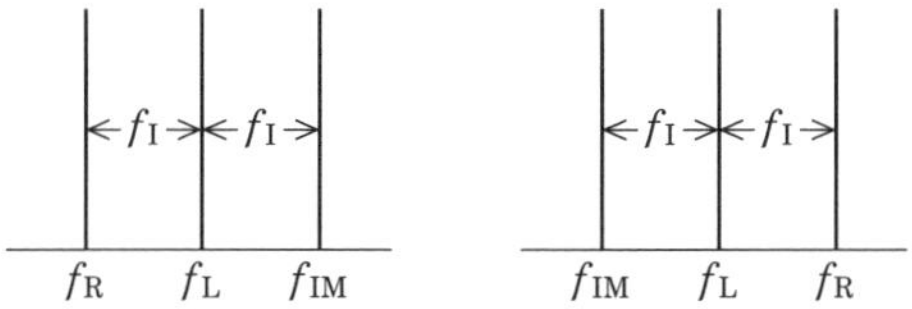

（a）上側ヘテロダイン　　（b）下側ヘテロダイン

図 3.2　影像周波数

問題 4 ★★★　→3.2

次の記述は，一般的なスーパヘテロダイン受信機における影像周波数による混信妨害とそれを軽減するための方法について述べたものである．［　　］内に入れるべき字句を下の番号から選べ．

(1) 影像周波数が周波数変換部に加わると，［ ア ］に変換されて影像周波数妨害が生ずる．この妨害を少なくするために，以下のような対策を行う．

(2) アンテナ回路に，影像周波数に対する［ イ ］回路を設ける．

(3) 高周波増幅器を設け，その同調回路の尖鋭度 Q を［ ウ ］影像周波数に対する選択度を良くする．

(4) ［ エ ］や周波数変換部を遮蔽する．

(5) 受信（希望）周波数と影像周波数の周波数間隔を大きくするため，中間周波数を［ オ ］する．

1　中間周波数	2　逓倍	3　大きくして	
4　高周波増幅器	5　高く	6　局部発振周波数	
7　トラップ	8　小さくして	9　低周波増幅器	10　低く

解説　(2) トラップ回路とは，特定の周波数の混信を除去するためにアンテナに直列に挿入する並列共振回路のことです．

答え▶▶▶ア－1　イ－7　ウ－3　エ－4　オ－5

出題傾向　下線の部分を問う問題も出題されています（「大きく」ではなく「広く」として問われることもあります）．

3.3　SSB（J3E）受信機

SSB（J3E）受信機の構成を**図 3.3** に示します．図 3.1 の DSB（A3E）受信機とほぼ同じ構成ですが，J3E 電波を復調（検波）するために，第 2 局部発振器が備え付けられています．

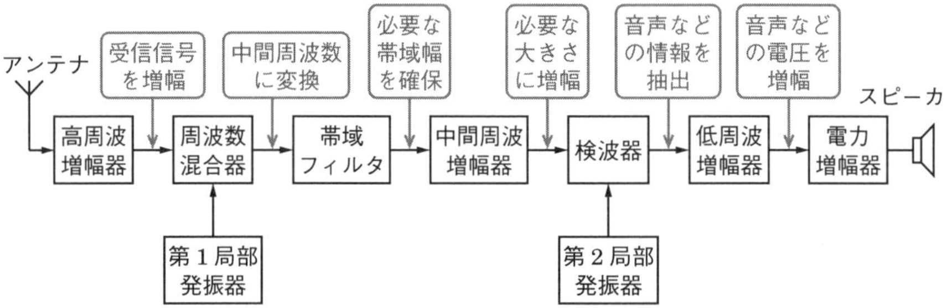

図 3.3　SSB（J3E）受信機の構成例

各部の働きは次のとおりです．

高周波増幅器，周波数混合器，中間周波増幅器，低周波増幅器の働きは DSB（A3E）受信機と同じですので，その他の回路の働きについて説明します．

帯域フィルタ：SSB（J3E）受信機は DSB（A3E）受信機と比較して占有周波数帯幅が半分になるため，通過帯幅の狭い帯域フィルタを挿入します．

検波器及び第 2 局部発振器：J3E 電波は搬送波が抑圧されているので DSB（A3E）受信機の検波器では復調（検波）できません．したがって，第 2 局部発振器で搬送波成分を加えて復調します．

クラリファイア：受信周波数がずれ，音声がひずんで聞きにくいときに第 1 局部発振器の周波数を少しずらすことにより明りょう度を良くする回路です．

トーン発振器：送信側でトーン発振器を動作させ 1 500 Hz で変調した信号を送信してもらい，受信機側のトーン発振器を動作させるとうなりが発生します．クラリファイアを調整してうなりが無くなるようにすれば送受信間の同期がとれ信号を明りょうに受信できます．

Point

SSB 受信機で使用される特徴的な回路は，復調（検波）用の局部発振器とクラリファイア回路です．

関連知識　スーパヘテロダイン受信方式

スーパヘテロダイン受信方式の長所は，感度や選択度などが良いことです．短所は影像周波数（イメージ周波数）妨害を受けることや周波数変換雑音が多いことなどがあります．

そこで，実際の通信用の受信機は**図 3.4** に示すような周波数混合器（周波数変換器）を二つ有するダブルスーパヘテロダイン受信機や周波数混合器（周波数変換器）を三つ有するトリプルスーパヘテロダイン受信機が用いられています．

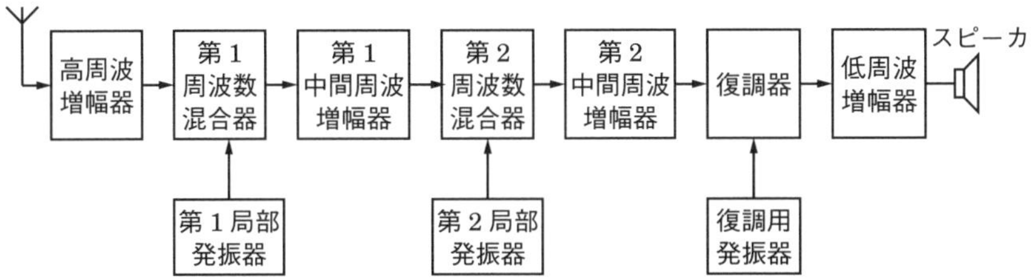

■図 3.4　ダブルスーパヘテロダイン受信機の構成例

問題 5 ★★★　➡ 3.3

次のうち SSB（J3E）受信機に用いられないものを下の番号から選べ．

1　局部発振器
2　周波数混合器
3　周波数弁別器
4　低周波増幅器

解説　周波数弁別器は FM（F3E）受信機に用いられます．

答え ▶▶▶ 3

問題 6 ★★ ➡3.3

次の記述は，**図 3.5** に示す SSB（J3E）受信機の基本的な構成例について述べたものである．［　　］内に入れるべき字句の正しい組合せを下の番号から選べ．ただし，受信周波数 f_R を 6 MHz，帯域フィルタ（BPF）の出力の周波数 f_I を 455 kHz 及び復調信号の周波数 f_S を 1.5 kHz とする．

（1）第 1 局部発振器の発振周波数 f_{L1} は，［ A ］である．

（2）第 2 局部発振器の発振周波数 f_{L2} は，［ B ］である．

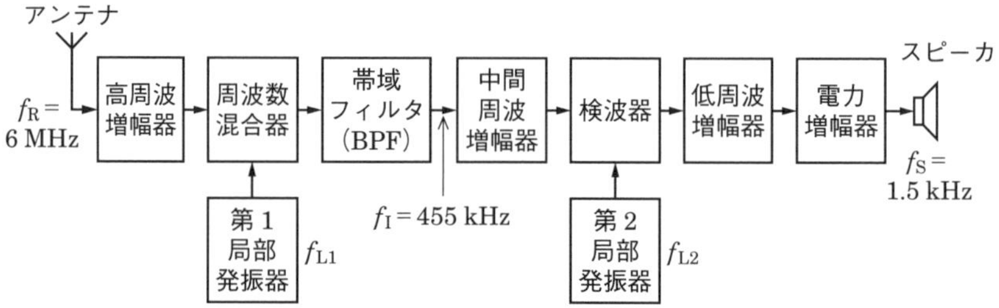

■図 3.5

	A	B
1	3 545 kHz	475.5 kHz
2	3 545 kHz	453.5 kHz
3	5 545 kHz	475.5 kHz
4	5 545 kHz	453.5 kHz

解説　（1）$f_{L1} > f_R$ の場合 $f_I = f_{L1} - f_R$，よって $f_{L1} = f_R + f_I = 6\,000 + 455 = 6\,455$ kHz

$f_{L1} < f_R$ の場合 $f_I = f_R - f_{L1}$，よって $f_{L1} = f_R - f_I = 6\,000 - 455 = 5\,545$ kHz

これらより，f_{L1} の選択肢の値で該当するのは，**5 545 kHz** です．

（2）$f_{L2} > f_I$ の場合，$f_S = f_{L2} - f_I$，よって $f_{L2} = f_I + f_S = 455 + 1.5 = 456.5$ kHz

$f_{L2} < f_I$ の場合，$f_S = f_I - f_{L2}$，よって $f_{L2} = f_I - f_S = 455 - 1.5 = 453.5$ kHz

これらより，f_{L2} の選択肢の値で該当するのは，**453.5 kHz** です．

答え ▶▶▶ 4

出題傾向　「周波数混合器」「検波器」の名称を問う問題も出題されています．

3.4　FM（F3E）受信機

FM（F3E）受信機の構成のブロック図を**図 3.6** に示し，各ブロックの動作を次に示します．

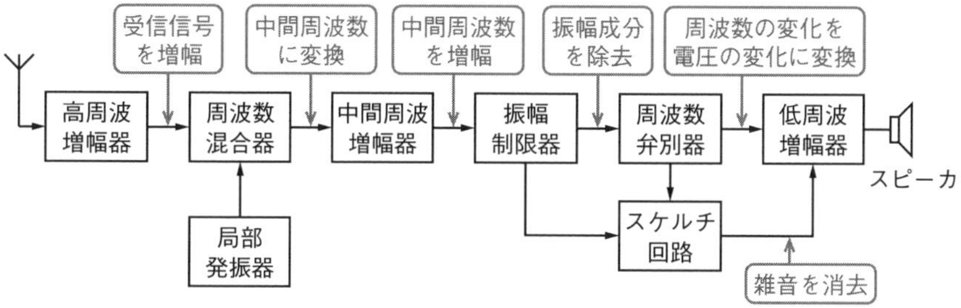

■図 3.6　FM（F3E）受信機の構成例

各部の働きは次のとおりです．

高周波増幅器：アンテナで捉えた微弱な信号を増幅する回路です．この回路の良し悪しが受信感度を左右します．

周波数混合器：受信周波数と局部発振器の周波数を混合させ周波数が一定の中間周波数を発生させます．

局部発振器：受信周波数から中間周波数を作るのに必要な発振器です．高い安定度が必要なため，最近の受信機の局部発振器にはシンセサイザ方式の発振器が用いられています．

中間周波増幅器：中間周波数を必要な大きさの電圧まで増幅すると同時に選択度を向上させる役目があります．

振幅制限器：受信電波の中に含まれる振幅成分を除去する回路です．

周波数弁別器：復調器で，DSB（A3E）受信機の検波器に相当する回路です．周波数の変化を電圧の変化に変換する回路です．

スケルチ回路：受信する FM 電波の信号が弱い場合，低周波増幅器から出力される大きな雑音を消すための回路です．なお，スケルチは黙らせるという意味です．

低周波増幅器：スピーカを動作させるのに十分な電圧まで増幅する回路です．

関連知識　FM 送受信機に用いられるエンファシス

FM 受信機で出力される雑音出力電圧は，信号の周波数が高くなるほど大きくなる性質があります（三角雑音といいます）．すなわち，信号の周波数が高くなると S/N 比が悪化します．高い周波数における S/N 比を改善するため，信号周波数が高くなると増幅度が増加する回路を送信側に挿入します．これがプレエンファシス回路です．一方，受信側では送信側と逆に信号周波数が高くなると増幅度が低下する回路を挿入して周波数特性を元に戻します．これをディエンファシス回路といいます．

FM（F3E）受信機の特徴的な回路は，「振幅制限器」「周波数弁別器」「スケルチ回路」です．

問題 7 ★　➡3.4

次のうち，FM（F3E）受信機に用いられないものを下の番号から選べ．

1　スケルチ
2　プレエンファシス
3　振幅制限器
4　周波数弁別器

解説　プレエンファシスは FM（F3E）送信機に用いられる回路です．FM（F3E）受信機に用いられる回路はディエンファシスです．

答え▶▶▶2

問題 8 ★★　➡3.4

次の記述は，FM（F3E）受信機に用いられる回路について述べたものである．このうち正しいものを下の番号から選べ．

1　受信入力が無くなったときに生ずる大きな雑音が，出力に現れないようにする回路をリミタという．
2　送信側で強められた高域の信号を弱めて送受間の周波数特性を平坦にする回路をディエンファシスという．
3　フェージングや雑音などにより生じた振幅の変化を除去し，振幅を一定にする回路を周波数混合器という．
4　周波数の変化を振幅の変化に変換し，信号波を検出する回路をスケルチという．

解説　1 「**リミタ**」ではなく，正しくは「**スケルチ**」です．
3 「**周波数混合器**」ではなく，正しくは「**振幅制限器**」です．
4 「**スケルチ**」ではなく，正しくは「**周波数弁別器**」です．

答え▶▶▶2

問題 9 ★★ ➡3.4

次の記述は，FM（F3E）受信機に用いられる周波数弁別器について述べたものである．このうち正しいものを下の番号から選べ．

1 受信入力が無くなったとき又は非常に小さくなったときに生ずる大きな雑音が，出力に現れないようにする．
2 フェージングや雑音などにより生じた振幅の変化を除去し，振幅を一定にする．
3 送信側で強められた高域の信号を弱めて送受間の周波数特性を平坦にする．
4 周波数の変化を振幅の変化に変換し，信号波（音声）を検出する．

解説　1 「**スケルチ**」の説明です．
2 「**振幅制限器**」の説明です．
3 「**ディエンファシス回路**」の説明です．

答え▶▶▶4

出題傾向　選択肢が同じで，周波数分別器ではなくディエンファシス回路やスケルチ回路を問う問題も出題されています．

4章 電波航法と航法無線装置

この章から **3** 問出題

海上移動業務などで使用するレーダーの原理と各種性能，衛星非常用位置指示無線標識（EPIRB），捜索救助用レーダートランスポンダ（SART），国際ナブテックス（NAVTEX）システム，GPS システム，インマルサット衛星通信システムなどの概要を学習します．

4.1 レーダー

レーダー（RADAR）は，RAdio Detection And Ranging の頭文字で命名されたものです．周波数の高いマイクロ波の電波を放射し，物標からの反射波を受信することにより物体の存在，距離，方位などを知ることができる**一次レーダー**，放射した質問電波を受信した局からの応答電波で情報を得る**二次レーダー**があります．また，レーダーにはパルス波を使用する**パルスレーダー**と持続波を使用する **CW レーダー**があります．

4.1.1 パルスレーダーの機能と測定原理

図 4.1 に示すように，**パルスレーダー**は，回転部に設けられたスロットアレーアンテナから**マイクロ波（SHF）**のパルス電波を物標に向けて放射し，物標からの反射波を受信することにより，物標までの距離や方位を知ることができます．なお，アンテナへの給電には導波管が用いられています．

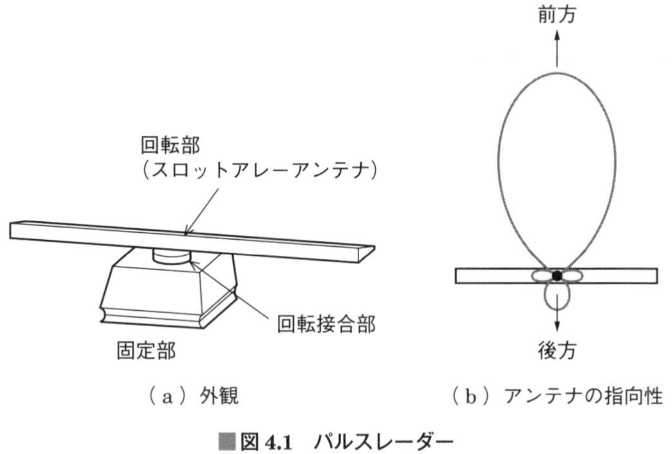

■図 4.1 パルスレーダー

距離は送信パルス波と反射パルス波の時間差を測定することにより求めます．

図 4.2 のように，レーダーのある T 点から物標 R 点までの距離を d〔m〕，電波の速度を c〔m/s〕，物標までの電波の往復時間を t〔s〕とすると，距離 d〔m〕は次式で表すことができます．

$$d = \frac{ct}{2} \tag{4.1}$$

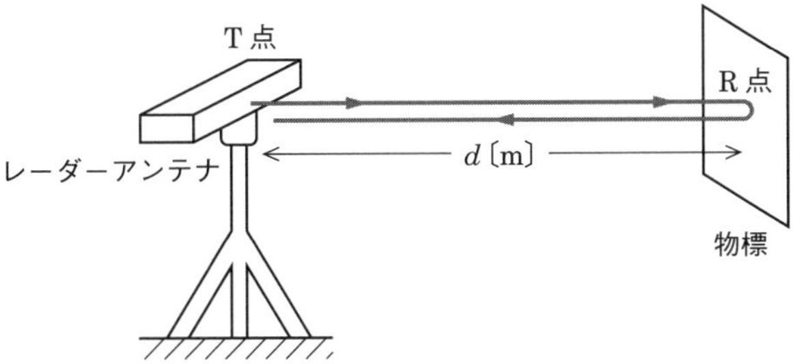

■図 4.2　パルスレーダーによる距離の測定

関連知識　レーダー方程式

レーダーで使用する電波の波長を λ〔m〕，物標までの距離を d〔m〕，送信電力を P_t〔W〕，アンテナ利得を G，アンテナの実効面積を A_e〔m^2〕，物標の実効反射面積を σ〔m^2〕とすると，$G = 4\pi A_e/\lambda^2$ なので，受信電力 P_r〔W〕は次式で表すことができます．

$$P_r = \frac{A_e \sigma G P_t}{(4\pi d^2)^2} = \frac{\sigma G^2 \lambda^2 P_t}{(4\pi)^3 d^4} \text{〔W〕} \tag{4.2}$$

式 (4.2) をレーダー方程式といいます．式 (4.2) より探知距離 d は次のようになります．

$$d = \sqrt[4]{\frac{\sigma G^2 \lambda^2 P_t}{(4\pi)^3 P_r}} \text{〔m〕} \tag{4.3}$$

式 (4.3) は，探知距離は送信電力の四乗根に比例することを示しています．

送信電力だけを増やして探知距離を 2 倍にするには送信電力を 16 倍にする必要があります．

4.1.2　パルスレーダーの性能

パルスレーダーの性能には次に示すものがあります．

(1) 最大探知距離

物標を探知できる最大の距離で，最大探知距離を大きくするには，「**送信電力を大きくする（パルス幅を広くし，パルス繰返し周波数を低くする）**」，「**アンテナを高く設置して利得を大きくする**」，「**受信機の感度を良くして内部雑音を小さくする**」などの方法があります．

(2) 最小探知距離

パルスレーダーはパルス波を送信している間は受信することはできません．最小探知距離を短くするためには「**パルス幅を狭く**」すればよいのですが，パルス幅の狭い信号を受信するには受信機の周波数帯域幅を広くする必要があります．そのため，近距離を探知する場合のみパルス幅を狭くするような工夫も必要になります．

(3) 距離分解能

レーダーから同一方向にある物標を分離して見ることのできる最小距離のことで，距離分解能の値が小さいほど，良いことになります．距離分解能はパルス幅に比例するので，パルス幅を狭くする（小さくする）と距離分解能は良くなります．

(4) 方位分解能

レーダーから同一距離にある二つの物標を見分けることのできる最小角度のことで，主に送信アンテナの水平方向のビーム幅で決まり，そのビーム幅を狭くするほど方位分解能は良くなります．

Point

指向性とは，アンテナがどの程度特定の方向に電波を集中して放射できるか，又は到来電波に対して，どの程度感度が良いかを表すものです．

4.1.3　レーダーの偽像

レーダーの表示器に表示されている映像は必ずしも正確に物標を表しているものではありません．実際には物標が存在しないにもかかわらずレーダーの表示器に現れる映像を**偽像**といいます．偽像を理解しておくことは，真の物標を把握するために重要です．

偽像の原因になるものに次のようなものがあります．

(1) アンテナのサイドローブを原因とする偽像

レーダーのアンテナは指向性の鋭いアンテナが使われますが，アンテナの放射パターンは**図 4.3** に示すように主ローブの他にサイドローブがあります（単純化するためサイドローブは主ローブに対して直角に存在するとします）．

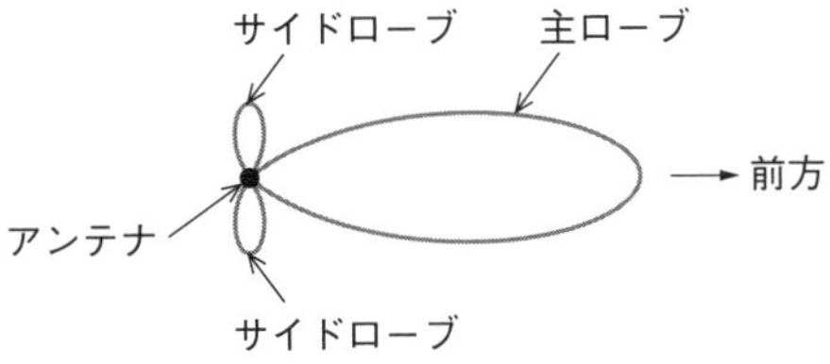

図 4.3　レーダーアンテナの指向性

図 4.4 (a) のように，自船のレーダーアンテナの主ローブが他船に向いているときは，実像のみが現れます．アンテナが回転し，図 4.4 (b) のようにサイドローブ A が他船に向いているときにも反射波が受信され主ローブが向いている方向に偽像が現れます．また，サイドローブ B が他船に向いているときは図 4.4 (c) のように偽像が現れます．このように，これらの偽像は実像に対してほぼ直角の方向に対称に現れます．

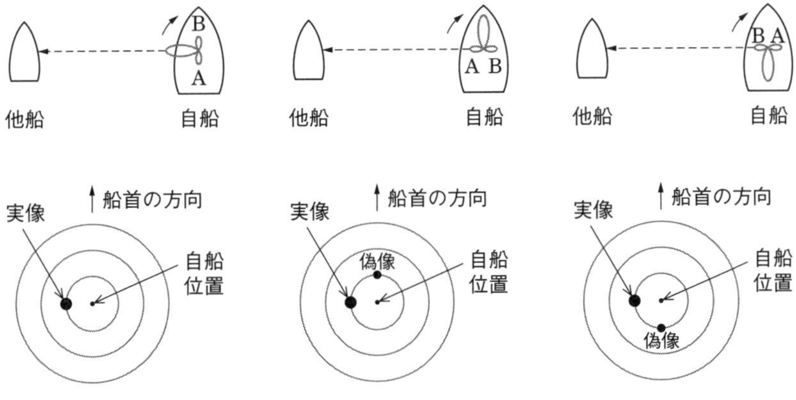

（a）他船の方向　（b）進行方向　（c）進行方向と逆

図 4.4　アンテナの主ローブの向きと偽像の位置

サイドローブの大きさは主ローブに比べると小さいので，これらの偽像は近距離の物標について生じます．なお，この偽像は受信感度を下げると消滅します．

(2) 多重反射を原因とする偽像

図 4.5 (a) のように，自船と他船が平行の位置関係にある場合，電波は自船と他船間を往復することによって図 4.5 (b) のように偽像が現れます．これを**多重反射による偽像**といい，実像と同じ方向で等間隔に現れ，実像から遠ざかるほど弱くなります．

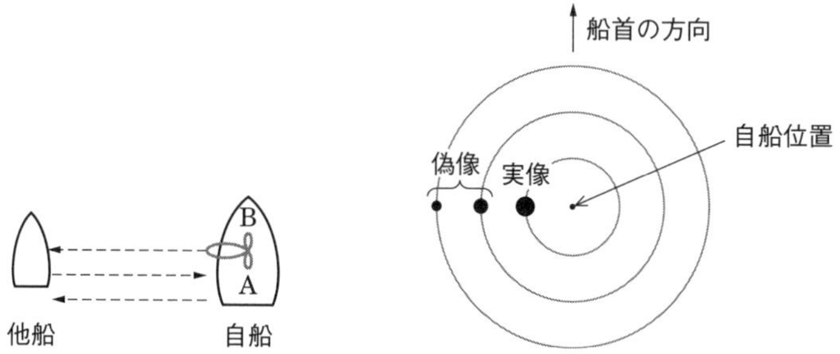

（a）自船と他船の位置　　（b）実像と偽像の位置

■図 4.5　多重反射による虚像

問題 1 ★　　➡ 4.1.1

次の記述は，**図 4.6** に示す船舶に用いられるパルスレーダーについて述べたものである．［　　］内に入れるべき字句を下の番号から選べ．

(1) 一般に，回転部には，［ア］が装着されている．
(2) 最大放射方向は，矢印 X，Y 及び Z のうち，［イ］で示す方向である．
(3) 方位分解能は，水平面内の指向性が［ウ］ほど良い．
(4) 一般に，［エ］帯の電波が用いられている．
(5) 一般に，アンテナへの給電には［オ］が用いられる．

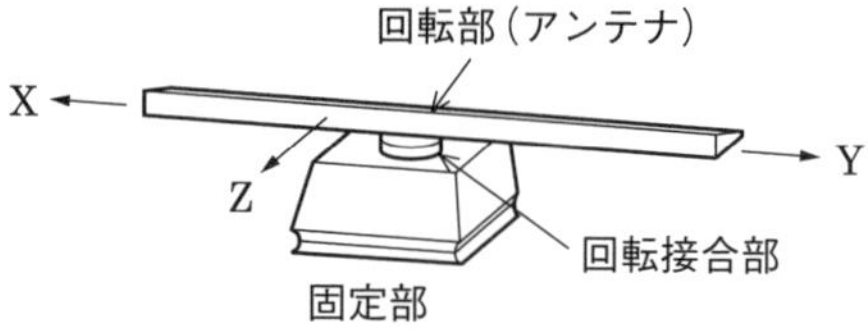

■図 4.6

1 スロットアレーアンテナ	2 X及びY	3 狭い
4 超短波（VHF）	5 導波管	6 折返しダイポールアンテナ
7 Z	8 広い	9 マイクロ波（SHF）
10 平行二線式給電線		

解説 マイクロ波を使用するレーダー送信機とレーダーアンテナを接続する給電線には，損失の少ない**導波管**が使われています．

答え▶▶▶ア－1 イ－7 ウ－3 エ－9 オ－5

問題 2 ★★★ ➡4.1.2

次の記述は，パルスレーダーの性能について述べたものである．このうち正しいものを 1，誤っているものを 2 として解答せよ．

ア 送信パルス幅を広くすると，最小探知距離は大きくなる．

イ アンテナ利得を大きくすると，最大探知距離は大きくなる．

ウ 送信電力を大きくし，受信機の感度を良くすると，最大探知距離は大きくなる．

エ 方位分解能は，アンテナの指向性の垂直面内のビーム幅でほぼ決まり，ビーム幅が狭いほど良くなる．

オ 距離分解能は，同一方位にある二つの物標を識別できる能力を表し，送信パルス幅が広いほど良くなる．

解説 エ 「**垂直**面内のビーム幅」ではなく，正しくは「**水平**面内のビーム幅」です．
オ 「送信パルス幅が**広い**」ではなく，正しくは「送信パルス幅が**狭い**」です．

答え▶▶▶ア－1 イ－1 ウ－1 エ－2 オ－2

問題 3 ★★★　➡4.1.2

次の記述は，パルスレーダーの性能について述べたものである．［　　］内に入れるべき字句の正しい組合せを下の番号から選べ．

(1)　方位分解能は，レーダーからの距離が同じで，方位が近接した二つの物標を識別する能力をいい，主に送信アンテナの水平方向のビーム幅で決まり，そのビーム幅を［ A ］するほど良くなる．

(2)　距離分解能は，レーダーからの方位が同じで，距離が近接した二つの物標を識別する能力をいい，二つの物標間の最小距離で表され，送信信号のパルス幅を［ B ］するほど良くなる．

	A	B
1	狭く	狭く
2	狭く	広く
3	広く	広く
4	広く	狭く

解説　ビームの幅を**狭く**するとアンテナの水平面内の指向性が鋭くなり，方位分解能は良くなります．また，送信信号のパルス幅を**狭く**するほど距離分解能は良くなります．

答え▶▶▶ 1

問題 4 ★★★　➡4.1.2

次の記述は，パルスレーダーの分解能について述べたものである．このうち誤っているものを下の番号から選べ．

1　距離分解能は，レーダーから見て同一方向で，距離の異なる二つの物標を区別して見分けることができる能力をいう．

2　距離分解能は，パルス幅によって左右され，一般に，パルス幅が狭いほど良くなる．

3　方位分解能は，レーダーからの距離が等しく，方位の異なる二つの物標を区別して見分けることができる能力をいう．

4　方位分解能は，主にアンテナの水平面内のビーム幅により決まり，ビーム幅が広いほど良くなる．

解説　4「ビーム幅が**広い**ほど良くなる」ではなく，正しくは「ビーム幅が**狭い**ほど良くなる」です．

答え▶▶▶ 4

問題 5 ★★ ➡4.1.2

次の記述は，パルスレーダーの最大探知距離を長くする方法について述べたものである．このうち誤っているものを下の番号から選べ．

1 送信電力を大きくする．
2 受信機の感度を悪くする．
3 アンテナの利得を大きくする．
4 送信パルス幅を広くし，パルス繰返し周波数を低くする．

解説 2「感度を**悪く**する」ではなく，正しくは「感度を**良く**する」です．

答え▶▶▶2

問題 6 ★ ➡4.1.3

次の記述は，**図 4.7** に示す船舶用レーダーのスコープ上の映像について述べたものである． [　　] 内に入れるべき字句の正しい組合せを下の番号から選べ．

(1) a 及び b は， [A] による偽像であり，実像に対してほぼ直角の方向に対称に現れる．この偽像は受信感度を下げると消滅する．

(2) c 及び d は，多重反射による偽像であり，例えば，大型船が至近距離にあって，その船腹が自船と平行であるような場合に，電波が自船と大型船の間を往復することにより現れる．この偽像は，方向が実像と同じで距離は [B] で次第に弱くなって現れる．

	A	B
1	サイドローブ	不規則
2	サイドローブ	等間隔
3	バックローブ	不規則
4	バックローブ	等間隔

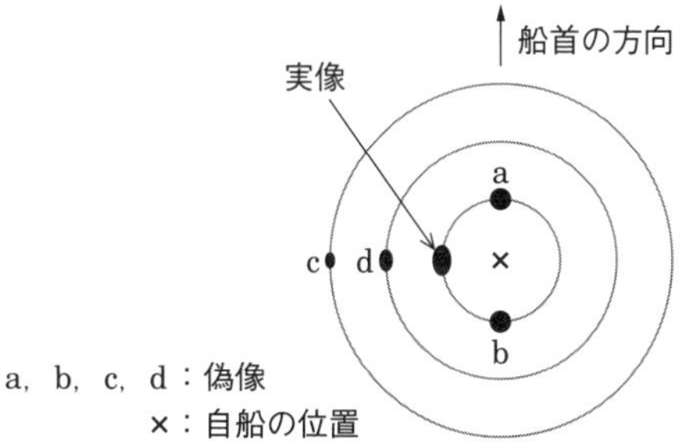

■図 4.7

解説 a と b は**サイドローブ**による虚像で，c と d は多重反射による虚像です．多重反射による虚像は**等間隔**で次第に弱くなります．

答え▶▶▶2

4.2　衛星非常用位置指示無線標識（衛星 EPIRB）

衛星 EPIRB（Emergency Position Indicating Radio Beacon）は，**極軌道周回衛星**のコスパス・サーサット衛星（高度約 **1 000 km**，周期約 100 分）を利用し，**衛星 EPIRB の電波のドプラ偏移の情報等から遭難船舶の位置を特定**する遭難救助用の装置です（**図 4.8**）．船舶が沈没した場合に**水圧**を感知して自動的に離脱浮上して動作を開始します．衛星 EPIRB には国番号，海上移動業務識別番号，位置情報等が入力されており，周波数 **406 MHz 帯**（電波型式 G1B）で送信します．衛星 EPIRB の信号をコスパス・サーサット衛星が受信し地上に転送します（ダウンリンクの周波数は **1.5 GHz 帯**）．この電波を地上受信局 LUT（Local User Terminal）で受信し，解析データは業務管理センター MCC（Mission Control Center：海上保安庁（本庁））を経由して救難調整本部 RCC（Rescue Coordination Center：各管区海上保安本部）に送られ，RCC は救助用の巡視船や航空機を派遣します．また，衛星 EPIRB は 121.5 MHz（電波型式 A3X）でホーミング信号も発射しており，捜索救助の航空機等は，このホーミング信号により，衛星 EPIRB の方位を知ることができます．

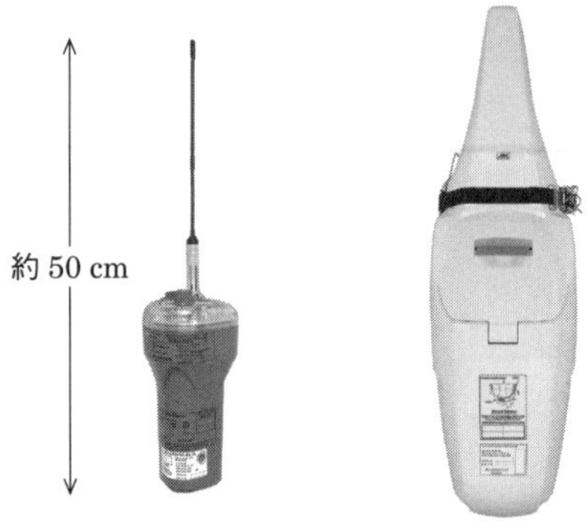

（a）送信機本体　　　（b）自動離脱装置外観

図 4.8　衛星 EPIRB
写真提供：日本無線株式会社

問題 7 ★★★ ➡4.2

次の記述は，低軌道衛星を利用した衛星非常用位置指示無線標識（衛星 EPIRB）について述べたものである．このうち誤っているものを下の番号から選べ．

1 衛星 EPIRB は，極軌道周回衛星のコスパス・サーサット衛星を用いた遭難救助用の無線標識である．

2 捜索救助の航空機等は，衛星 EPIRB から発射されるホーミング信号により，衛星 EPIRB の方位を知ることができる．

3 衛星で受信した衛星 EPIRB の電波の振幅から衛星 EPIRB の位置を測定することができる．

4 衛星 EPIRB は，406 MHz 帯及び 121.5 MHz の電波を発射する．

4章

解説 3「電波の**振幅**から」ではなく，正しくは「電波の**ドプラ偏移の情報等**から」です．

答え▶▶▶3

出題傾向 選択肢が「衛星 EPIRB は，9 GHz 帯の電波を送信する．」（誤り）「衛星で受信した衛星 EPIRB の電波のドプラ偏移の情報等から衛星 EPIRB の位置を測定することができる．」（正解），「衛星から地上へのダウンリンク周波数は，1.5 GHz である．」（正解），「自動離脱装置つきの衛星 EPIRB は，船舶の沈没時に水圧を感知して，自動的に動作を始める」（正解）となる問題もあります．

問題 8 ★★★ ➡4.2

次の記述は，低軌道衛星を利用した衛星非常用位置指示無線標識（衛星 EPIRB）について述べたものである．［　　］内に入れるべき字句を下の番号から選べ．

(1) 自動離脱装置つきの衛星 EPIRB は，船舶の沈没時に［ア］を感知して，自動的に動作を始める．

(2) 利用する衛星は，［イ］のコスパス・サーサット衛星である．

(3) コスパス・サーサット衛星の高度は，約［ウ］である．

(4) 衛星 EPIRB は衛星向けに［エ］帯の電波を送信する．

(5) 衛星から地上へのダウンリンクの周波数は，［オ］帯である．

1 水温	2 静止衛星	3 1 000 km	4 424 kHz
5 1.5 GHz	6 水圧	7 極軌道周回衛星	8 36 000 km
9 406 MHz	10 6 GHz		

解説　衛星 EPIRB は，船舶の沈没時に**水圧**を感知して，自動的に動作します．高度が約 **1 000 km の極軌道周回衛星**（コスパス・サーサット衛星）を用い，衛星 EPIRB は **406 MHz 帯**の電波をコスパス・サーサット衛星に送信し，受信した電波を地上へ転送します（ダウンリンクの周波数は **1.5 GHz** 帯）．

答え▶▶▶ア－6　イ－7　ウ－3　エ－9　オ－5

4.3 搜索救助用レーダートランスポンダ（SART）

SART（Search And Rescue radar Transponder）は，捜索救助用のレーダートランスポンダで，**図 4.9**（a）の装置を救命艇や救命いかだに設置します．救助船や航空機の **9 GHz 帯**のレーダーから発射される電波を受信すると，応答信号を発射して救助船のレーダーの表示器の画面上に救命艇や救命いかだまでの**距離及び方位**を知らせることができます．実際は，図 4.9（b）のように，レーダーの画面上に **12 個**の一列に並んだ輝点（短点）を描き，この輝点は SART の位置を始点として，レーダー画面上の外周方向に表示されるので，容易に見分けることができます．

SART 側においては，救助船からのレーダー電波を受信すると受信確認ランプが点灯し音が出る構造になっているため，**音や目視**により遭難者に救助側の存在と接近情報がわかります．

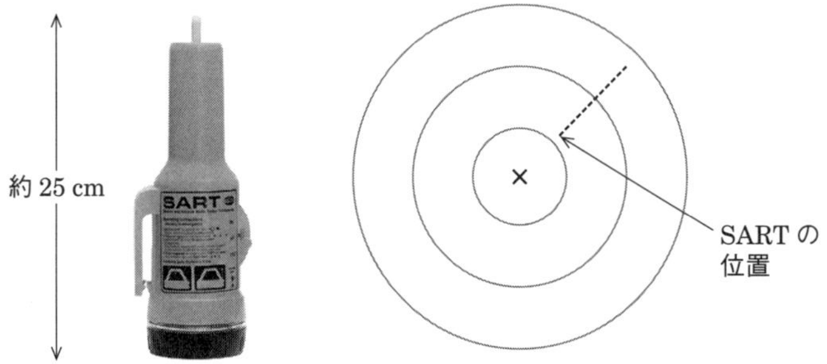

（a）外観　　（b）レーダーの表示例

図 4.9　SART
写真提供：日本無線株式会社

Point

レーダーに表示される 12 個の点のうち，自船に最も近い点が SART の位置になります．

問題 9 ★★★ ➡ 4.3

次の記述は，捜索救助用レーダートランスポンダ（SART）について述べたものである．[　　]内に入れるべき字句を下の番号から選べ．なお，同じ記号の[　　]内には，同じ字句が入るものとする．

(1) SART には，[ア]帯の電波が使用されている．

(2) 捜索側の船舶又は航空機が SART の電波を受信すると，そのレーダーの表示器上に[イ]輝点列が表示される．

(3) 捜索側の船舶又は航空機のレーダーの表示器上の輝点列から SART までの[ウ]を知ることができる．

(4) SART の位置は，表示器上の[イ]輝点列のうち，最も救助船（自船）に[エ]である．

(5) SART は，遭難者に救助側の存在と接近情報を[オ]逐次通報することができる機能を有している．

1 9 GHz	2 12 個の	3 方位のみ	4 近い点
5 FM 通信により	6 1.5 GHz	7 28 個の	8 距離及び方位
9 遠い点	10 音や目視により		

解説 SART には **9 GHz 帯**の電波が使用されています．捜索側がその電波を受信すると，レーダーの画面上には **12 個**の輝点が表示され，**距離と方位**がわかります（一番近い点が実際の SART の位置になります）．救助船からのレーダー電波を受信した際，SART 側で**音**（受信音）や**目視**（受信確認ランプの点等）によって救助側の存在と接近情報がわかるようになっています．

答え▶▶▶ア－1　イ－2　ウ－8　エ－4　オ－10

4.4 国際ナブテックス（NAVTEX）システム

航行警報や気象情報などの海上安全情報を送信する国際ナブテックス局は沿岸警備隊（日本では海上保安庁）などの海上保安機関が周波数 **518 kHz** で英文の印刷電信により放送しています．日本語によるナブテックス放送は 424 kHz で行っています．我が国のナブテックス放送は，釧路，小樽，横浜，門司，那覇の海上保安庁の局から，電波型式 **F1B**，空中線電力 5 kW で送信されています．受信側は GMDSS 機器の一つであるナブテックス受信機の表示器やプリンタにより文字情報として取得できます．

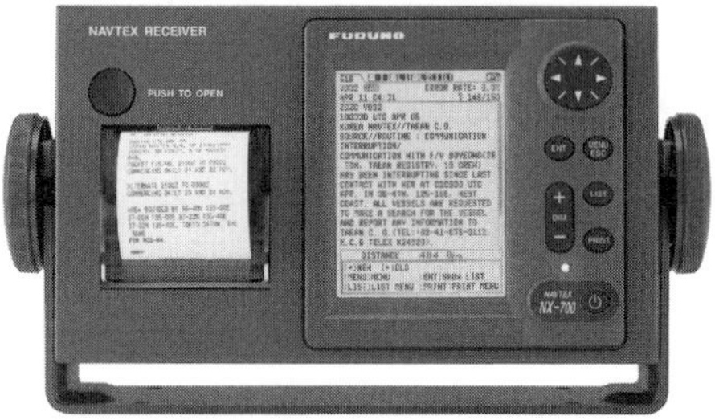

■図 4.10　ナブテックス受信機（プリンタ組込型）
写真提供：古野電気株式会社

問題 10 ★　　➡4.4

次の記述は，海上移動業務で用いられる国際ナブテックス（NAVTEX）システムについて述べたものである．このうち誤っているものを下の番号から選べ．

1　受信設備は，航行の安全に関する情報を受信する印刷電信専用のものである．
2　電波の型式は F1B で，FS 通信方式が用いられる．
3　使用周波数は，424 kHz である．
4　情報の提供は，英文・数字によって行われる．

解説　国際ナブテックスの周波数は，「**424** kHz」ではなく，正しくは「**518** kHz」です．

答え▶▶▶ 3

問題 11 ★　　➡4.4

次の記述は，海上移動業務で用いられる国際ナブテックス（NAVTEX）システムについて述べたものである．このうち正しいものを 1，誤っているものを 2 として解答せよ．

ア　使用周波数は 518 kHz である．

イ　電波の型式は，J3E 電波で送信される SSB 通信方式が用いられる．

ウ　受信設備は，航行の安全に関する情報を受信する印刷電信専用のものである．

エ　情報の提供は，英字・数字によって行われる．

オ　気象通報の気象図をファクシミリで受信することができる．

解説　イ「**J3E** 電波で送信される **SSB 通信方式**」ではなく，正しくは「**F1B** 電波で送信される FS 通信方式（**周波数変調の電信で自動受信方式**）」です．

オ　NAVTEX では文字情報のみを受信するので，気象図は**受信できません**．

答え▶▶▶ア－1　イ－2　ウ－1　エ－1　オ－2

4.5 GPS

GPS は，Global Positioning System の頭文字をとったもので，「全世界測位システム」という意味です．カーナビなどに使われている GPS は，もともとアメリカで軍用に開発されたもので 1993 年から運用が開始されました．

GPS 衛星は地上からの高度が約 **20 000 km** の異なる 6 つの軌道上に各 4 機（合計 24 機）配置され，1 周期約 **12 時間**で周回しています．そのうち 4 機の衛星の信号を受信することにより，地球上のどの地点でも緯度，経度，高度を測定することができます．

■表 4.1　GPS の規格

衛星数	6 軌道 × 4 機 = 24 機
軌道半径	26 560 km（地上からの高度は約 20 000 km）
軌道傾斜角	55°
周回周期	11 時間 58 分 2 秒
搬送波周波数	L1：1 575.42 MHz（10.23 MHz × 154） L2：1 227.6 MHz（10.23 MHz × 120）
測距信号	C/A コード：L1 波 P(Y) コード：L1 波及び L2 波
寿命	7.5 年

C/A コード：Coarse/Acquisition code
P(Y) コード：Precision (encrypted) code

関連知識　GPS の測位原理

地球上の測位は，緯度，経度，高度を決めることです．**図 4.11** のように，基準点として，異なる 3 か所の A 点，B 点，C 点の位置が既知であるとします．O 点からそれぞれの点までの距離 d_A，d_B，d_C がわかると，距離を半径とする 3 つの円を描くことにより，交点 O 点の位置を決めることができます．

これと同じことを，人工衛星を使って，3 次元的に行っているのが GPS 測位です．そのためには，「すべての GPS 衛星の任意の時刻における位置が確定している」ことが必要です．

実際の GPS 測位は，未知数が「緯度」，「経度」，「高度」，「受信機時計の誤差量」の 4 つなので，4 つの衛星からの電波を受信し方程式を解くことにより位置を求めます．

GPS 測位の誤差の原因は，「各衛星の位置の誤差」，「衛星時計の誤差」，「電離層，対流圏遅延による誤差」，「電波のマルチパスによる誤差」などが考えられます．

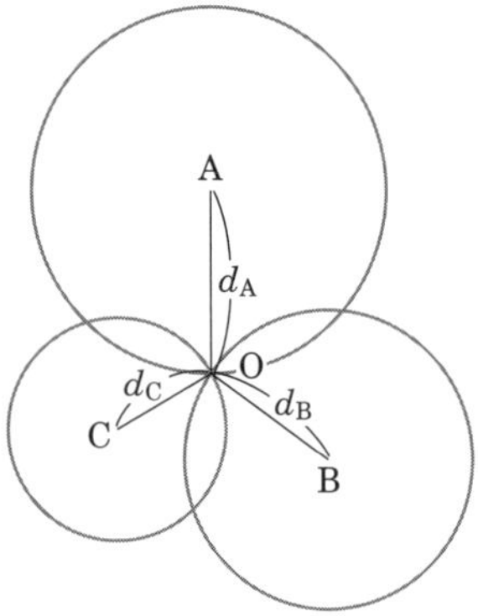

■図 4.11　GPS の測位原理

問題 12　★★　➡4.5

次の記述は，全世界測位システム（GPS）について述べたものである．[　　]内に入れるべき字句の正しい組合せを下の番号から選べ．

(1) GPS の各衛星は，地上からの高度約 20 000 km の軌道上を [A] 周期で周回している．

(2) GPS では，複数の衛星からの電波の [B] を受信して電波の到達時間等により測定地点の位置を決定する．

	A	B
1	約 12 時間	振幅情報
2	約 12 時間	時刻情報
3	約 24 時間	振幅情報
4	約 24 時間	時刻情報

解説　GPS 衛星は地上からの高度が約 20 000 km の異なる 6 つの軌道上に各 4 機（合計 24 機）配置され，1 周期**約 12 時間**で周回しています．そのうち 4 機の衛星の**時刻情報**により正確な位置を計算しています．

答え▶▶▶ 2

問題 13 ★ ➡4.5

次の記述は，全世界測位システム（GPS）について述べたものである．このうち誤っているものを下の番号から選べ．

1 GPS の各衛星は，約 24 時間周期で周回している．

2 GPS の各衛星は，6 つの周回軌道上に配置されている．

3 GPS の各衛星は，地上から高度約 20 000 km の軌道上を周回している．

4 GPS の各衛星は，UHF 帯の電波を使って，時刻情報などを送信している．

解説 1「約 **24 時間**周期」ではなく，正しくは「約 **12 時間**周期」です．

答え▶▶▶ 1

4.6 インマルサット衛星通信システム

インマルサット（INMARSAT：INternational MARitime SATellite communication organization：国際海事衛星機構）は，通信衛星を使用した船舶用の通信サービスを提供するため 1979 年に設立された国際機関で，その事業部分を引き継いだ企業です．その後，陸上用及び航空用のサービスも行うようになり，機関名は，国際移動通信衛星機構 IMSO（International Mobile Satellite Organization）に変更になっています．インマルサット衛星が使用している周波数帯は，L バンドはアップリンクが 1.6 GHz 帯，ダウンリンクが 1.5 GHz 帯，Ka バンドはアップリンクが 30 GHz 帯，ダウンリンクが 20 GHz 帯です．

インマルサット衛星は，赤道上空約 36 000 km に位置した**静止衛星**で，太平洋・インド洋・大西洋に打ち上げられ運用されており，音声通話やデータ伝送などが可能です．しかしながら，静止衛星のため，北極や南極の極地域は通信ができません．

最初のインマルサット A はアナログ方式（2007 年サービス終了）でした．インマルサット B からデジタル方式となり，C，D，M，Fleet などと進化してきました．ここでは，三海通の試験で出題されているインマルサット C, FB（Fleet Broadband），最新の FX（Fleet Xpress）の特徴を**表 4.2** に示します．

■表 4.2　各種インマルサットの特徴

種　類	特　徴
インマルサット C	・TELEX，600 bps のデータ通信，FAX ・音声通話はできない ・小型の無指向性アンテナが使用できる ・L バンド使用
インマルサット FB	・音声通話，432 kbps のデータ通信，FAX など ・L バンド使用
インマルサット FX	・音声通話，高速データ通信，FAX など ・高速通信の可能な Ka バンドと天候に左右されない L バンドに自動切換えが行われ信頼性の高い通信が可能

インマルサット C 型無線設備に関する特徴
・音声通話のサービスはない
（テレックス，データ通信，FAX，E-mail などが可能）
・無指向性のアンテナを使うことができるため衛星追尾装置は不要
・変調方式は **BPSK**
・使用している周波数は L バンドの 1.5 GHz 及び 1.6 GHz
を覚えておきましょう

関連知識　インマルサットフリートブロードバンド船舶地球局

フリートブロードバンド（Fleet Broadband）は，音声通話，最大 432 kbps のデータ通信（通信速度は使用するアンテナの大きさにより変化します），FAX 等が可能な通信装置で，インターネット接続も可能ですが，アンテナには衛星追尾装置が必要で，インマルサット C 型と比べると大掛かりになります．

問題 14 ★★ ➡4.6

次の記述は，インマルサット船舶地球局のインマルサットC型無線設備について述べたものである．このうち誤っているものを下の番号から選べ．

1 使用する衛星は，静止衛星である．
2 小形の無指向性アンテナを使うことができる．
3 音声のサービスは，受けられる．
4 使用している周波数帯は，1.5 GHz 及び 1.6 GHz である．

解説 3「**受けられる**」ではなく，正しくは「**受けられない**」です．

答え▶▶▶3

出題傾向 選択肢が「衛星を追尾するための受信機や駆動制御装置が必要である．」(誤り)，「音声の，サービスは，受けられない．」(正解)，「変調方式は，位相変調を用いている．」(正解) となる問題もあります．

問題 15 ★★★ ➡4.6

次の記述は，インマルサットC型船舶地球局システムについて述べたものである．このうち正しいものを1，誤っているものを2として解答せよ．

ア 漁船等の小型船舶にも搭載可能なシステムである．
イ 極軌道衛星を利用した衛星通信システムである．
ウ 全方向性アンテナを使用することができる．
エ 変調方式は，FMを用いている．
オ 音声の通話が可能である．

解説 イ「**極軌道**衛星」ではなく，正しくは「**静止**衛星」です．

エ「**FM**」ではなく，正しくは「**BPSK**」です．

オ「音声の通話が**可能である**」ではなく，正しくは「音声の通話は**できない**」です．

答え▶▶▶ア－1 イ－2 ウ－1 エ－2 オ－2

5章 電　源

この章から **1** 問出題

交流の商用電源から直流を得るための電源装置を構成するのに必要な変圧器，整流回路，平滑回路の動作原理と直流電源の電圧変動率，乾電池のように放電してしまうと二度と使用できない一次電池，放電した後も充電すれば繰り返し使用できる二次電池，電池の容量と直列接続及び並列接続について学びます．試験の出題範囲は限定的です．

5.1 電源回路

多くの電子通信機器類は直流で動作しており，直流電源が必要です．携帯用の無線機器類は電池や蓄電池が必要不可欠ですが，固定局や基地局は勿論，船舶局などの場合は商用電源や発電機で発電された交流電源を直流に変換して使用するのが一般的です．**図 5.1** は交流電圧を直流電圧に変換する電源回路の構成を示したものです．

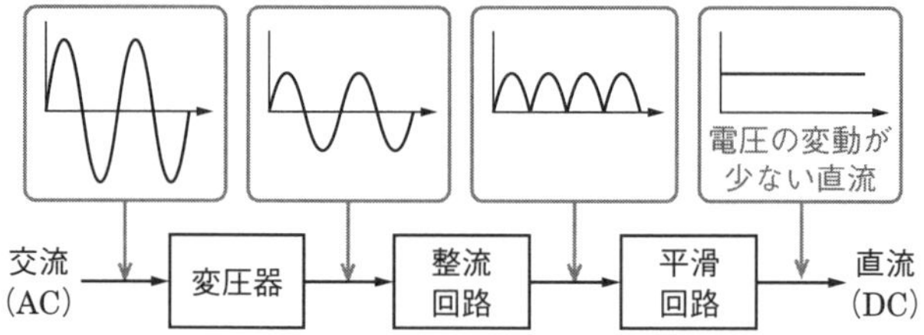

■図 5.1　電源回路の仕組み

交流電圧を**変圧器**で所定の交流電圧に昇圧又は降下させ，**整流回路**で脈流（交流成分を多く含んだ直流）に変換します．整流回路の出力電圧は交流成分を多く含んでいるため，そのままでは使えないので，**平滑回路**で交流成分を除去して完全な直流に近づけて負荷に供給します．

図 5.1 の各回路の動作の概要を次に示します．

5.1.1 変圧器

鉄心に二つのコイルを巻いたものを**変成器**といいます．変成器は電圧の変換の他，インピーダンスの変換などに用いられます．電圧の昇降用の変成器を**変圧器**（トランス）といい，交流電圧を目的の電圧に変換します．

直流電圧は変圧器で電圧を変えることはできません．

5.1.2 整流回路

整流回路は，交流を脈流に変換する回路で，ダイオードなどの整流器で構成されています．整流回路には次に示すようにいろいろな種類があります．

(1) 半波整流回路

半波整流回路は**図 5.2** (a) に示すように，ダイオード 1 本で交流を脈流に変換する回路です．ダイオードのアノード側がプラスになったとき導通して電流が流れます．出力電圧波形の概略は図 5.2 (b) のようになります．

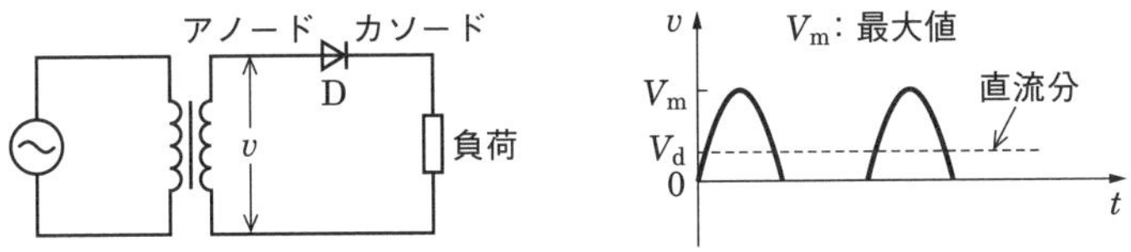

（a）回路図　（b）波形

図 5.2 半波整流回路

(2) 全波整流回路

全波整流回路は**図 5.3** (a) に示すように，ダイオード 2 本を使用して交流を脈流に変換する回路です．出力電圧波形の概略は図 5.3 (b) のようになります．

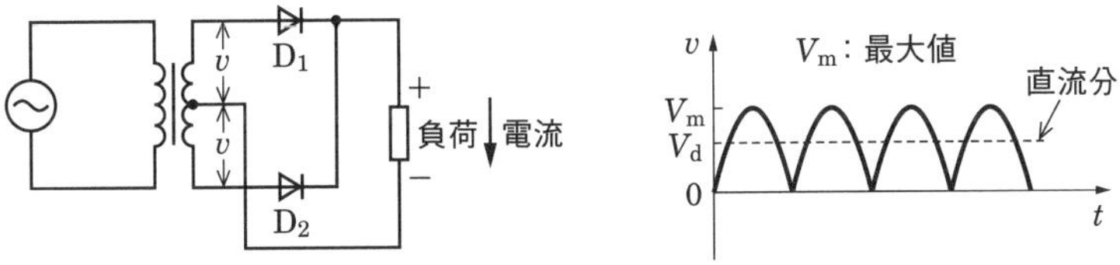

（a）回路図　（b）波形

図 5.3 全波整流回路

図 5.3 (a) の回路は変圧器の巻線が**図 5.4** (a) の半波整流回路の変圧器の 2 倍必要です．図 5.4 に示すようなダイオードを 4 本使用した回路を**ブリッジ整流回路**といいます．この回路を使えば，半波整流回路の変圧器を使用して全波整流回路を構成することができます．

なお，出力電圧波形の概略は図 5.3 (b) と同じになります．

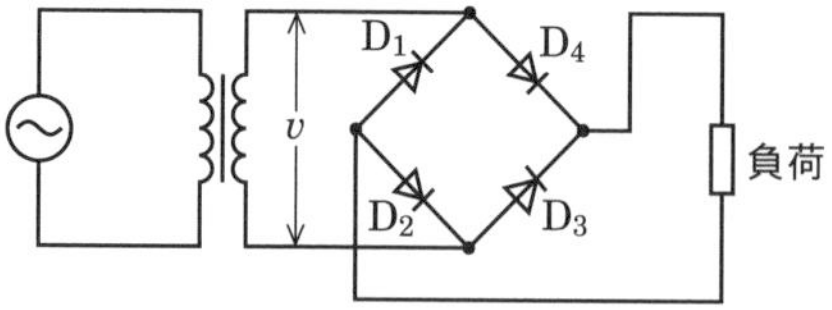

■図 5.4 ブリッジ整流回路

関連知識 **平滑回路**

整流回路で得られた脈流から交流成分を除去し，理想的な直流にする回路が平滑回路です．**図 5.5** にコンデンサ入力形平滑回路，**図 5.6** にチョーク入力形平滑回路の概略を示します．平滑回路を通過した出力波形の例を**図 5.7** に示します．

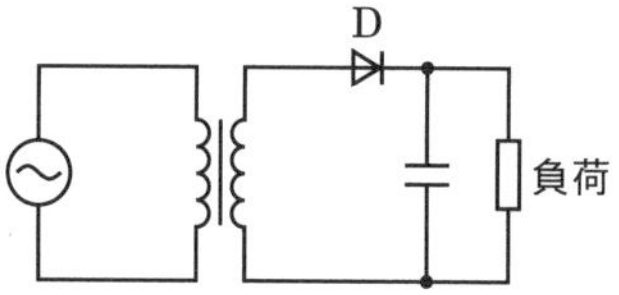

■図 5.5 コンデンサ入力形平滑回路

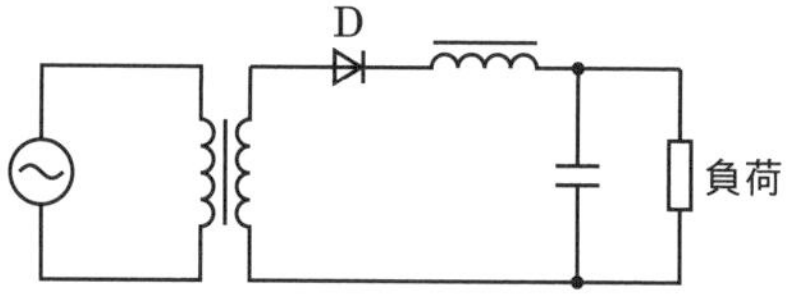

■図 5.6 チョーク入力形平滑回路

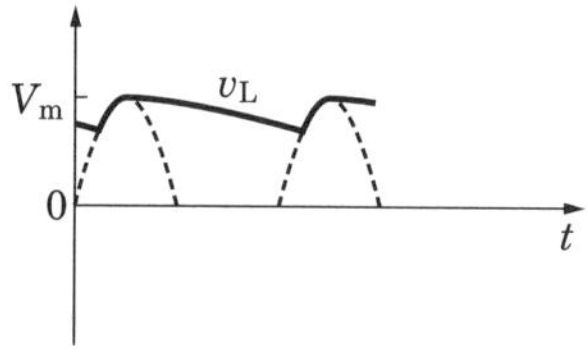

■図 5.7 平滑回路を通過した出力波形

5.1.3 電圧変動率

電源回路に接続された通信機器や電子機器などの負荷の大きさが変化すると出力電圧が変動します．負荷を接続しないときの出力電圧を V_O〔V〕，負荷を接続したときの出力電圧を V_L〔V〕とすると，電圧変動率 δ は次式で表すことができます．直流電源の性能としては，δ は小さいほど良いことになります．

$$\delta = \frac{V_O - V_L}{V_L} \times 100 \text{〔\%〕} \tag{5.1}$$

問題 1 ★★ ➡5.1.2

次の記述は，**図 5.8** に示す整流回路について述べたものである．□内に入れるべき字句の正しい組合せを下の番号から選べ．

(1) 回路の名称は，[A]整流回路である．

(2) 抵抗 R に流れる電流 i の波形は，[B]である．

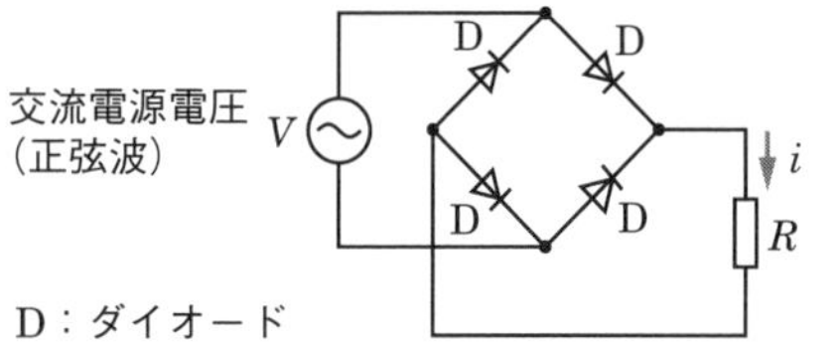

図 5.8

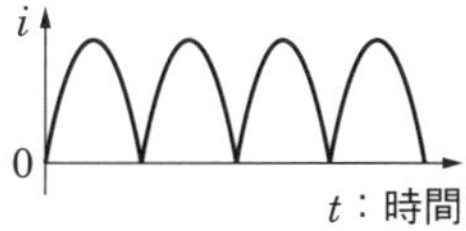

図 5.9

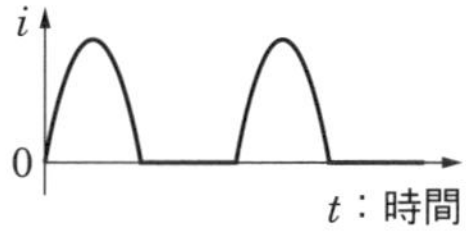

図 5.10

	A	B
1	ブリッジ	図 5.9
2	ブリッジ	図 5.10
3	半波	図 5.9
4	半波	図 5.10

解説 図 5.8 の回路はダイオードを 4 本使用した**ブリッジ整流回路**で，波形は全波整流回路と同様に図 5.9 のようになります．なお，図 5.10 は半波整流回路の波形です．

答え▶▶▶ 1

問題 2 ★★ ➡5.1.3

次の記述は，直流電源の電圧変動率 δ について述べたものである．□内に入れるべき字句の正しい組合せを下の番号から選べ．ただし，**図 5.11** のように負荷を接続しないときの直流電源の端子電圧を V_O〔V〕，**図 5.12** のように定格負荷を接続したときの直流電源の端子電圧を V_L〔V〕とする．

(1) δ は，$\delta = \{$[A]$\} \times 100$〔%〕で表される．

(2) 直流電源の性能としては，δ は[B]ほうがよい．

	A	B
1	$(V_O - V_L)/V_L$	小さい
2	$(V_O - V_L)/V_L$	大きい
3	$V_L/(V_O - V_L)$	小さい
4	$V_L/(V_O - V_L)$	大きい

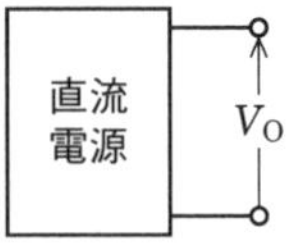

■図 5.11

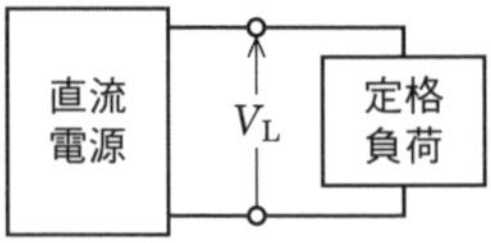

■図 5.12

解説 電圧変動率は

$$\delta = \frac{\boldsymbol{V_O - V_L}}{\boldsymbol{V_L}} \times 100 \text{〔\%〕}$$

で表されます．なお，電圧変動率 δ が**小さい**方が安定した電源なので高性能となります．

答え▶▶▶ 1

5.2 一次電池と二次電池

電池を最初に考案したのはイタリアのボルタで 1800 年のことです．その電池は「ボルタの電池」と呼ばれ，正極に銅，負極に亜鉛，電解液に希硫酸を使用したものでした．その後，1859 年にフランスのプランテが「鉛蓄電池」，1887 年には日本の屋井先蔵が「乾電池」を発明し，現在はさまざまな種類の電池，蓄電池が考案され各種電子通信機器類に使用されています．

図 5.13 に示すように，電池には，化学反応により電気を発生させる「化学電池」，光や熱を電気に変換する「物理電池」があります．

「化学電池」には，マンガン乾電池やアルカリ乾電池のように放電してしまうと二度と使用することのできない「**一次電池**」，鉛蓄電池，ニッケル水素蓄電池，リチウムイオン蓄電池のように放電した後も充電することによって，繰り返し使用できる電池である「**二次電池**」があります．これらの電池は，いずれも「正極」，「負極」，「電解液」で構成されています．

「物理電池」には，太陽電池や熱電池があります．

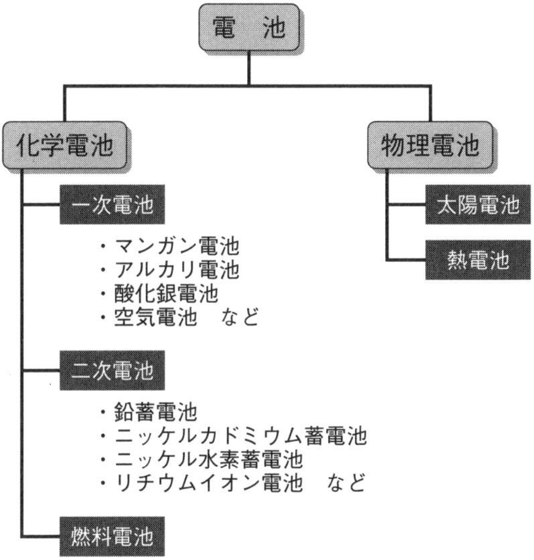

図 5.13　化学電池と物理電池

5.2.1　鉛蓄電池

鉛蓄電池は，自動車はもちろん，船舶の無線設備や照明など非常用の予備電源として広く使用されています．

正極に**二酸化鉛**，負極に**鉛**，電解液に**希硫酸**を使用しています．充電が進むと，電解液中の水の電気分解により酸素ガスと水素ガスが発生し，電解液の量が減少しますので，**蒸留水**を補給し，電解液の量を一定に保ちます．

鉛蓄電池の 1 つのセルの電圧は約 2 V で，大きな電流を取り出すことができ，メモリ効果（電池を使いきらずに充電を繰り返すと使える容量が減ってくる現象）がありません．短所は重いことです．電解液に希硫酸を使用しているので破損した場合は危険だったのですが，シール形に移行して改善されています．鉛蓄電池の劣化の原因は電極の劣化です．

関連知識　リチウムイオン蓄電池

リチウムイオン電池は，スマートフォンや電気自動車の電源として使用されている二次電池です．1 セルあたりの電圧は 3.7 V で，他の蓄電池と比べて高いですが，大電流の放電には向きません．過充電や過放電には弱いので保護回路が必要になります．

5.2.2 電池の容量

どのくらい電気を取り出すことができるかを**容量**といい，Ah（アンペア時）で表します．例えば，容量 30 Ah の完全に充電された蓄電池に電流が 3 A 流れる負荷を接続して使用したときは，この蓄電池は 10 時間連続して使用できることを意味します．

鉛蓄電池の容量も，Ah（アンペア時）ですが，10 時間率や 20 時間率などで表すことがあります．例えば，100 Ah の容量を持つ鉛蓄電池の場合，10 時間率の場合 10 A の電流を 10 時間放電できます．20 時間率では 5 A の電流を 20 時間放電できる計算になりますが，大電流で放電する場合は放電総量が少なくなるため，20 A の電流を 5 時間放電することはできません．

5.2.3 電池の直列接続と並列接続

図 5.14 のような電池の接続を**直列接続**といいます．電圧及び容量の等しい電池を n 個直列に接続したとき，電圧は n 倍になりますが，合成容量は，1 個の電池の容量と変わりません．

図 5.15 のような電池の接続を**並列接続**といいます．電圧及び容量の等しい電池を n 個並列接続で使用すると，電圧は変化しませんが，合成容量は n 倍になり長持ちします．

例えば，電圧が 2 V で容量が 10 Ah の蓄電池 3 個を直列接続で使用すると，合成電圧は 3 倍の 6 V になりますが，電池の容量は 10 Ah で 1 個分の容量と同

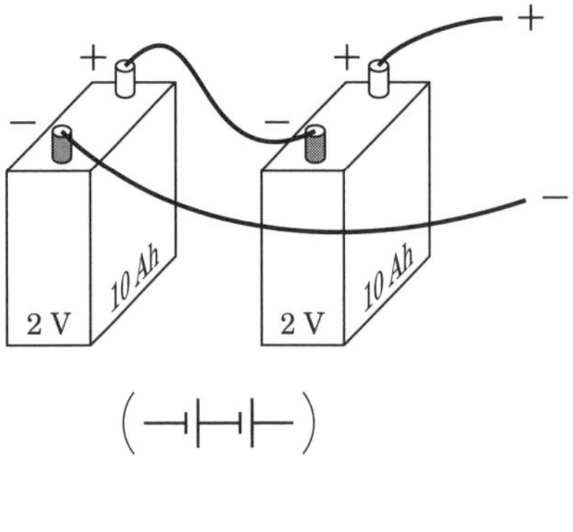

図 5.14 電池の直列接続

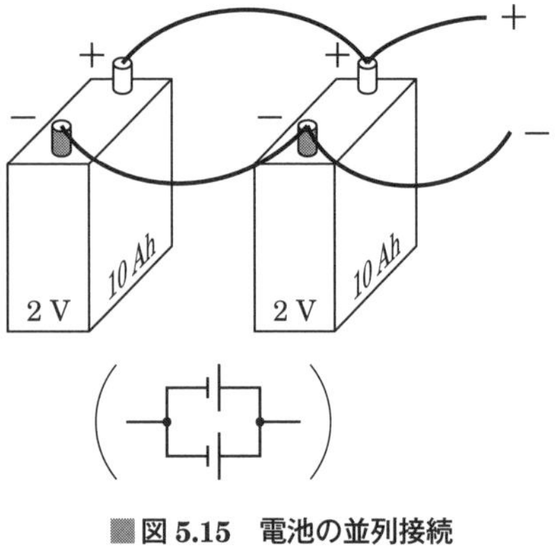

図 5.15 電池の並列接続

じで変化しません．

また，電圧が 2 V で容量が 10 Ah の蓄電池 3 個を並列接続で使用すると，合成電圧は蓄電池 1 個分の 2 V と変化しませんが，合成容量は 10 Ah の 3 個分の 30 Ah になります．

直列接続では電圧が増え，並列接続では容量が増えます．

問題 3 ★★　➡5.2

次の記述は，鉛蓄電池の取り扱い方について述べたものである．［　　］内に入れるべき字句の正しい組合せを下の番号から選べ．

(1) 鉛蓄電池の補液には，通常，［ A ］を用いる．

(2) 鉛蓄電池を用いた電源の容量を増やすには，［ B ］のように鉛蓄電池（E）を接続する．

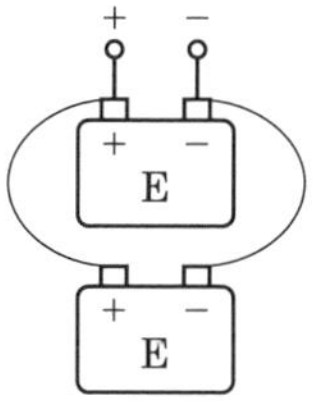

■図 5.16

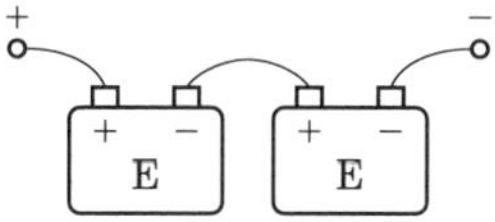

■図 5.17

	A	B
1	蒸留水	図 5.16
2	蒸留水	図 5.17
3	希塩酸	図 5.16
4	希塩酸	図 5.17

解説　鉛蓄電池は使用するにつれて電解液の量が減少しますので，**蒸留水**を補給し，電解液の量を一定に保ちます．

電池の容量を増やすためには，図 5.16 のように並列に接続します．

答え▶▶▶ 1

問題 4 ★★★ ➡5.2

次の記述は，電池について述べたものである．このうち誤っているものを下の番号から選べ．

1 放電した後も充電することによって，繰り返し使用できる電池を二次電池という．

2 容量が 30 Ah の電池は，完全に充電された状態から 3 A の電流で 10 時間放電することができる．

3 電圧及び容量の等しい電池を 2 個直列に接続したときの合成容量は，1 個の電池の容量と変わらない．

4 電圧及び容量の等しい電池を 2 個並列に接続したときの合成電圧は，1 個の電池の電圧の 2 倍になる．

解説 4「1 個の電池の**電圧の 2 倍になる**」ではなく，正しくは「1 個の電池の**電圧と変わらない**」です．

答え▶▶▶ 4

出題傾向 選択肢が「電圧及び容量の等しい電池を 2 個並列に接続したときの合成電圧は，1 個の電池の電圧と変わらない.」(正解)，「電圧及び容量の等しい電池を 2 個直列に接続したときの合成容量は，1 個の電池の容量の 2 倍になる.」(誤り)，「電圧及び容量の等しい電池を 2 個並列に接続したときの合成容量は，1 個の電池の容量の 2 倍になる.」(正解)，「鉛蓄電池は，正極が二酸化鉛，負極が鉛，電解液が希硫酸である.」(正解)，「リチウムイオン蓄電池のように，充電と放電を繰り返して使用できる電池を一次電池という.」(誤り) となる問題も出題されています．

問題 5 ★ ➡5.2

次の記述は，電池について述べたものである．[　　　]内に入れるべき字句を下の番号から選べ．

(1) 充電と放電を繰り返して[　ア　]電池を二次電池という．

(2) 二次電池の一つとして[　イ　]がある．

(3) 鉛蓄電池の電解液は，[　ウ　]である．

(4) **図 5.18** のように電池を接続する方法を[　エ　]接続という．

(5) **図 5.19** のように特性の等しい蓄電池を接続したとき，合成容量は 1 個の電池[　オ　]．

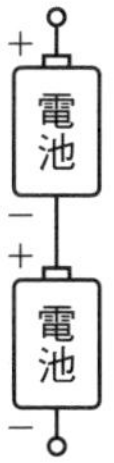

図 5.18

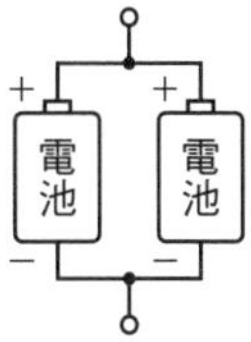

図 5.19

1	使用できない	2	マンガン乾電池	3	希硫酸
4	直列	5	の 2 倍になる	6	使用できる
7	リチウムイオン蓄電池	8	希塩酸	9	並列
10	と同じである				

解説　充放電を繰返し**使用する**電池が二次電池で，携帯電話など様々な用途に使用されている**リチウムイオン蓄電池**などがあります．他には自動車などに用いられる鉛蓄電池があり，電解液には**希硫酸**が用いられています．なお，繰返し充放電をしない使い切りの電池を一次電池といい，マンガン乾電池などがあります．

図 5.18 のように接続する方法を**直列**接続といい，電圧が 2 倍になります．図 5.19 のように接続する方法を並列接続といい，電池の容量が **2 倍**になります．

答え▶▶▶ア－6　イ－7　ウ－3　エ－4　オ－5

6章　空中線と給電線

この章から **4** 問出題

電波を送受信するには，送受信機の他に空中線（以下「アンテナ」）と給電線が必要です．能率よく電波を送受信するには，送受信機と給電線，アンテナ間の整合が重要です．アンテナの長さや大きさは電波の波長に関係します．本章では，基本アンテナである半波長ダイポールアンテナ及び 1/4 波長垂直アンテナの特性，実際の各種アンテナの特徴，給電線，整合について学びます．

6.1　アンテナ

電波を送受信する場合，送受信機の他にアンテナ（アンテナは昆虫の触角を表す antenna に由来しています）及び送受信機とアンテナを接続する給電線が必要です．

アンテナには，ダイポールアンテナなどの線状アンテナ，八木アンテナなどのアレイアンテナ，パラボラアンテナなどの開口面アンテナがあり，それぞれに多くの種類のアンテナがあります．アンテナの長さ（大きさ）は，使用する電波の波長と密接な関係があります．使用する電波の波長が決まると，アンテナの長さが自ら決まります．

関連知識　電波の波長と周波数の関係

電波の波長 λ〔m〕，周波数 f〔Hz〕，電波の速度 c〔m/s〕には次式で示す関係があります．

$$c = f\lambda \tag{6.1}$$

式 (6.1) より，波長 λ を求めると次式になります．

$$\lambda = \frac{c}{f} \tag{6.2}$$

電波の速度 c は，$c = 3 \times 10^8$ m/s なので，周波数が〔MHz〕単位で与えられている場合の波長は，次に示す簡易な式で計算できます．

$$\lambda = \frac{3 \times 10^8}{f \times 10^6} = \frac{300}{f\,\text{〔MHz〕}}\ \text{〔m〕} \tag{6.3}$$

周波数の単位が〔kHz〕や〔GHz〕の場合は，式 (6.3) は使用できませんので注意して下さい．

電波を効率良く送受信するには，アンテナの利得や指向性，送受信機とアンテナの整合などに留意する必要があります．

6.1.1　入力インピーダンス

送受信機とアンテナを接続するには同軸ケーブルなどの給電線が必要になります．**図 6.1** に示すように給電点 ab からアンテナを見たインピーダンスを**入力インピーダンス**（又は**給電点インピーダンス**）といいます．

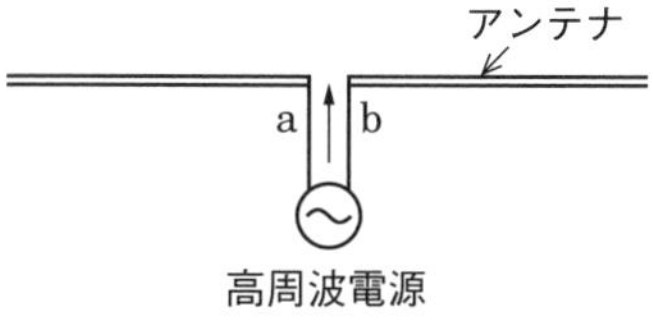

図 6.1　アンテナの入力インピーダンス

6.1.2　指向性

放送局や電波時計で使用する長波標準周波数局などでは，どの方向にも電波の強さが同じになるアンテナが使用されています．このようなアンテナを**全方向性**（無指向性）**アンテナ**といいます．一方，八木アンテナやパラボラアンテナのように，放射される電波の強さが方向によって異なるアンテナを**単一指向性アンテナ**といいます．

アンテナの指向性はアンテナから放射される電波の電界強度が最大の点を 1 と考え，他の場所における電界強度を相対的な値で示すとわかりやすくなります．

全方向性アンテナの水平面内の指向性の概略を**図 6.2**，単一指向性アンテナの水平面内の指向性の概略を**図 6.3** に示します（水平面内の指向性はアンテナを上から見ているときの電波の強度を表しています）．

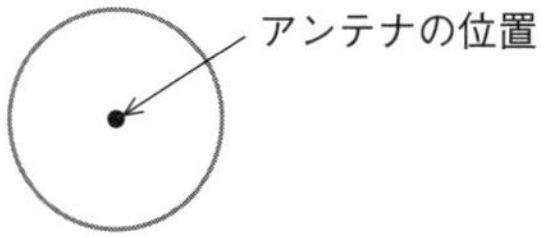

図 6.2　全方向性アンテナの水平面内の指向性

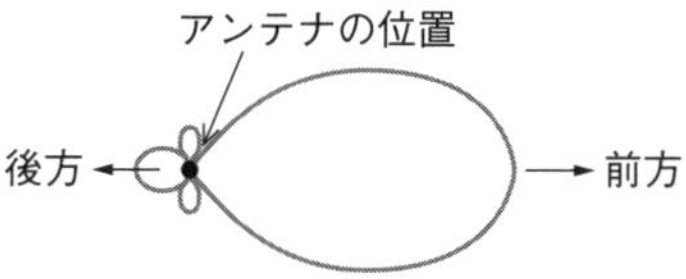

図 6.3　単一指向性アンテナの水平面内の指向性

6.1.3 利　得

アンテナを送信用及び受信用に使用するとき，基準アンテナと比較してどの程度の電力放射があるか，または，吸収されているかを数値化したものがアンテナの**利得**で，単位はdB（デシベル）で表されます．アンテナの利得が大きければ性能が良いとされており，指向性が鋭い（半値角が狭い）アンテナほど，利得は**大きく**なります．

任意のアンテナから電力P〔W〕で送信し，距離d〔m〕離れた最大放射方向における電界強度をE〔V/m〕とします．任意のアンテナを基準アンテナに取り換えて電力P_0〔W〕で送信したとき，同一地点における電界強度が同じくE〔V/m〕になったとします．このときの任意のアンテナの利得Gは次式で表すことができます．

$$G = \frac{P_0}{P} \qquad (6.4)$$

利得には，等方性アンテナを基準とする**絶対利得**G_aと半波長ダイポールアンテナを基準とする**相対利得**G_rがあり，両者には次式の関係があります．

$$G_a = G_r + 2.15 \text{〔dB〕} \qquad (6.5)$$

関連知識　絶対利得と相対利得

アンテナの利得には，基準アンテナの取り方によって，絶対利得と相対利得の2種類の表記があります．

絶対利得は等方性アンテナ（アイソトロピックアンテナ）という，すべての方向に一様な強度で電波を放射する仮想のアンテナを基準にした利得です．

相対利得は半波長ダイポールアンテナを基準にした利得です．

絶対利得 G_a	基準アンテナ	等方性アンテナ	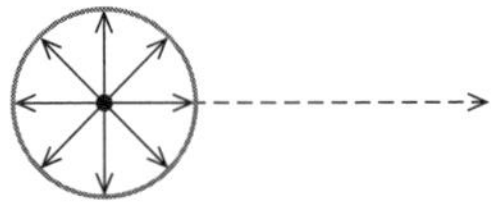 全方向に等しく電波を放射
相対利得 G_r		半波長ダイポールアンテナ	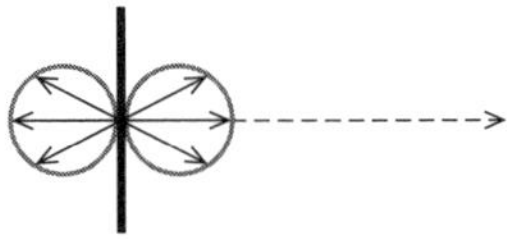 最大放射方向で比較

■図 6.4　絶対利得と相対利得

6.1.4　固有波長

アンテナの長さは使用する電波の波長に関係します．また，アンテナは複数の周波数に共振します．共振する一番低い周波数を**固有周波数**といい，そのときの波長を**固有波長**といいます．

アンテナの固有波長が電波の波長より短いときは，放射リアクタンスは容量性となり，このとき，アンテナにコイルを挿入すればアンテナを共振状態とすることができます．このような目的で用いられるコイルを**延長コイル**といい，コイルを挿入することで固有波長が長くなります．逆にアンテナの固有波長が電波の波長より長いときは，アンテナに**短縮コンデンサ**を挿入し，固有波長を短くします（**図 6.5**）．

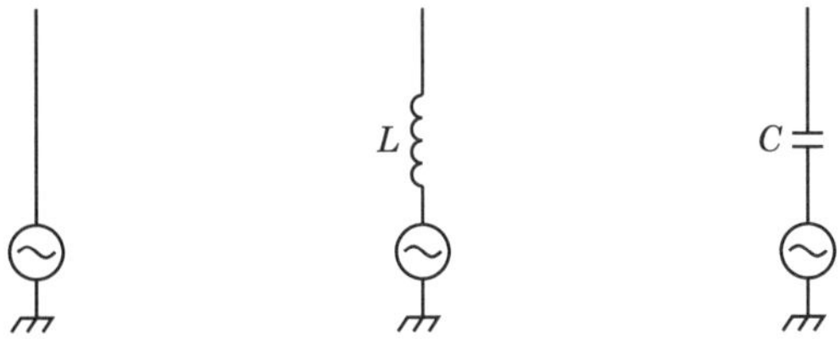

（a）通常のアンテナ　（b）延長コイルを挿入　（c）短縮コンデンサを挿入

図 6.5　固有波長の調整

図 6.5 の 3 つのアンテナを比較すると，図 6.5（b）のようにアンテナにコイルを直列に挿入すると「アンテナの共振周波数が低くなり，波長の長い電波に共振」します．図 6.5（c）のようにアンテナにコンデンサを直列に挿入すると「アンテナの共振周波数が高くなり，波長の短い電波に共振」します．

問題 1　★★　➡6.1.3

次の記述は，アンテナの利得について述べたものである．［　　］内に入れるべき字句の正しい組合せを下の番号から選べ．

(1)　基準アンテナを等方性アンテナとした場合の利得は，［ A ］という．

(2)　アンテナの利得は，指向性が鋭い（半値角が狭い）アンテナほど，［ B ］．

	A	B
1	相対利得	小さい
2	相対利得	大きい
3	絶対利得	小さい
4	絶対利得	大きい

解説　等方性アンテナを基準とした利得を**絶対利得**といいます．アンテナの利得は，指向性が鋭いほど**大きく**なります．

答え▶▶▶ 4

問題 2 ★★　➡ 6.1.4

次の記述は，**図 6.6** に示す高さ h〔m〕の垂直接地アンテナ X，Y 及び Z の固有波長について述べたものである．［　　］内に入れるべき字句の正しい組合せを下の番号から選べ．ただし，X には自己インダクタンスが L〔H〕のコイル，Z には静電容量が C〔F〕のコンデンサが挿入されているものとし，挿入する前の X 及び Z は，Y と同じアンテナとする．

(1) 固有波長が最も短いアンテナは，［ A ］である．

(2) 固有波長が最も長いアンテナは，［ B ］である．

	A	B
1	X	Z
2	X	Y
3	Z	Y
4	Z	X

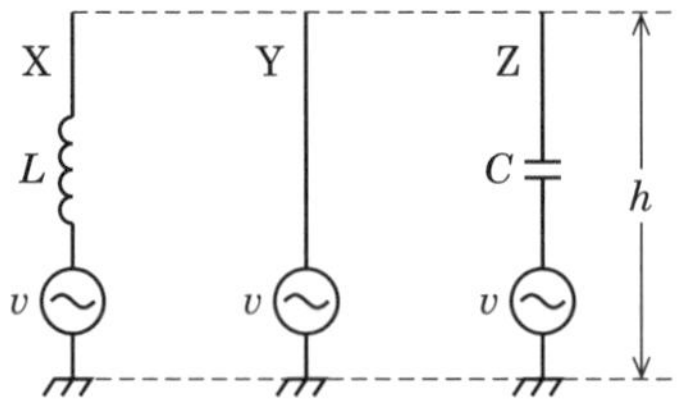

v：送信電源

■図 6.6

解説　アンテナ X はコイルが挿入されているのでアンテナの共振周波数が低くなり，波長の長い電波に共振することを示しています．アンテナ Z はコンデンサが挿入されているのでアンテナの共振周波数が高くなり，波長の短い電波に共振することを示しています．

答え▶▶▶ 4

6.2 基本アンテナ

6.2.1 半波長ダイポールアンテナ

(1) 半波長ダイポールアンテナの電流分布と電圧分布

図 6.7 で示すように，**半波長ダイポールアンテナ**は長さが電波の波長の 1/2 に等しい非接地アンテナで，実線が電流分布，点線が電圧分布となります．電流はアンテナの先端部で零，中央部で最大となり，電圧は先端部で最大，中央部で零になります．水平面内の指向性は**図 6.8** に示す 8 字形で放射抵抗は約 73 Ω です．

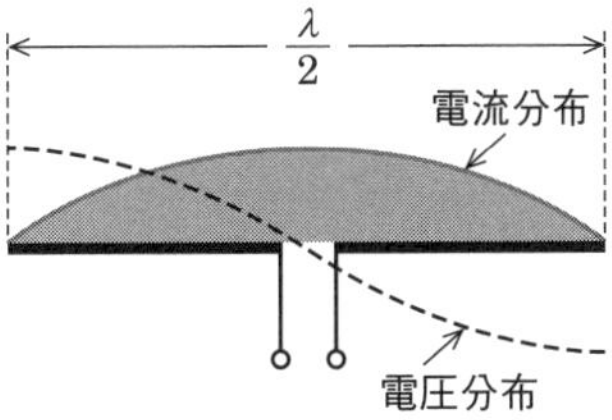

■図 6.7 半波長ダイポールアンテナの電流分布と電圧分布

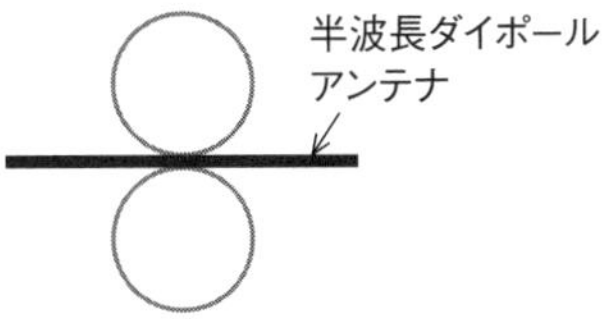

■図 6.8 半波長ダイポールアンテナの水平面内の指向性

半波長ダイポールアンテナのように先端が開放されているアンテナ上には定在波が発生するので**定在波アンテナ**といいます．

進行波と反射波が存在すると干渉して定在波が生じます．

(2) 半波長ダイポールアンテナの実効長

半波長ダイポールアンテナの実効長 h_e〔m〕は次のように計算します．**図 6.9** (a) においてグレーの部分の面積 S は次式で表すことができます．

$$S = \frac{I\lambda}{\pi} \tag{6.6}$$

式 (6.6) が図 6.9 (b) の面積に等しいので次式が成立します．

$$\frac{I\lambda}{\pi} = h_e I \tag{6.7}$$

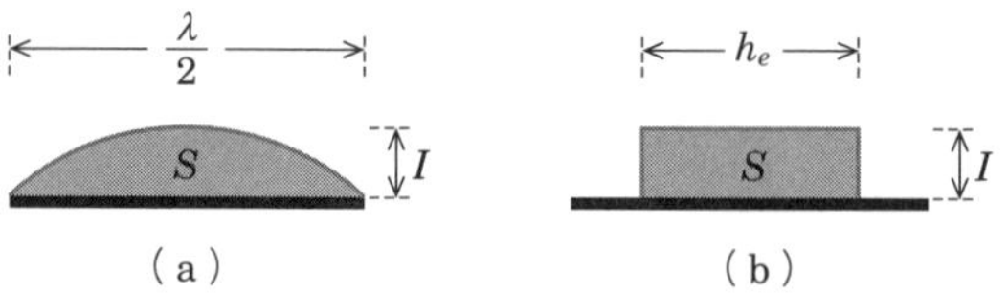

■図 6.9　半波長ダイポールアンテナの実効長

式 (6.7) より実効長 h_e は，次式で表すことができます．

$$h_\mathrm{e} = \frac{\lambda}{\pi} \tag{6.8}$$

6.2.2　1/4 波長垂直アンテナ

(1) 1/4 波長垂直アンテナの電流分布と電圧分布

図 6.10 に示すアンテナを **1/4 波長垂直アンテナ**といいます．実線は電流分布，点線は電圧分布を示しています．電流はアンテナの先端部で零，給電部で最大，電圧は先端部で最大，給電部で零になります．水平面内の指向性は図 6.2 で示した全方向性になり，放射抵抗は半波長ダイポールアンテナの 1/2 になります．

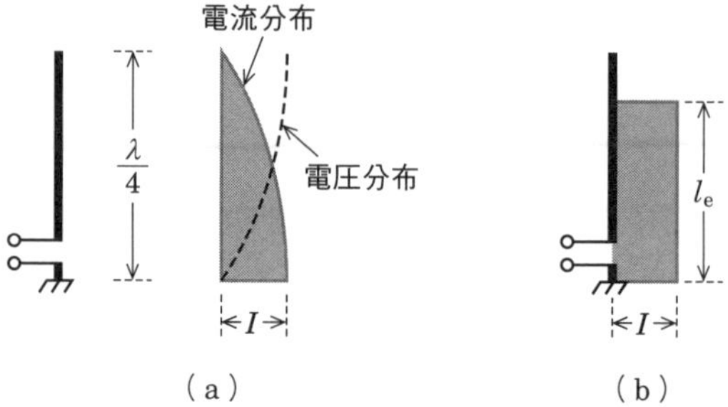

■図 6.10　1/4 波長垂直アンテナの電流分布と電圧分布及び実効高

(2) 1/4 波長垂直アンテナの実効高（実効長）

1/4 波長垂直アンテナの実効高（実効長）l_e〔m〕は式 (6.8) の半波長ダイポールアンテナの半分になり，次式で表すことができます．

$$l_\mathrm{e} = \frac{\lambda}{2\pi} \tag{6.9}$$

問題 3 ★★★　➡6.2.1

次の記述は，半波長ダイポールアンテナ（ANT）上の電流分布及び電圧分布について述べたものである．［　　］内に入れるべき字句の正しい組合せを下の番号から選べ．ただし，アンテナは基本波に共振しているものとする．

(1) 電流分布の概略を示す図は，［ A ］である．

(2) 電圧分布の概略を示す図は，［ B ］である．

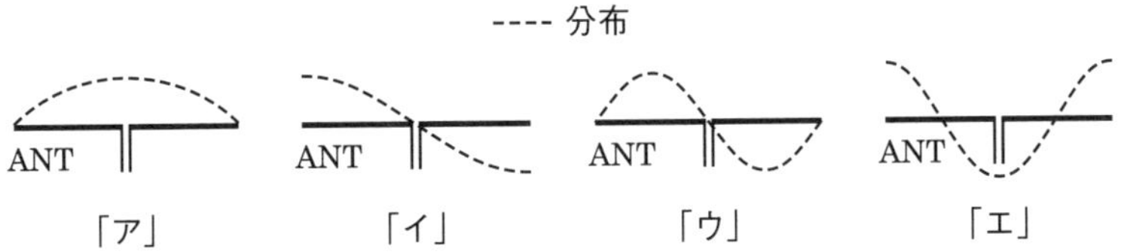

■図 6.11

	A	B
1	「ア」	「エ」
2	「ウ」	「エ」
3	「ウ」	「イ」
4	「ア」	「イ」

解説　図 6.7 より，電流分布が「ア」，電圧分布が「イ」となります．

答え▶▶▶ 4

問題 4 ★★　➡6.2.1

次の記述は，電波を半波長ダイポールアンテナで受信したときに誘起される最大電圧 V の値を求める手順について述べたものである．［　　］内に入れるべき字句の正しい組合せを下の番号から選べ．ただし，電波の速度を c〔m/s〕，周波数を f〔Hz〕，波長を λ〔m〕及び受信点の電界強度を E〔V/m〕とする．

(1) V は，半波長ダイポールアンテナの実効長を l_e とすると，$V=$［ A ］〔V〕である．

(2) 半波長ダイポールアンテナの実効長 l_e は，$l_e=$［ B ］〔m〕である．

(3) したがって V は，c，f 及び E を用いて表すと，$V=$［ C ］〔V〕である．

	A	B	C
1	$E^2 l_e$	λ/π	$E^2 c/(2\pi f)$
2	$E^2 l_e$	$\lambda/(2\pi)$	$Ec/(\pi f)$
3	El_e	λ/π	$Ec/(\pi f)$
4	El_e	$\lambda/(2\pi)$	$E^2 c/(2\pi f)$

解説　(1) 単位を考えるとわかりやすいです．電界強度Eの単位は〔V/m〕，実効長l_eの単位は〔m〕なので，Eとl_eの単位を掛けると〔V〕になります．よって，誘起される最大電圧は$V = \boldsymbol{El_e}$〔V〕となります．

(2) 半波長ダイポールアンテナの実効長l_eは，$l_e = \boldsymbol{\lambda/\pi}$〔m〕です．

(3) (1)，(2) より

$$V = El_e = E \times \frac{\lambda}{\pi} = \frac{E}{\pi} \times \lambda = \frac{E}{\pi} \times \frac{c}{f} = \boldsymbol{\frac{Ec}{\pi f}}\ \text{〔V〕}$$

答え ▶▶▶ 3

問題 5 ★★★　　→6.2.2

次の記述は，**図 6.12** に示す$\lambda/4$垂直接地アンテナ X の実効高について述べたものである．□内に入れるべき字句の正しい組合せを下の番号から選べ．ただし，アンテナ X 上の電流分布は，振幅がI〔A〕の正弦波状とし，波長をλ〔m〕とする．

(1) アンテナ X の実効高とは，**図 6.13** に示すように，電流分布I〔A〕が一定で，放射電力がアンテナ X に等しいアンテナ Y を想定したとき，その［A］をいう．

(2) (1) より$\lambda/4$垂直接地アンテナの実効高は，［B］〔m〕である．

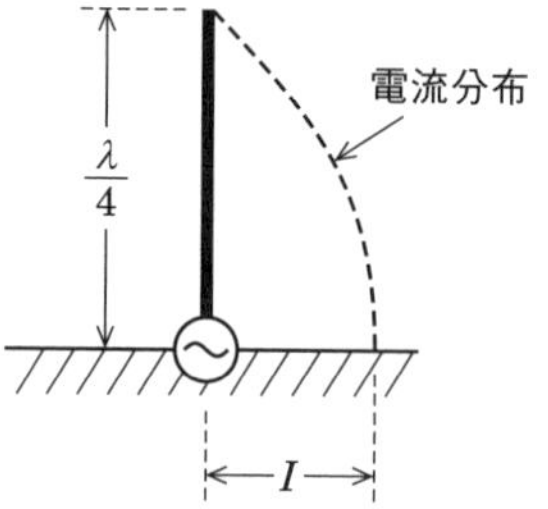

■図 6.12　アンテナ X

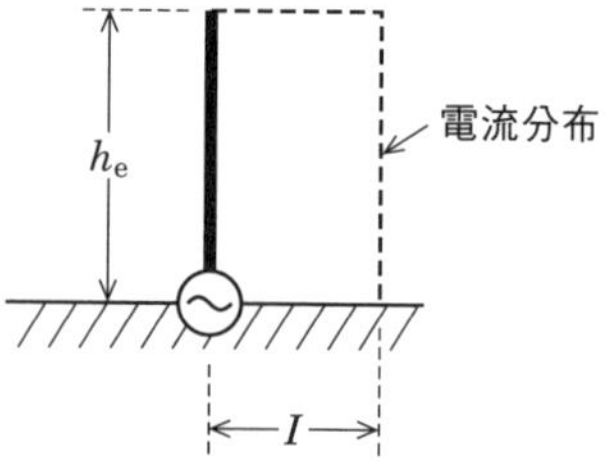

■図 6.13　アンテナ Y

	A	B
1	高さ h_e の 1/2 倍	λ/π
2	高さ h_e の 1/2 倍	$\lambda/(2\pi)$
3	高さ h_e	λ/π
4	高さ h_e	$\lambda/(2\pi)$

解説　式 (6.9) より，$\lambda/4$ 垂直接地アンテナの実効高は $\boldsymbol{\lambda/(2\pi)}$ となります（半波長ダイポールアンテナの半分です）．

答え▶▶▶4

問題 6 ★　➡6.2.2

次の記述は，電波を 1/4 波長垂直接地形アンテナで受信したときに誘起される電圧の値を求める手順について述べたものである．［　　］内に入れるべき字句の正しい組合せを下の番号から選べ．ただし，電波の周波数を f〔Hz〕，受信点における電界強度を E〔V/m〕，電波の速度を c〔m/s〕とする．

(1) 電波の波長 λ は，$\lambda =$ ［A］〔m〕である．

(2) 1/4 波長垂直接地形アンテナの実効長 l_e は，$l_e =$ ［B］〔m〕である．

(3) したがって，アンテナに誘起される電圧 V は，$V =$ ［C］〔V〕である．

	A	B	C
1	f/c	$\lambda/(2\pi)$	$fE/(2\pi c)$
2	f/c	λ/π	$cE/(2\pi f)$
3	c/f	$\lambda/(2\pi)$	$cE/(2\pi f)$
4	c/f	λ/π	$fE/(2\pi c)$

解説　(1) $c = f\lambda$ より，$\lambda = \boldsymbol{c/f}$〔m〕です．

(2) 1/4 波長垂直接地形アンテナの実効長 l_e は，$l_e = \boldsymbol{\lambda/(2\pi)}$〔m〕です．

(3) 実効長 l_e の単位は〔m〕なので，E と l_e の単位を掛けると〔V〕になります．よって，誘起される電圧 V〔V〕は

$$V = El_e = E \times \frac{\lambda}{2\pi} = \frac{E}{2\pi} \times \lambda = \frac{E}{2\pi} \times \frac{c}{f} = \frac{cE}{2\pi f}\ \text{〔V〕}$$

答え▶▶▶3

6.3 実際のアンテナ

6.3.1 スリーブアンテナ

図 6.14 に示すような同軸ケーブルから長さが 1/4 波長の内部導線を露出させ，同軸ケーブルの外部導体に長さが 1/4 波長のスリーブ（袖という意味）と呼ばれる銅などの金属で作られた円筒を取り付けたアンテナを**スリーブアンテナ**といいます．半波長ダイポールアンテナと同様な動作をするので，放射抵抗は約 73 Ω，**水平面内の指向性は全方向性で垂直面内の指向性は**半波長ダイポールアンテナの水平面内の指向性と同じ **8 字形**となります．

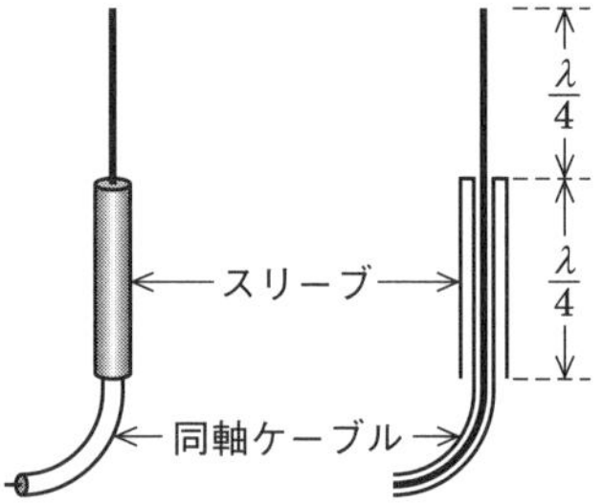

（a）外形　　（b）断面

図 6.14　スリーブアンテナ

6.3.2 ブラウンアンテナ

スリーブアンテナの金属円筒部を導線に代えても同様な動作をします．この導線を**地線**と呼びます．地線の長さはスリーブアンテナと同様 **λ/4** で，4 本の地線を水平方向にそれぞれ 90° 間隔に開くと，**図 6.15** に示す**ブラウンアンテナ**になります．

ブラウンアンテナの**水平面内の指向性は全方向性**で放射抵抗は約 20 Ω になります．用途はスリーブアンテナと同じですが，地線があるためアンテナを設置するための占有空間はスリーブアンテナより広い空間が必要となります．

6.3.3 八木・宇田アンテナ

図 6.16（a）に 3 素子の**八木・宇田アンテナ**の外観を示します．電波の到来方向に 1/2 波長より少し短い無給電素子の**導波器**を配置します．送信機又は受信

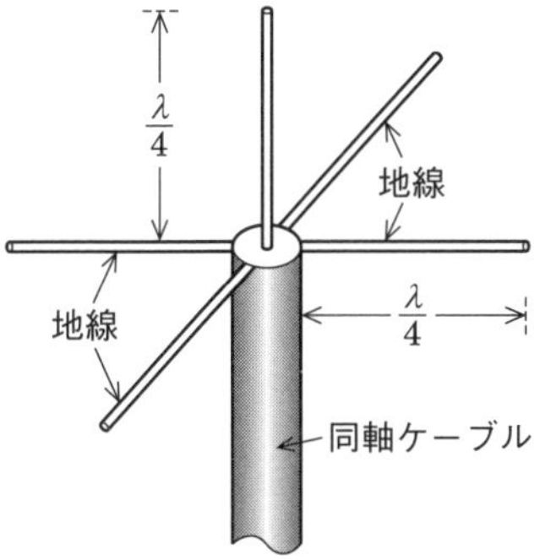

■図 6.15　ブラウンアンテナ

ブラウンアンテナは，スリーブアンテナのスリーブを 4 本に分割し，それを水平に開いたものです．

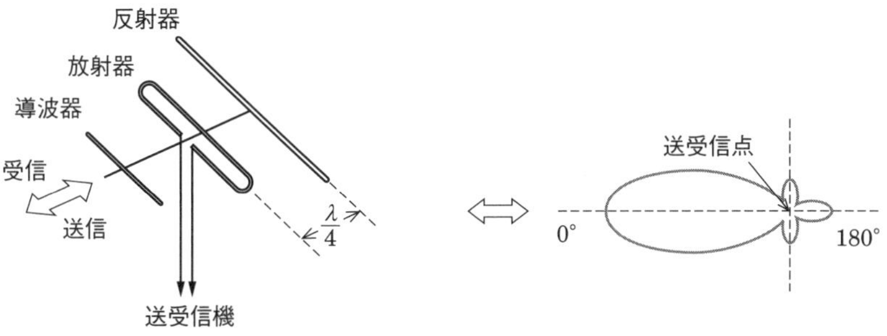

(a) 外観　　(b) 指向性

■図 6.16　3 素子八木・宇田アンテナの外観と指向性

導波器の方で送受信を行い，素子の長さは導波器＜放射器＜反射器です．

機に接続する 1/2 波長の素子を**放射器**といい，半波長ダイポールアンテナ又は折返し半波長ダイポールアンテナが用いられます．1/2 波長より少し長い無給電素子を**反射器**といい，放射器の後方約 1/4 波長の位置に配置します．水平面内の指向性は図 6.16 (b) のような単一指向性を持ちます．導波器の数を増加させると，指向性がさらに鋭くなります．テレビの受信用に多く使われているほか，各種業務用として短波帯から極超短波帯までの送受信用に用いられています．

6.3.4　ループアンテナ

図 6.17 に示すアンテナを**ループアンテナ**といいます．四角形だけでなく円形もあります．垂直形アンテナと比較すると実効高は低いですが，指向性が強く（指向性はループの**枠面に平行**で水平面内の指向性は **8 字形**）方向探知用アンテナを始め長波帯や中波帯の受信アンテナに用いられています．使用する電波の波長を λ〔m〕，ループの面積を A〔m^2〕，巻数を N〔回〕とすると，実効高 h_e〔m〕は次式で表すことができます．

$$h_e = \frac{2\pi AN}{\lambda} \tag{6.10}$$

ループアンテナの誘起電圧の最大値 V〔V〕は，電波がループアンテナの枠面に平行に進行するときで，電界強度を E〔V/m〕とすると，次式で表すことができます．

$$V = h_e E = \frac{2\pi AN}{\lambda} E \tag{6.11}$$

（a）構造図

（b）40 kHz の長波標準電波受信用ループアンテナ（筆者撮影）

■図 6.17　ループアンテナ

6.3.5　パラボラアンテナ

パラボラ（parabola）は放物線を意味し，放物線を軸のまわりに回転させて作った面を放物面といいます．パラボラアンテナは，**図 6.18** に示すように，放物面反射鏡と**反射鏡の焦点**に置かれた一次放射器から構成されるアンテナで，放射される電波はほぼ**平面波**となって空間に放射されます．波長の短い**マイクロ波（SHF）**の送受信用に適しています．

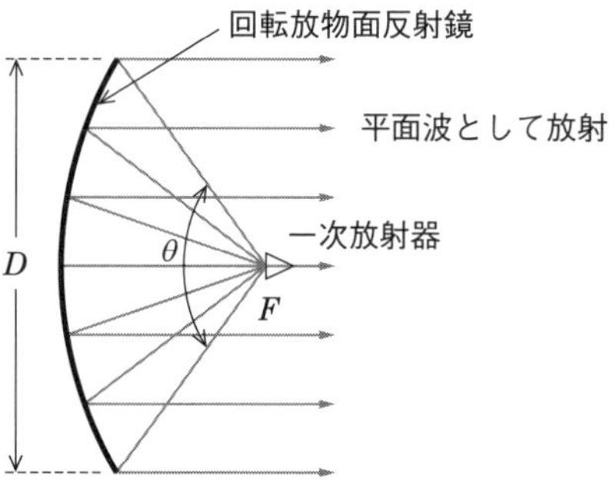

D：開口直径，θ：開口角，F：放物面の焦点

■図 6.18 パラボラアンテナ

パラボラアンテナのビーム幅 θ は，電波の波長を λ〔m〕，開口面の直径を D〔m〕とすると，近似的に次式で表すことができます．

$$\theta = 70\frac{\lambda}{D}\ 〔^\circ〕 \tag{6.12}$$

パラボラアンテナの利得は絶対利得（等方性アンテナを基準とした利得）で表されることが多く，電波の波長を λ〔m〕，開口部の面積を S〔m^2〕，開口能率を η とすると，利得 G_a は次式で表されます．放物面反射鏡の開口部の直径 D〔m〕を大きくすると，利得が大きくなります．

$$G_a = \frac{4\pi S}{\lambda^2}\eta \tag{6.13}$$

問題 7 ★ ➡ 6.3.1

次の記述は，**図 6.19** に示す原理的な構造のスリーブアンテナについて述べたものである．このうち正しいものを 1，誤っているものを 2 として解答せよ．ただし，アンテナは放射器（中心導体）を垂直にして用いるものとし，電波の波長を λ〔m〕とする．

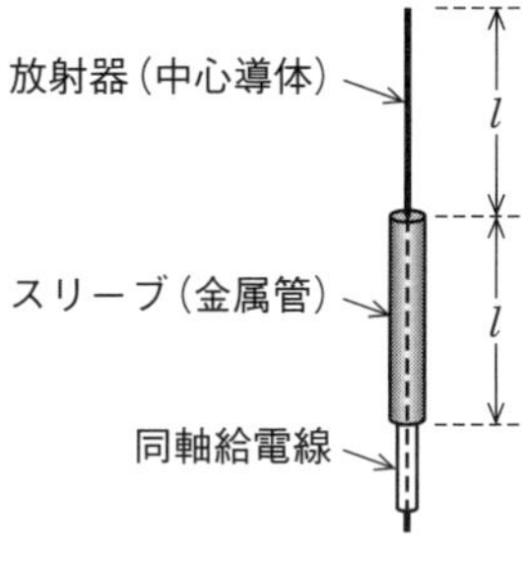

■図 6.19

ア　放射器（中心導体）及びスリーブ（金属管）の長さ l は，$\lambda/4$ である．

イ　主に用いられる周波数帯は，VHF 帯及び UHF 帯である．

ウ　ほぼ，八木・宇田アンテナ（八木アンテナ）と同等の特性を持つ．

エ　水平面内の指向性は，単一指向性である．

オ　特性インピーダンスが 75 Ω の同軸給電線を用いると，アンテナと給電線は，ほぼ整合する．

解説　ウ 「**八木・宇田アンテナ（八木アンテナ）**と同等の特性を持つ」ではなく，正しくは「**垂直半波長ダイポールアンテナ**と同等の特性を持つ」です．

エ 「**単一指向**性」ではなく，正しくは「**全方向**性」です．

スリーブアンテナは半波長ダイポールアンテナを垂直方向に設置したアンテナと考えます．

答え▶▶▶ア－1　イ－1　ウ－2　エ－2　オ－1

問題 8 ★★★　➡6.3.2

次の記述は，**図 6.20** に示すブラウンアンテナについて述べたものである．［　　］内に入れるべき字句の正しい組合せを下の番号から選べ．ただし，波長を λ〔m〕とし，放射器を垂直にして使用するものとする．

(1) 放射器は，同軸ケーブルの内部導体を伸ばした構造で，長さ l は，［ A ］である．

(2) 水平面内の指向性は，［ B ］である．

	A	B
1	$\lambda/2$	全方向性
2	$\lambda/2$	単一指向性
3	$\lambda/4$	全方向性
4	$\lambda/4$	単一指向性

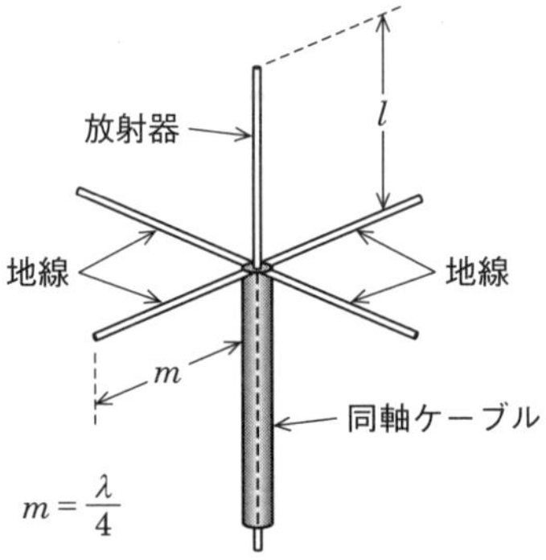

■図 6.20

解説　ブラウンアンテナの地線の長さ m と放射器の長さ l は同じで共に $\boldsymbol{\lambda/4}$ です．また，水平面内の指向性は**全方向性**です．

答え▶▶▶3

問題 9 ★★ ➡6.3.3

次の記述は，**図 6.21** に示す原理的な構造の八木・宇田アンテナ（八木アンテナ）について述べたものである．[　　]内に入れるべき字句の正しい組合せ下の番号から選べ．ただし，送信用のアンテナとし，使用する電波の波長を λ〔m〕とする．また，導波器，放射器及び反射器の長さをそれぞれ a，b，及び c とする．

(1) a，b，及び c の関係は，[A]である．

(2) 反射器と放射器との間隔 l は，ほぼ[B]である．

(3) 電波の最大放射方向は，図の[C]の方向である．

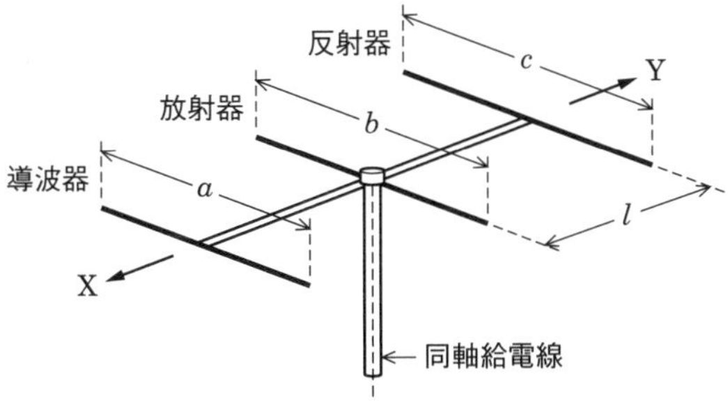

■**図 6.21**

	A	B	C
1	a < b < c	$\lambda/4$〔m〕	X
2	a < b < c	$\lambda/2$〔m〕	Y
3	a > b > c	$\lambda/4$〔m〕	Y
4	a > b > c	$\lambda/2$〔m〕	X

解説　長さの関係は「導波器（**a**）<放射器（**b**）<反射器（**c**）」で，各素子は $\boldsymbol{\lambda/4}$ の間隔で設置します．電波の指向性は図 6.16（b）のように，送受信の方向（**X 方向**）が最大となります．

答え▶▶▶ 1

問題 10 ★★★ ➡6.3.4

次の記述は，**図 6.22** に示すループアンテナについて述べたものである．［　　］内に入れるべき字句を下の番号から選べ．ただし，ループアンテナの枠面は大地に対して垂直に置かれ，枠の各辺の長さは波長 λ に比べて十分小さいものとする．

(1) 誘起電圧の最大値は，電波が枠面に［ア］進行するときである．
(2) 誘起電圧の最大値は，枠の面積［イ］する．
(3) 誘起電圧の最大値は，ループ（コイル）の巻数［ウ］する．
(4) 誘起電圧の最大値は，波長［エ］する．
(5) 水平面内指向性は，［オ］である．

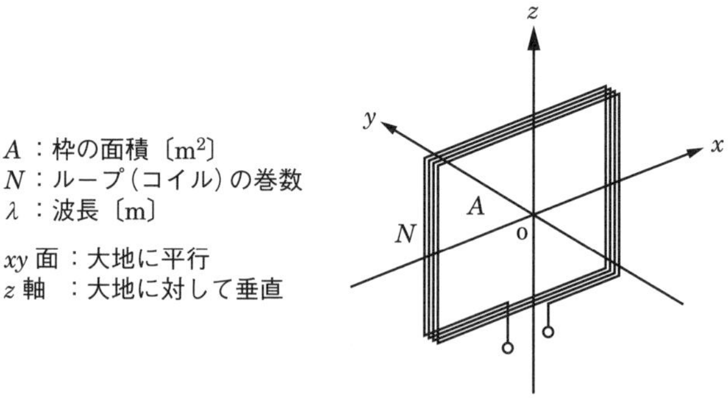

■図 6.22

1　λ に比例	2　直角に	3　A に比例	4　N に比例
5　全方向性	6　λ に反比例	7　平行に	8　A に反比例
9　N に反比例	10　8 字形		

解説　電波が枠面に**平行**に進行したときに最大となり，水平面の指向性は **8 字形**です．また，誘起電圧 V〔V〕は使用する電波の波長を λ〔m〕，ループの面積を A〔m²〕，巻数を N〔回〕とすると，実効高 h_e〔m〕と電界強度 E〔V/m〕の掛け算となり，次式で表すことができます．

$$V = h_e E = \frac{2\pi AN}{\lambda} E$$

よって，**面積と巻数に比例**し，**波長に反比例**します．

答え▶▶▶ア－7　イ－3　ウ－4　エ－6　オ－10

問題 11 ★★★ ➡6.3.5

次の記述は，**図 6.23** に示す原理的な構造の円形パラボラアンテナについて述べたものである．□内に入れるべき字句の正しい組合せを下の番号から選べ．

(1) 反射鏡には，[A]が用いられる．

(2) 一次放射器は，反射鏡の[B]に置かれる．

(3) 反射鏡で反射された電波は，[C]になる．

	A	B	C
1	回転放物面	頂点	球面波
2	回転放物面	焦点	平面波
3	回転楕円面	頂点	平面波
4	回転楕円面	焦点	球面波

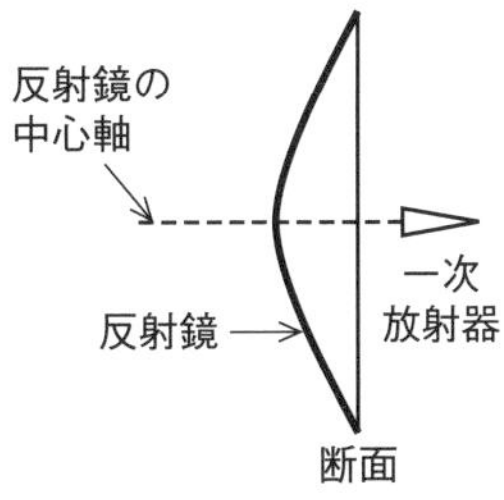

■図 6.23

解説 反射鏡には**回転放物面**が用いられ，反射された電波は**平面波**となります．一次放射器は反射鏡の**焦点**に置かれます．

答え▶▶▶2

問題 12 ★★ ➡6.3.5

次の記述は，**図 6.24** に示す原理的な構造（断面）の円形パラボラアンテナについて述べたものである．□内に入れるべき字句を下の番号から選べ．

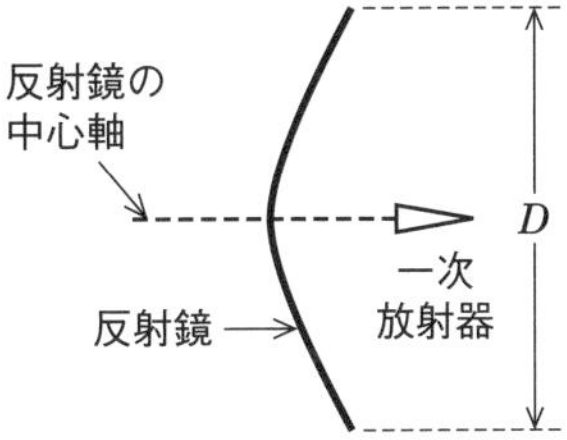

■図 6.24

(1) 一般に，[ア]帯の周波数で用いられる．

(2) 一次放射器は，放物面反射鏡の[イ]に設置される．

(3) 放物面反射鏡で反射された電波は，[ウ]波となって放射される．

(4) 放射する電波の周波数が[エ]ほど，利得が大きくなる．

(5) 放物面反射鏡の開口面の直径 D を大きくすると，利得が[オ]なる．

1	短波（HF）	2	頂点	3	平面	4	低い	5	大きく
6	マイクロ波（SHF）	7	焦点	8	球面	9	高い	10	小さく

解説 円形パラボラアンテナは**マイクロ波（SHF）**帯の周波数で用いられます．一次放射器は反射鏡の**焦点**に設置され，放射された電波は**平面波**として出力されます．パラボラアンテナの利得 G_a は式 (6.13) と $\lambda = c/f$ より

$$G_{\mathrm{a}} = \frac{4\pi f^2 S}{c^2}\eta$$

となります．この式より，周波数が**高く**なるほど利得は大きくなります．また，面積 S は直径 D に比例しますので，直径 D が大きくなると利得 G_{a} は**大きく**なります．

答え▶▶▶ア－6　イ－7　ウ－3　エ－9　オ－5

問題 13 ★★★ ➡6.1.3, 6.3.5

次の記述は，アンテナの利得について述べたものである．このうち誤っているものを下の番号から選べ．

1　基準アンテナが半波長ダイポールアンテナであるときの利得を，絶対利得という．
2　半波長ダイポールアンテナの絶対利得は，約 2.15 dB である．
3　パラボラアンテナの利得は，使用周波数が高いほど大きい．
4　パラボラアンテナの利得は，実効面積が大きいほど大きい．

解説　1「**絶対利得**」でなく，正しくは「**相対利得**」です．

答え▶▶▶ 1

6.4 給電線と整合

6.4.1 給電線

送信機や受信機とアンテナを接続する線路を**給電線**（フィーダー）といいます．

給電線には，**図 6.25** に示す「平行二線式線路」,「同軸ケーブル」,「導波管」などがあります．

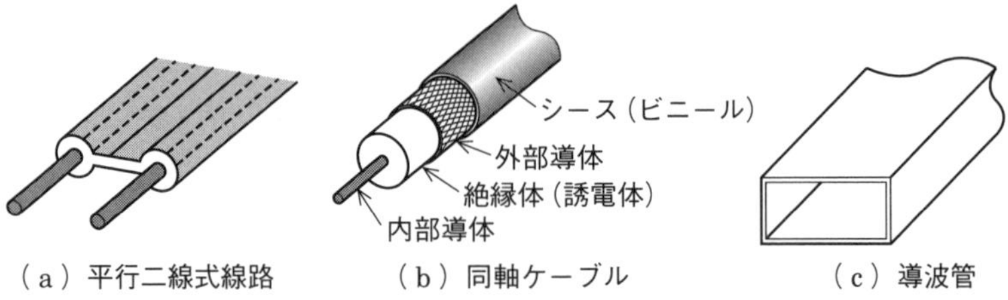

■図 6.25　各種給電線

(1) 平行二線式線路

図 6.25 (a) の平行二線式線路は**平衡形**の給電線です．かつてテレビ受像機とアンテナを結ぶ給電線として使われていたこともありましたが，外部からの妨害を受けやすいため，同軸ケーブルに代わりました．

関連知識　平衡形給電線と不平衡形給電線

大地に対して 2 本の電線の電位が平衡している（アースに対して同じ）ものを平衡形給電線といいます（平行二線式給電線は平衡形給電線です）．大地に対して電気的に不平衡（アースに対して非対称）なものを不平衡形給電線といいます（同軸ケーブルは不平衡形給電線です）

(2) 同軸ケーブル

同軸ケーブルは不平衡形の給電線で，その構造を**図 6.26** に示します．

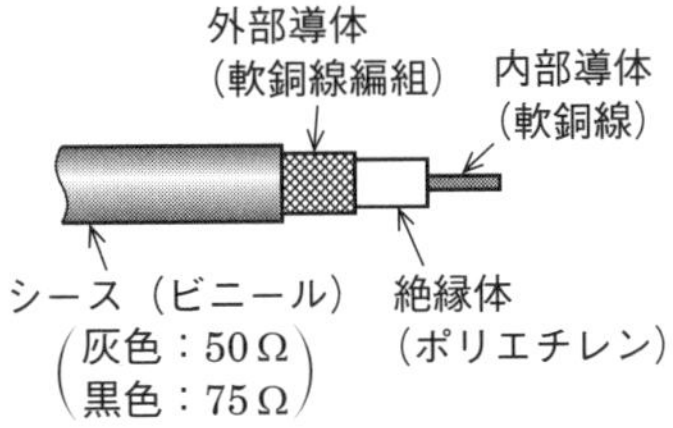

図 6.26　同軸ケーブルの構造

同軸ケーブルの外部導体の内径を D〔m〕，内部導体の外径を d〔m〕，誘電体の比誘電率を ε_s とすると，特性インピーダンス Z_0〔Ω〕は次式で表すことができます．

$$Z_0 = \frac{138}{\sqrt{\varepsilon_s}} \log_{10} \frac{D}{d} \qquad (6.14)$$

同軸ケーブルの特性インピーダンスは 50 Ω 又は 75 Ω が多くなっています．平行二線式給電線と比べると，外部への電波の漏れはほとんどありません．

(3) 導波管

マイクロ波帯の伝送において，同軸ケーブルを使用した場合，表皮効果によって電流は電線表面しか流れず，損失が大きくなってしまうため，**中空**の金属製の導波管が給電線として使われています．導波管は電波が外部へ漏洩することはほとんどありません．導波管には**図 6.27** (a) のような円形導波管や図 6.27 (b)

（a）円形導波管　　（b）方形導波管

■図 6.27　導波管

のような方形導波管が用いられます．

6.4.2　定在波と電圧定在波比

同軸ケーブルの特性インピーダンス Z_0〔Ω〕とアンテナのインピーダンス Z_L〔Ω〕の値が等しくないとき（整合がとれていないとき）は，反射波が生じ，**入射波と反射波が干渉して定在波が発生**します．

入射波の電圧を V_i〔V〕，反射波の電圧を V_r〔V〕とすると，電圧定在波の最大値 V_{max} は，$V_{max} = V_i + V_r$〔V〕，最小値 V_{min} は $V_{min} = V_i - V_r$〔V〕となり，反射係数 Γ は $|\Gamma| = V_r/V_i$ となります．

電圧定在波比（VSWR：Voltage Standing Wave Ratio）を S とすると，S は次式で求めることができます．

$$S = \frac{V_{max}}{V_{min}} = \frac{V_i + V_r}{V_i - V_r} = \frac{V_i/V_i + V_r/V_i}{V_i/V_i - V_r/V_i} = \frac{1 + V_r/V_i}{1 - V_r/V_i} = \frac{1 + |\Gamma|}{1 - |\Gamma|} \qquad (6.15)$$

反射がなく整合が完全ならば，電圧定在波比（VSWR）は 1 になります．

具体的な例を考えます．

(1) 同軸ケーブルとアンテナのインピーダンスが等しいとき（整合がとれているとき）

同軸ケーブルの特性インピーダンス Z_0〔Ω〕とアンテナの入力インピーダンス Z_L〔Ω〕の値が等しく整合がとれているときは反射波 V_r がないため，式 (6.15) より反射係数 $\Gamma = V_r/V_i = 0$ となります（定在波は発生しません）．そのときの電圧定在波比 S は $S = 1$ となり，電波は 100% アンテナから放射されます．この状態を示したのが**図 6.28** の (a) です．

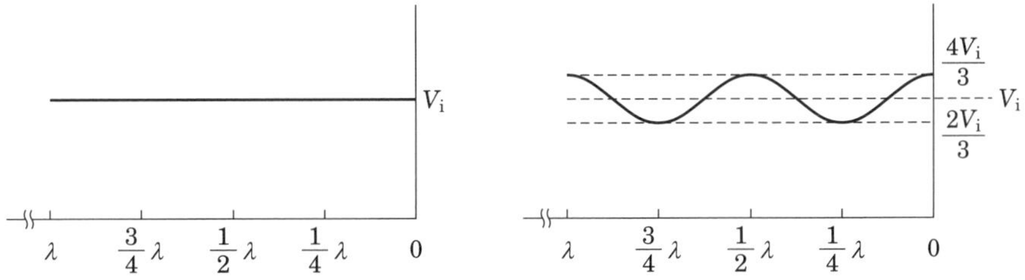

（a）$\Gamma=0$（整合時）のとき　　（b）$\Gamma=1/3$ のとき

■図 6.28　入射波・反射波・定在波の関係

(2) 同軸ケーブルとアンテナのインピーダンスが異なるとき（不整合のとき）

同軸ケーブルの特性インピーダンス Z_0〔Ω〕とアンテナの入力インピーダンス Z_L〔Ω〕の値が異なるときは不整合となり，反射波 V_r を生じます．

例えば，反射係数 $\Gamma=V_r/V_i=1/3$，すなわち入射波の 1/3 が反射波となる場合の電圧定在波比 S は式（6.15）より $S=2$ になります．このとき電圧の最大値 V_{max} と最小値 V_{min} は

$$V_{max}=V_i+V_r=V_i+\frac{V_i}{3}=\frac{4V_i}{3}$$

$$V_{min}=V_i-V_r=V_i-\frac{V_i}{3}=\frac{2V_i}{3}$$

となり，この状態を図示したのが図 6.28 の（b）です．

問題 14 ★★ ➡6.4.1

次の記述は，給電線の種類について述べたものである．［　　］内に入れるべき字句の正しい組合せを下の番号から選べ．

(1) 平行二線式給電線は，［ A ］給電線の一つである．

(2) 同軸ケーブルは，［ B ］給電線の一つである．

	A	B
1	平衡形	平衡形
2	平衡形	不平衡形
3	不平衡形	不平衡形
4	不平衡形	平衡形

解説　平行二線式給電線は**平衡形**，同軸ケーブルは**不平衡形**です．　　**答え▶▶▶ 2**

問題 15 ★★　➡ 6.4.1

次の記述は，**図 6.29** に示す原理的な構造の小電力用の同軸ケーブルについて述べたものである．このうち誤っているものを下の番号から選べ．

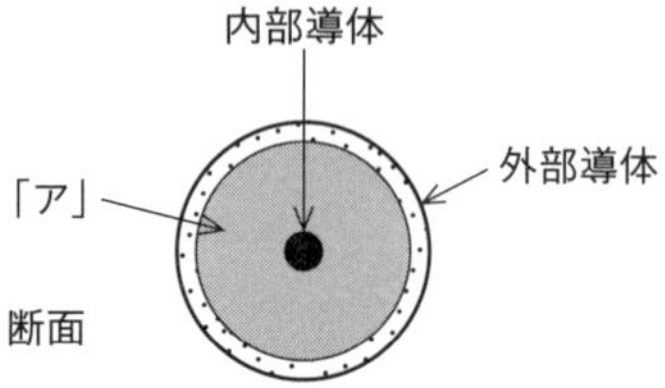

■**図 6.29**

1　同軸ケーブルは，平衡形給電線である．
2　図の「ア」の部分は，絶縁体（誘電体）である．
3　特性インピーダンスは，50 Ω 又は 75 Ω のものが多い．
4　平行二線式給電線と比べて，外部への電波の漏れが少ない．

解説　1「**平衡形**給電線」ではなく，正しくは「**不平衡形**給電線」です．

答え ▶▶▶ 1

問題 16 ★★★　➡ 6.4.1

次の記述は，一般的な導波管の特徴を述べたものである．このうち誤っているものを下の番号から選べ．

1　導波管は，電波が管内から外部へ漏洩することが多い．
2　導波管は，主にマイクロ波帯の伝送路として用いられる．
3　導波管の内部は，中空である．
4　導波管には，方形導波管と円形導波管がある．

解説　1「外部へ漏洩することが**多い**」ではなく，正しくは「外部へ漏洩することが**ない**」です．電波は，導波管の中を反射しながら伝送します．

答え ▶▶▶ 1

問題 17 ★★ ➡6.4.2

次の記述は，給電線とアンテナのインピーダンスの整合について述べたものである．このうち誤っているものを下の番号から選べ．ただし，送信機と給電線は，整合しているものとする．

1 整合しているとき，反射波が生じない．
2 整合しているとき，電圧定在波比（VSWR）の値は 0（零）である．
3 反射が大きくなると，電圧定在波比（VSWR）の値は大きくなる．
4 整合させることにより，アンテナに電力を効率良く供給することができる．

解説 2「**0（零）**である」ではなく，正しくは「**1** である」です．

答え▶▶▶ 2

出題傾向 選択肢が「整合しているとき，電圧定在波比（VSWR）の値は 1 である．」（正解）「反射が大きくなると，電圧定在波比（VSWR）の値は小さくなる．」（誤り）になる問題もあります．

問題 18 ★★ ➡6.4.2

次の記述は，給電線とアンテナのインピーダンスの整合について述べたものである．□内に入れるべき字句の正しい組合せを下の番号から選べ．ただし，給電線は無損失とし，送信機と給電線は，整合しているものとする．

(1) 整合しているとき，給電線上に[A]．
(2) 整合しているとき，電圧定在波比（VSWR）の値は[B]である．

	A	B
1	定在波は生じない	1
2	定在波は生じない	0
3	定在波が生ずる	1
4	定在波が生ずる	0

解説 整合しているときは，給電線上に定在波は**生じません**．また，このときの VSWR は **1** です．

答え▶▶▶ 1

7章　電波の基礎と電波伝搬

この章から **1** 問出題

電波は，電界と磁界からなる横波です．電波の速度，波長，周波数の関係及び偏波などの電波の基本的な性質と電波伝搬の概要について学びます．HF，VHF，UHF，SHF帯の電波伝搬の特徴を明らかにしておきましょう．出題される問題の範囲は限定的です．

7.1　電波の性質

電波は電界と磁界が伴って存在し，真空中では 3×10^8 m/s で伝搬します．電界と磁界の振動方向はどちらもその進行方向に**直交**する面内にあり，互いに垂直になっている**横波**です．電波の電界の振動する方向を偏波といい，偏波面が波の進行方向に対して一定である場合を直線偏波といいます．偏波面が時間的に回転する場合を円偏波といいます．直線偏波の電波の場合，**図 7.1** に示すように電界が地面と平行の場合を水平偏波，垂直の場合を垂直偏波といいます．実線で示したのが電界の振動方向，点線で示したのが磁界の振動方向です．

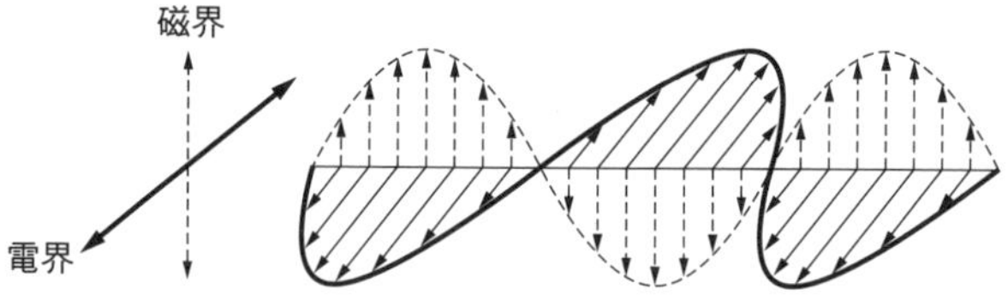

（a）水平偏波

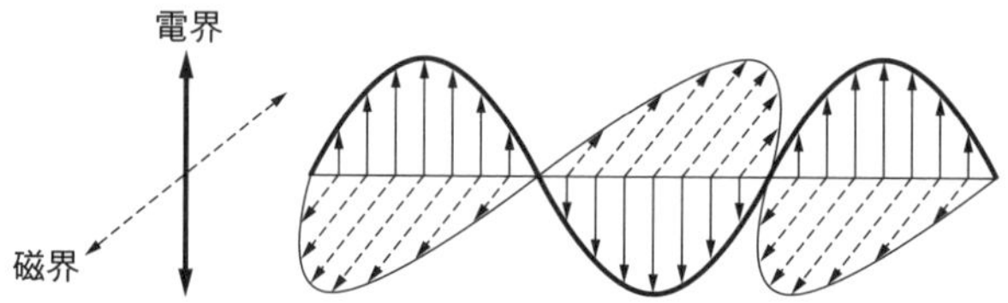

（b）垂直偏波

■図 7.1　水平偏波と垂直偏波

偏波面は電波を受信するときに影響します．アンテナの向きを電界の振動方向に一致するように設置すると，電波の受信効率がよくなります．テレビ用のアンテナの多くが水平に設置してあるのは，多くのテレビ放送局で発射されている電波が水平偏波で送信されているからです．

電波の速度 c（$=3\times10^8$）〔m/s〕，周波数 f〔Hz〕，波長 λ〔m〕の関係は $c=f\lambda$ です（詳細は，6.1 節を参照してください）．電波の速度は電波伝搬通路上にある大気などの媒質によって変化し，媒質の屈折率が一定の場合は直進します．しかし，対流圏のように，大気の濃度が変化する場所では，媒質の屈折率が複雑に変化しますが，通常は上空に行くにしたがって屈折率が小さくなるため電波は地上側にわん曲して伝わります．

長波帯（LF：Low Frequency），中波帯（MF：Medium Frequency），短波帯（HF：High Frequency），超短波帯（VHF：Very High Frequency），極超短波帯（UHF：Ultra High Frequency），マイクロ波帯（SHF：Super High Frequency, EHF：Extremely High Frequency）で電波の伝わり方が違ってくるのは，各々の周波数の電波と媒質の相互作用が相違するからです．

問題 1 ★★★ ➡7.1

次の記述は，電波の基本的な性質について述べたものである．このうち誤っているものを下の番号から選べ．ただし，電波の速度を c〔m/s〕，周波数を f〔Hz〕及び波長を λ〔m〕とする．

1 電波は，互いに直交する電界と磁界から成り立っている．
2 電波は，放射源から広がって伝わり，徐々に減衰する．
3 c は，約 10^8 m/s である．
4 c は，$c=f\lambda$〔m/s〕で表される．

解説 3「約 **10^8** m/s」ではなく，正しくは「約 **3×10^8** m/s」です．

答え▶▶▶3

出題傾向 選択肢が「電波は，互いに平行な電界と磁界から成り立っている．」（下線部誤り）となる問題もあります．

問題 2 ★★ ➡7.1

次の記述は，自由空間における電波の平面波の伝搬について述べたものである．□内に入れるべき字句の正しい組合せを下の番号から選べ．

(1) 平面波の速度 c は，約 A である．

(2) 平面波の電界と磁界の方向は，互いに B な関係を保っている．

	A	B
1	3×10^8 m/s	平行
2	3×10^8 m/s	直角
3	3×10^5 m/s	平行
4	3×10^5 m/s	直角

解説 平面波の速度は **3×10^8 m/s** で，電界と磁界の方向は互いに**直角**になっています．

答え ▶▶▶ 2

7.2 電波伝搬の種類と名称

いろいろな電波伝搬の名称を**図 7.2** に示します．電波伝搬を分類すると「地上波伝搬」,「対流圏伝搬」,「電離層伝搬」があり，詳細を**表 7.1** に示します．

関連知識　地球の気層分布と名称

地球の気層は，地面に近いほうから「対流圏」(0 ～ 12 km 程度),「成層圏」(12 ～ 50 km 程度),「中間圏」(50 ～ 80 km 程度),「熱圏」(80 km 以上) と呼ばれ，熱圏の濃い電離気体層が「電離層」(80 ～ 400 km 程度) です．

対流圏には地球の大気の約 75％が存在し，水蒸気のほとんどは対流圏にあります．

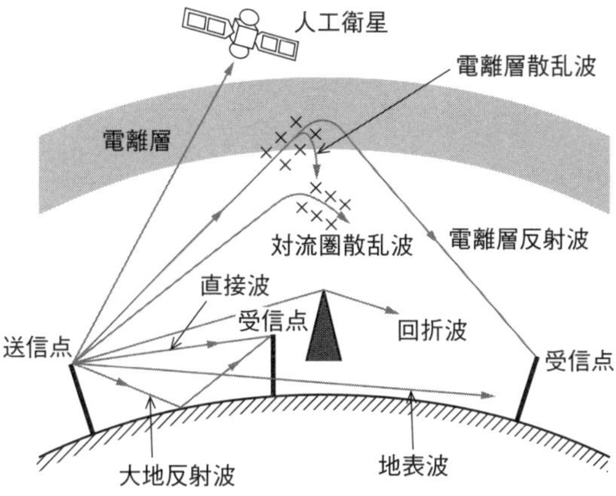

■図 7.2　電波伝搬の名称

■表 7.1　電波伝搬の分類

伝搬の種類	名　称	特　徴
地上波伝搬	直接波	送信アンテナから受信アンテナに直接伝搬
	大地反射波	地面で反射し伝搬
	地表波	地表面に沿って伝搬
	回折波	山の陰のような見通し外でも伝搬
対流圏伝搬	対流圏波	大気（屈折率）の影響を受けて伝搬
	対流圏散乱波	散乱波は不規則で四方八方に伝搬
電離層伝搬	電離層反射波	遠距離通信が可能
	電離層散乱波	電離層の粗密により電波を散乱させ伝搬

注）電離層伝搬を考えなくてもよい伝搬を対流圏伝搬といいます．

7.2.1　地上波伝搬

送受信間の距離が近く，大地，山，海などの影響を受けて伝搬する電波を**地上波伝搬**といいます．地上波伝搬には，「直接波」「大地反射波」「地表波」「回折波」があります．

7.2.2　対流圏伝搬

地上からの高さが 12 km 程度（緯度，経度，季節により高さは変化）までを対流圏といいます．対流圏では高度が高くなると大気が薄くなり，温度が 100 m につき 0.6℃ほど下がります．大気が薄くなると屈折率が小さくなり，電波は地上側にわん曲して伝搬します．そのため，送受信間の電波の見通し距離は，幾何学的見通し距離より**長く**なります．わん曲して進む電波を直進するとして取り扱うには，地球の**等価半径係数 4/3** を掛けた実際より半径の大きな地球を考えます．このように対流圏の影響によって伝搬する電波を**対流圏伝搬**といいます．

関連知識　電波の屈折

屈折率の違う媒質を電波が通過する場合は，媒質の境界面で電波は屈折して進行します．真空中の電波の速度を c，媒質中の電波の速度を c'，媒質の屈折率を n（媒質によって決まる 1 より大きな定数）とすると，$c' = c/n$ となります．なお，大気の屈折率は 1 よりわずかに大きいため，電波の速度は大気などの媒質中では必ず遅くなります．

7.2.3　電離層伝搬

電離層は地表から約 60 ～ 400 km のところにあります．電離層密度は，太陽活動・季節・時刻などで常に変化します．電離層は**表 7.2** に示すように，地表から近い方から，D 層，E 層，F 層と命名されています．電離層は短波（HF）帯

表 7.2　電離層の種類と特徴

電離層名	地上高	電子密度	特　徴
D 層	約 60 ～ 約 90 km	電離層で最小	・昼間に発生し夜間に消滅するので，日の出，日の入の際に電界強度が変動する． ・夏季によく発生し冬季は少ない．
E 層	約 100 ～ 約 120 km	D 層より大， F 層より小	・季節や昼夜による高さの変化は少ない． ・夜間の電子密度は昼間より減少する． ・日本では，主に夏季の昼間にスポラジック E 層が現れ，超短波（VHF）帯の電波が遠距離に伝搬することがある． ・中波（MF）帯の電波をよく反射する．
F 層※	約 150 ～ 約 400 km	電離層で最大 （F_1 層＜ F_2 層）	・高さは昼間より夜間が高く，冬季より夏季が高い． ・夜間は昼間より電子密度が小さい． ・短波（HF）帯の電波をよく反射する．

※昼間は F_1 層と F_2 層に分かれ，夜間は一体化する

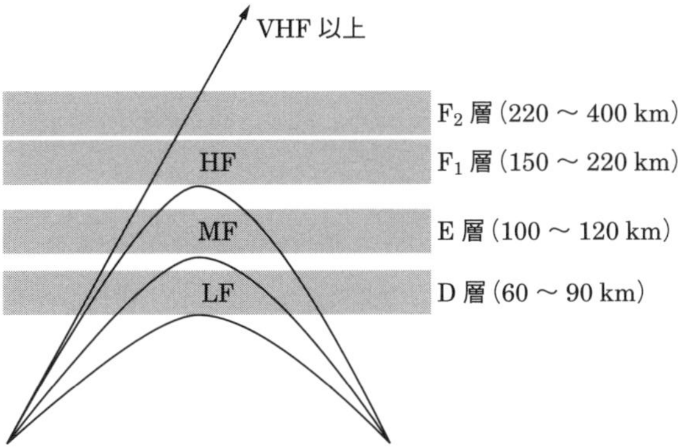

図 7.3　電離層での伝搬

の電波伝搬に大きな影響を与えます．電離層で反射する伝搬を**電離層伝搬**といい，通常，超短波（VHF）帯以上の電波は電離層を突き抜けてしまいますが，夏季の昼間に**スポラジックE層**が出現することがあり，超短波（VHF）帯の電波が見通し距離外の遠距離に伝搬することがあります．

関連知識　電離層での反射

電離層（電離圏ということが多い）に鏡のような反射板があるわけではなく，電離層の上に行くほど電子が増えるため，屈折率が小さくなります．そのため，電離層に入射した電波は下側にわん曲して伝わるようになります．これを反射といっています．どの程度わん曲するかは周波数によって違い，中波（MF）や短波（HF）の電波は反射しますが，超短波（VHF）帯や極超短波（UHF）帯の電波は反射しないで突き抜けてしまいます．

Column　電離層になぜA層，B層，C層がないの？

電離層があることを確認したのは，アップルトン（イギリスのノーベル賞受賞者）です．論文の中で，電離層反射波の電界を表すのにEを用いたのでE層と命名しました．その後，E層より高い場所に反射層が見つかり，F層と命名しました．同様に，E層より低い場所にも反射層が見つかり，D層と命名されました．よって，D層～F層しかなく，A層，B層，C層はありません．

問題 3 ★★ ➡7.2

次の記述は，標準大気及び電波の対流圏伝搬について述べたものである．[　　]内に入れるべき字句を下の番号から選べ．なお，同じ記号の[　　]内には，同じ字句が入るものとする．

(1) 標準大気の屈折率の値は，[ア]．

(2) 標準大気では，地表高が[イ]なるにつれて大気の屈折率は，小さくなる．

(3) 標準大気における送受信局間の電波の見通し距離は，幾何学的見通し距離より[ウ]．

(4) 対流圏をわん曲して進む電波を直進するとして取り扱うには，[エ]を用いればよい．

(5) 標準大気において，[エ]の値は[オ]である．

1	1よりわずかに大きい	2	低く	3	短い		
4	修正屈折示数	5	4/3	6	1よりわずかに小さい		
7	高く	8	長い	9	地球の等価半径係数	10	3/4

解説　大気の屈折率は**1よりわずかに大きい**ため，電波の速度は大気などの媒質中では必ず真空中よりも遅くなります．なお，大気が薄くなると屈折率が小さくなるため，地表高が**高く**なるにつれて屈折率も小さくなります．これにより，電波の見通し距離は，幾何学的見通し距離より**長く**なります．このようにわん曲する電波を直進する電波として扱うためには**地球の等価半径係数**（**4/3**）を用います．

答え▶▶▶ア－1　イ－7　ウ－8　エ－9　オ－5

問題 4 ★★★ ➡7.2

次の記述は，電離層について述べたものである．[　　]内に入れるべき字句を下の番号から選べ．

(1) 一般に，F層では短波（HF）帯の電波は，[ア]．

(2) F層は，夏季の昼間にはF_1及びF_2層に分かれて現れることが多い．このときの高度が高い方の層を[イ]層という．

(3) E層付近に突発的に発生するスポラジックE層（Es層）は，超短波（VHF）帯の電波の異常伝搬の原因と[ウ]．

(4) D層の電子密度の最大値は，E層の電子密度の最大値より[エ]．

(5) D層は，[オ]する．

1 突き抜ける	2 F_2	3 ならない	4 小さい
5 昼間に現れ，夜間は消滅		6 反射される	7 F_1
8 なる	9 大きい	10 夜間に現れ，昼間は消滅	

解説 図7.3のように，F層では短波（HF）帯の電波は**反射**し，F層の高度が高い方を**F_2層**といいます．

E層付近に突発的に発生するスポラジックE層（Es層）は，超短波（VHF）帯の電波の**異常伝搬の原因となります**．

D層の電子密度の最大値は，E層の電子密度の最大値より**小さく**，**昼間に現れ**，**夜間は消滅**します．

答え▶▶▶アー6　イー2　ウー8　エー4　オー5

7.3 各周波数帯の電波伝搬の特徴

7.3.1 長波（LF）の伝搬

- 地球の表面に沿って伝搬する地表波が主体で，周波数が低いほど減衰が少ない．
- 昼間はD層が出現し電波の吸収が増えるので，夜間と比べ電界強度が低下する．

7.3.2 中波（MF）の伝搬

- 近距離の伝搬は地表波が主体であるが，遠距離間通信の場合は電離層伝搬が主体となる．
- D層は夜間には消滅するので，夜間は電界強度が大きくなる．

7.3.3 短波（HF）の電波伝搬

- 電離層の反射を利用した電波伝搬で，小電力でも見通し外の通信が可能である．
- 太陽活動，季節，時刻によって，電離層の状態が変化するので最適使用周波数が異なる（安定した通信が難しい）．
- デリンジャー現象や電離層嵐が起こると，突然通信不能になることもある．

関連知識　FOTとMUF

2点間で通信できる最高使用可能周波数のことをMUF（Maximum Usable Frequency）といい，MUFの85％の周波数を最適使用周波数FOT（Frequency of Optimum Traffic）といいます．

7.3.4　超短波（VHF）の電波伝搬

- 直接波と大地反射波が基本であるが，山や建物等の障害物の背後にも届くことがある．
- 電離層はほとんど利用できないが，夏の昼間にスポラジックE層が出現して遠距離通信ができることがある．

7.3.5　極超短波（UHF）の電波伝搬

- 電離層を突き抜けるので，電離層は利用できない．
- 地上波伝搬と対流圏伝搬波を使用する．見通し距離内の通信では，直接波と大地反射波が利用される．
- UHF電波はVHF電波に比べ，建造物，樹木などの障害物による減衰が大きい．

7.3.6　マイクロ波（SHF，EHF）の電波伝搬

- 光に近い伝搬をする．直進性が強く見通し内の通信に使用される．
- 波長が短くなるので，指向性の鋭いアンテナを使用できる．

問題 5 ★　➡7.3

次の記述は，短波（HF）帯の電波伝搬について述べたものである．［　　］内に入れるべき字句の正しい組合せを下の番号から選べ．

(1) 周波数によっては電離層反射波があるので，見通し外の通信が［ A ］．

(2) 最適使用周波数（FOT）は，一日を通して［ B ］周波数である．

	A	B
1	できない	異なる
2	できない	同じ
3	できる	異なる
4	できる	同じ

解説　短波（HF）帯の電波伝搬では，電離層の反射を利用して**見通し外の通信ができます**．また，太陽活動，季節，時刻によって，電離層の状態が変化するので最適使用周波数が**異なります**．

答え▶▶▶3

7.4　フェージングとその軽減対策

送受信点間の電波経路に存在する色々な原因により，受信電界強度が変動する現象を**フェージング**といいます．フェージングは，中波や短波など電離層伝搬を使用する周波数帯の電波によく起こる現象です．フェージングには**表 7.3** に示すように様々なものがあります．

■表 7.3　フェージングの種類と特徴

フェージングの種類	特　徴
干渉性フェージング	送受信間の電波の経路が複数存在する場合に起こるフェージング．短波帯は，近距離は地表波と電離層波の干渉，遠距離は電離層波同士が干渉することによって生じる．
吸収性フェージング	電波は電離層を突き抜けるとき減衰を受ける．F 層で反射する電波は E 層を突き抜けるときに減衰を受ける．伝搬経路の減衰定数が増減することにより生じる．
跳躍性フェージング	電離層の状態が少しでも変化すると，電波の跳躍距離が伸びたり縮んだりする．この場合，受信電界強度が変化する．日の出や日没時に多く発生する．
選択性フェージング	電離層の伝搬特性が周波数によって異なる場合，振幅変調波の上側波がフェージングの影響を受け，下側波がフェージングの影響を受けないということがある．
偏波性フェージング	電離層反射波はだ円偏波である．固定受信アンテナにおいて，誘起される起電力が偏波の状況に応じて変動する．

フェージングの軽減法には**ダイバーシティ**と呼ばれる方法があります．ダイバーシティは，同時に品質が劣化する確率の小さい 2 つ以上の受信系（通信系）の出力を合成又は選択することによって，フェージングの影響を軽減しようとする方式です．

関連知識　各種ダイバーシティとその特徴

主なダイバーシティとその特徴を**表7.4**に示します．

■表7.4　ダイバーシティの特徴

フェージングの軽減対策	特　徴
スペースダイバーシティ	数波長離れた場所に2つ以上の受信アンテナを設置し，これらの出力を合成又は切り替え選択してフェージングを軽減する方式である．
ルートダイバーシティ	局地的な降雨減衰に対処するために，離れた場所に受信点を設置し，受信状態の良い受信点を選択する方式である．
周波数ダイバーシティ	複数の周波数を使用して同一内容の信号を送信する．受信側は，複数の周波数を受信し，受信状態が良好な周波数を選択するか，合成する方式である．
偏波ダイバーシティ	偏波の異なるアンテナを設置し，それぞれを受信機に接続する．受信機の出力を合成するか，電界強度の強い方に切り替え選択する方式である．
角度ダイバーシティ	鋭い指向性を持った複数のアンテナをそれぞれ別々の方向に向けて受信し，受信電界の位相を揃えて合成する又は選択する方式である．

問題 6　★　➡7.4

次の記述は，受信電波の変動及びその対策について述べたものである．[　　]内に入れるべき字句の正しい組合せを下の番号から選べ．なお，同じ記号の[　　]内には，同じ字句が入るものとする．

(1) 受信する電波が，伝搬路における様々な要因により，時間とともに強弱を繰り返したりひずんだりする現象を，[A]という．

(2) [A]による影響の防止対策の一つとして，複数の伝搬路からの信号を合成したり，切り替えたりする[B]受信方式がある．

	A	B
1	エコー	シンプレックス
2	エコー	ダイバーシティ
3	フェージング	ダイバーシティ
4	フェージング	シンプレックス

解説　遠距離短波通信の場合，最短距離で受信点に到着する信号と地球を逆回りで到達する信号があり，2回目以降に受信される同一信号を**エコー**と呼びます．

答え▶▶▶3

8章 測定

この章から **1** 問出題

アナログ方式の指示計器である電流計，電圧計，オシロスコープ，スペクトルアナライザの概要と使い方などを学習します．試験で出題されるのは，「直流電流計の使い方」，「直流電圧計の測定範囲の拡大」，「オシロスコープによる正弦波交流電圧の観測」，「スペクトルアナライザの測定項目」，「測定項目と一般的に用いられる測定器（オシロスコープ，スペクトルアナライザ，熱電対形電流計，標準信号発生器，回路計）」など限定的です．

8.1 指示計器と使い方

8.1.1 指示計器

指針の振れで電気量を表示する電気計器のことを**指示計器**といいます．指示計器は構造が簡単で安価なため，現在も広く使用されており，「直流電圧計」「直流電流計」「交流電圧計」「交流電流計」「高周波電流計」などがあり，用途によって使い分けます．指示計器の種類と図記号を**表 8.1** に示します．

■表 8.1 指示計器の種類と図記号

指示計器の種類	図記号
直流電圧計	
直流電流計	
交流電圧計	
交流電流計	
高周波電流計 （熱電形電流計）	

関連知識 永久磁石可動コイル形計器と熱電対形計器

アナログの電流計や電圧計などの永久磁石可動コイル形計器は，永久磁石などで発生した磁界中にコイルを配置し，電流を流すとトルクが発生することを利用した計器です．

熱電対形計器は，測定電流によって熱線に発生した熱を熱電対で熱起電力に変換して可動コイル形計器を駆動する計器です．交流と直流の両方に使用でき，高周波の電流の測定にも使用可能です．

8.1.2 電圧計と電流計の使い方

電圧を測定するときは，**図 8.1** に示すように測定する場所に並列に電圧計Ⓥを接続します．回路に流れる電流を測定するときは，**図 8.2** に示すように回路に直列に電流計Ⓐを接続します．直流の電圧又は電流を測定する場合，極性に注意する必要があります．

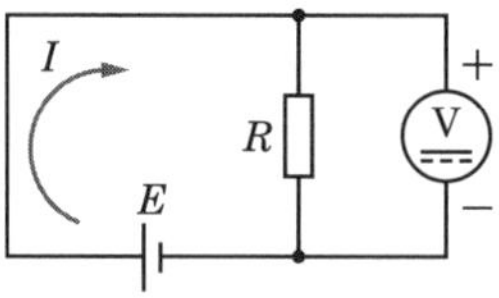

■図 8.1 電圧の測定

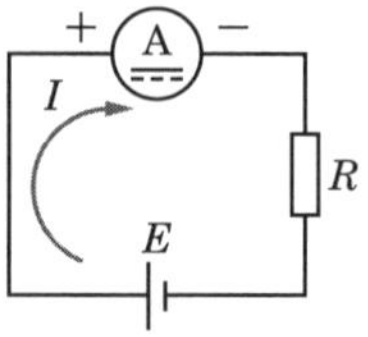

■図 8.2 電流の測定

電圧を測定するときは，回路に並列に電圧計を接続します．
電流を測定するときは，回路に直列に電流計を接続します．

8.1.3 電圧計の測定原理と倍率器

(1) 電圧計の測定原理

図 8.3 に示すように，電圧計の内部には内部抵抗 r があります．電圧計は，すでにわかっている内部抵抗 r と電圧計Ⓥに流れる電流 I を計測して，オームの法則（$V = rI$）によって電圧の大きさを測定しています．

電圧計の内部抵抗が大きいほど良いとされています．

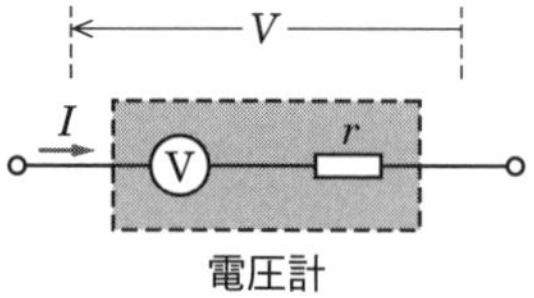

■図 8.3 電圧計の内部

関連知識　なぜ電圧計の内部抵抗は大きい方がよい？

内部抵抗の大きさが電圧の測定にどのような影響がでるかを考えてみます．

電圧を測定したい場合は，**図 8.4** のように，測定したい抵抗 R に対して電圧計を並列に接続します．電圧計を接続する前は抵抗 R には電流 I が流れており，電圧計を接続したことによって電流 I が電流 I_R に減少してしまいます（電流 I が電流 I_V と I_R に分かれます）．そこで，電圧計に流れる電流 I_V をできるだけ小さく必要があります．オームの法則（$I_V = V/r$）より，I_V を小さくするためには電圧計の内部抵抗 r を大きくすればよいことがわかります．

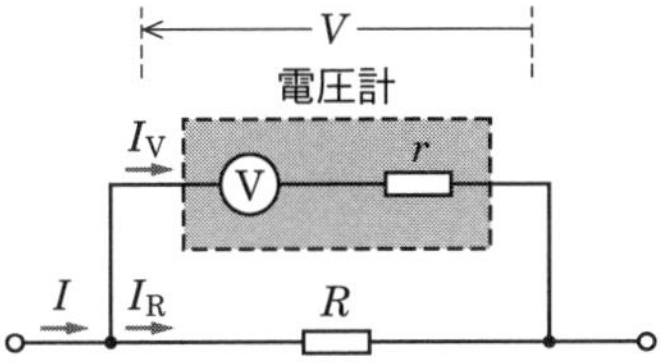

■図 8.4　電圧計による抵抗 R の測定

(2) 倍率器

図 8.5 (a) の最大測定値が V_V の電圧計を用いて測定する際，図 8.5 (b) のように電圧計と直列に抵抗 R_m を挿入することで，$V\,(V_V + V_R)$ の電圧を測定することができます．このように，電圧計の測定範囲を拡大するために挿入する抵抗 R_m のことを**倍率器**といいます．

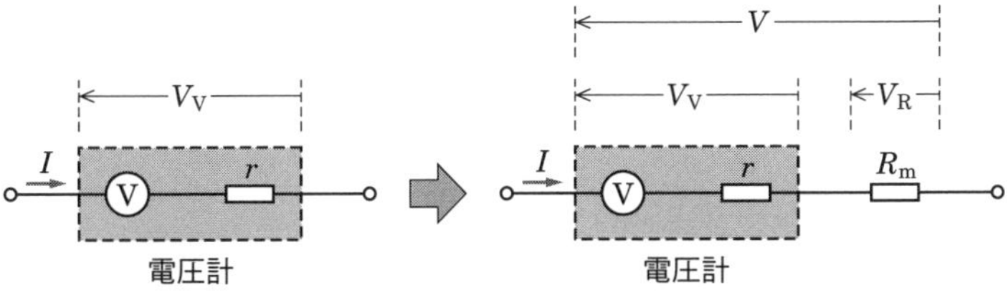

（a）挿入前　　（b）挿入後

■図 8.5　倍率器の挿入

8.1.4 電流計の測定原理と分流器

(1) 電流計の測定原理

図 8.6 のように，電流計による測定時は回路の中の測定したい箇所（ここでは抵抗 R に流れる電流）に直列に接続します．このとき，電流計の電圧降下 V_A をできるだけ小さくする必要があります．オームの法則（$V_A = rI$）でわかるように，できるだけ内部抵抗 r を小さくします．

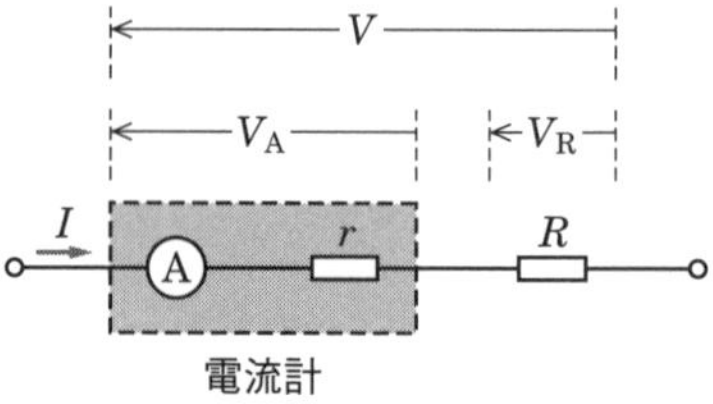

図 8.6 抵抗 R に流れる電流の測定

(2) 分流器

倍率器と同様，電流計でも抵抗を挿入することで測定範囲を拡大することができます．この抵抗 R_s のことを**分流器**といい，電流計では抵抗 R_s を電流計に並列に接続します．

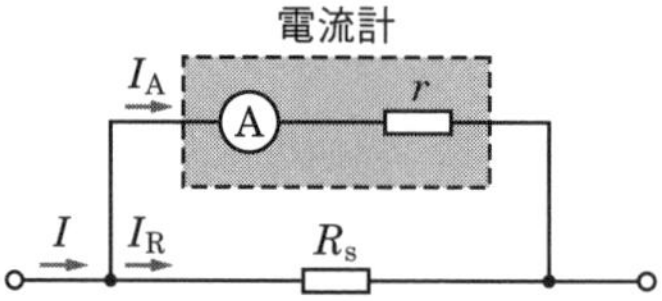

図 8.7 分流器の挿入

問題 1 ★ ➡ 8.1.2

次の記述は，**図 8.8** に示す回路の未知抵抗 R_1 に流れる電流 I_1 と R_1 の両端の電圧 V_1 を測定して，R_1 の値を求める過程について述べたものである．［　　］内に入れるべき字句の正しい組合せを下の番号から選べ．

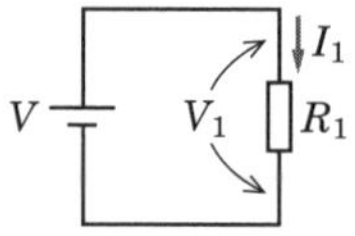

V：直流電源

図 8.8

(1) I_1 を直流電流計 (A_1) で，V_1 を直流電圧計 (V_1) で測定するとき，接続する (A_1) 及び (V_1) は，**図 8.9** の［ A ］のように接続する．

(2) (A_1) の指示値が 0.5 A，(V_1) の指示値が 10 V のとき，R_1 は，［ B ］〔Ω〕である．

	A	B
1	「ア」	20
2	「ア」	5
3	「イ」	20
4	「イ」	5

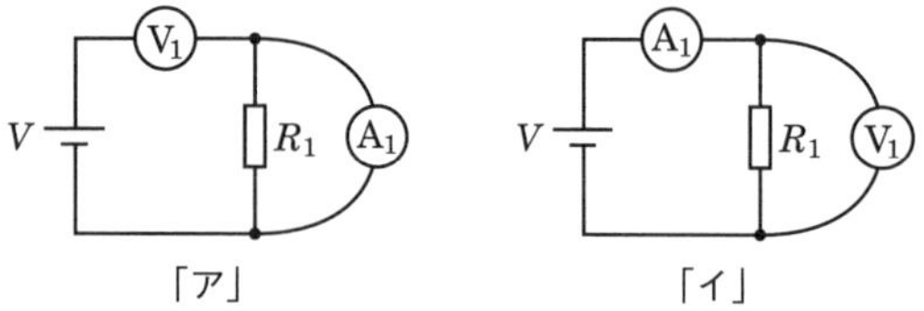

図 8.9

解説　抵抗の電圧を測定する際は，図 8.9「**イ**」のように，電圧計を抵抗と並列に接続します．抵抗 R_1 の値は，オームの法則より

$$R_1 = \frac{V_1}{I_1} = \frac{10}{0.5} = \mathbf{20\ \Omega}$$

となります．

答え▶▶▶ 3

問題 2 ★★　➡8.1.2

次の記述は，直流電流計について述べたものである．□内に入れるべき字句の正しい組合せを下の番号から選べ．

(1) 電流計の内部抵抗は［ A ］ほうがよい．

(2) **図 8.10** の抵抗 R に流れる電流を測定するとき，直流電流計 A_a は，**図 8.11** の［ B ］のように接続する．

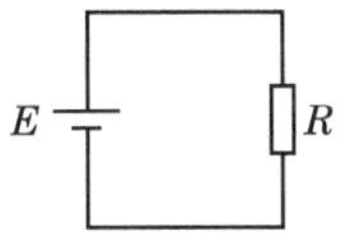

E：直流電源

■**図 8.10**

	A	B
1	小さい	I
2	小さい	II
3	大きい	I
4	大きい	II

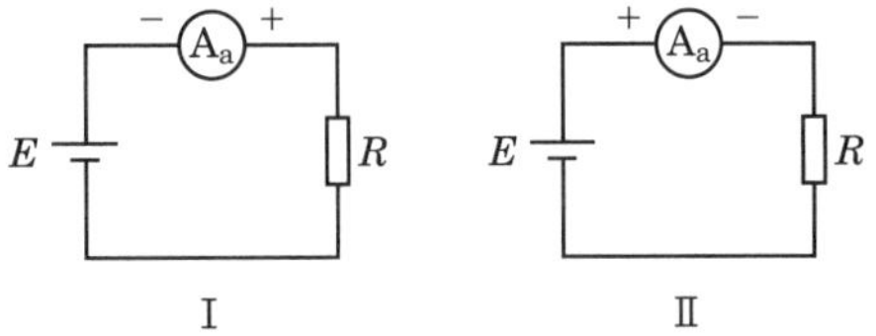

■**図 8.11**

解説　電流計は図のIIのように，電流計のプラス側と電圧のプラス側を接続します．なお，電流計の内部抵抗は**小さい**方がよいとされています．

答え▶▶▶ 2

問題 3 ★　➡8.1.3

次の記述は，内部抵抗が R_V〔Ω〕，最大目盛値が V_M〔V〕の直流電圧計Ⓥ₁の測定範囲の拡大について述べたものである．□内に入れるべき字句の正しい組合せを下の番号から選べ．

(1) Ⓥ₁が V_M〔V〕を指示しているとき，Ⓥ₁に流れる電流は，［ A ］〔A〕である．

(2) この電圧計Ⓥ₁に**図 8.12** に示すように，R_V〔Ω〕に等しい抵抗 R_P を直列に接続した．

(3) (2) のとき，Ⓥ₁が V_M〔V〕を指示しているとき，端子 ab 間の電圧は，［ B ］〔V〕となる．

	A	B
1	V_M/R_V	$4V_M$
2	V_M/R_V	$2V_M$
3	$2V_M/R_V$	$4V_M$
4	$2V_M/R_V$	$2V_M$

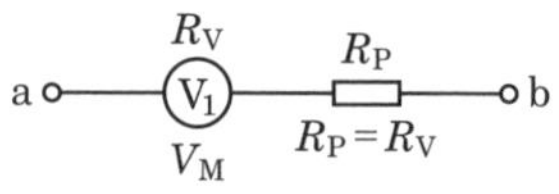

■図 8.12

解説 (1) Ⓥ₁に流れる電流をIとすると，オームの法則より，$I=\boldsymbol{V_M/R_V}$となります．
(3) R_Pに流れる電流は，Ⓥ₁に流れる電流I（$=V_M/R_V$）に等しいので，R_Pの両端の電圧V_Pは

$$V_P=IR_P=IR_V=\frac{V_M}{R_V}\times R_V=V_M$$

よって，端子ab間の電圧は，$V_M+V_M=\boldsymbol{2V_M}$となります．

答え▶▶▶ 2

8.2 測定機器

8.2.1 オシロスコープ

オシロスコープは，振幅（電圧）成分対時間領域の関係をブラウン管や液晶画面などの表示器に表示させる測定器で，アナログオシロスコープとデジタルオシロスコープがあります（**図 8.13**）．オシロスコープ画面の1目盛を1divといい，水平軸（横軸）は時間〔s〕，垂直軸（縦軸）は電圧〔V〕です（**図 8.14**）．

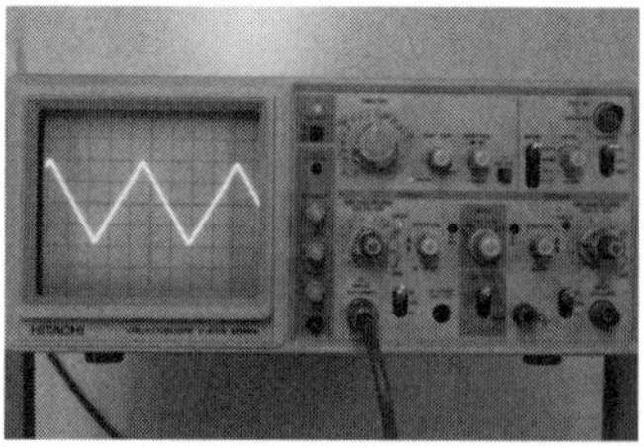
（a）アナログオシロスコープ

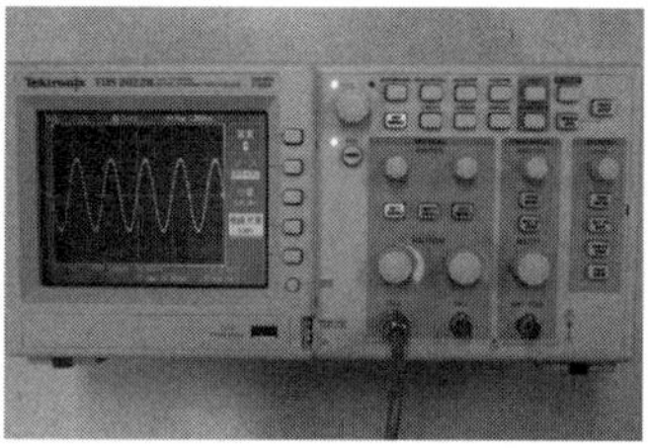
（b）デジタルオシロスコープ

■図 8.13 オシロスコープ

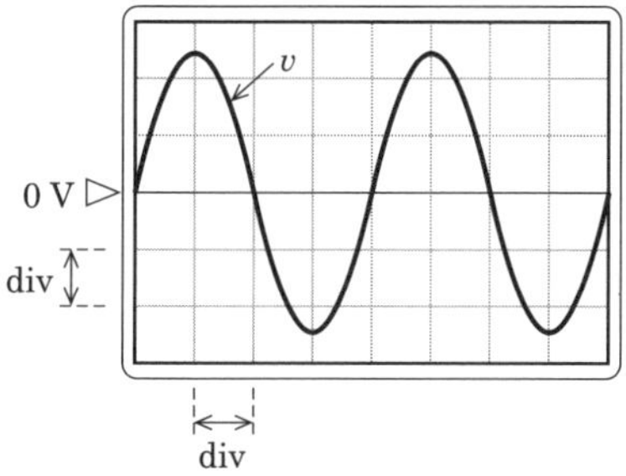

図 8.14　オシロスコープの表示画面

8.2.2 スペクトルアナライザ

スペクトルアナライザは**振幅対周波数領域**（横軸が周波数，縦軸が振幅）の観測が可能な測定器で，スプリアス，信号の純度，ひずみ，変調特性などを測定することができます（**図 8.15**）．

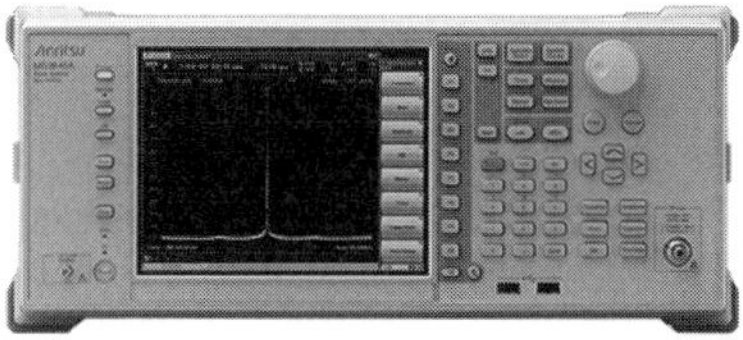

図 8.15　スペクトルアナライザ
（写真提供：アンリツ株式会社）

オシロスコープ画面の水平軸（横軸）は**時間**〔s〕ですが，スペクトルアナライザの水平軸（横軸）は**周波数**〔Hz〕です．

例えば，単一正弦波で変調した振幅変調（AM）波（変調度 50%）を入力したとき，スペクトルアナライザの表示面上には，**図 8.16** に示すように 3 本のスペクトルが表示されます．中心が搬送波で左側が下側波，右側が上側波を表しており，下側波又は上側波と搬送波の振幅から変調度がわかります．

また，繰り返し周期を持つひずみ波は，一般に基本波とその高調波の成分を分離して表示することができます．この場合の表示面上には，**図 8.17** に示すようなスペクトルが表示されます．振幅が一番大きいのが基本波，周波数が基本波の 2 倍のところにあるスペクトルが第 2 高調波，周波数が基本波の 3 倍のところにあるスペクトルが第 3 高調波を表しています．

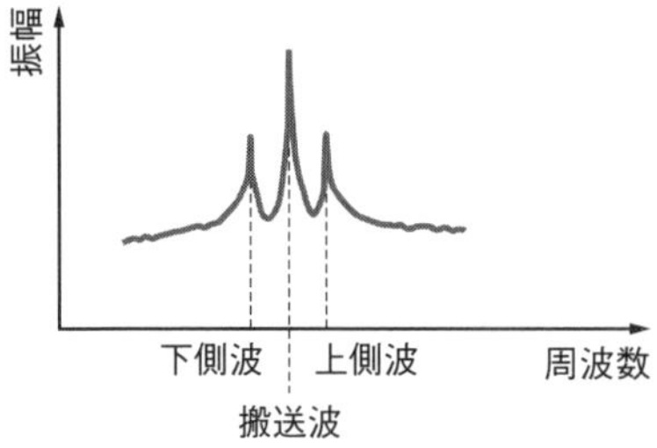

■図 8.16 振幅変調波のスペクトル

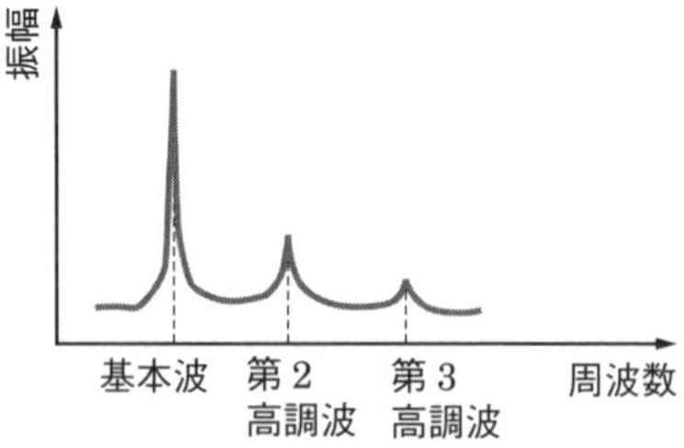

■図 8.17 ひずみ波のスペクトル

8.2.3 標準信号発生器

標準信号発生器は，周波数と出力レベルが可変可能な確度の高い高周波の発振器です（**図 8.18**）．振幅変調波や周波数変調波も得ることができるので，いわば微弱な出力を持つ送信機のような機器であり，受信機など通信機器類の特性測定などに適しています．標準信号発生器には，アナログ式の標準信号発生器とPLL 回路を使用したシンセサイザ方式の標準信号発生器などいろいろな信号発生器があります．

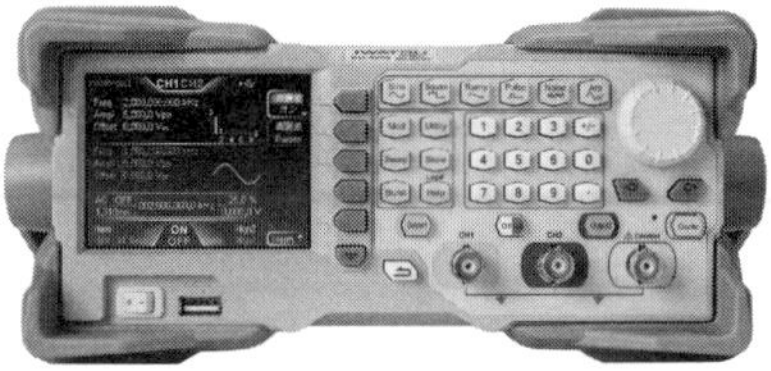

■図 8.18 標準信号発生器
（写真提供：岩崎通信機株式会社）

問題 4 ★★ ➡8.2.1

次の記述は，オシロスコープによる正弦波交流電圧 v〔V〕の観測について述べたものである．□内に入れるべき字句の正しい組合せを下の番号から選べ．ただし，オシロスコープの垂直入力に v を加えたときに，表示面上には，**図 8.19** に示す波形が得られるものとする．また，オシロスコープの設定は，表に示した値とする．

(1) v の最大値は，約 [A] である．

(2) v の周波数は，約 [B] である．

	A	B
1	0.2 V	1 250 Hz
2	0.2 V	2 500 Hz
3	0.4 V	1 250 Hz
4	0.4 V	2 500 Hz

オシロスコープの設定	
垂直軸	水平軸
0.2 V/div	0.1 ms/div

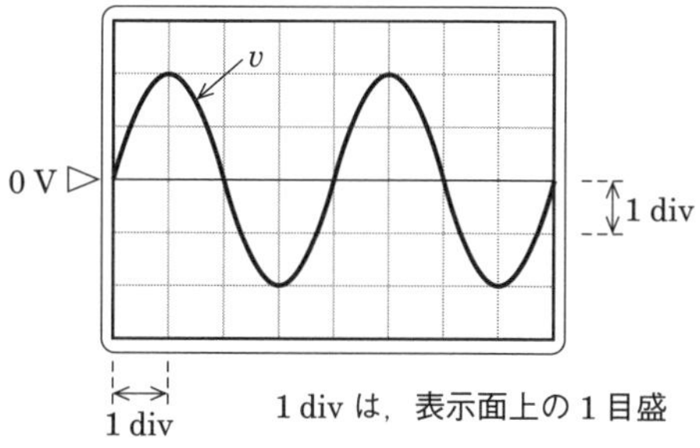

■図 8.19

解説 垂直軸は 1 目盛り 0.2 V で，v の最大値は 2 目盛りなので，$0.2 \times 2 = \mathbf{0.4\ V}$ になります．水平軸は 1 目盛り 0.1 ms で，正弦波の周期 T は 4 目盛りなので，$0.1 \times 4 = 0.4$ ms になります．周波数 f を周期 T で表すと，$f = 1/T$ なので

$$f = \frac{1}{T} = \frac{1}{0.4 \times 10^{-3}} = \frac{10}{4} \times 10^{3} = \mathbf{2\,500\ Hz}$$

となります．

答え▶▶▶4

問題 5 ★★ ➡8.2.2

次の記述は，スーパヘテロダイン方式のスペクトルアナライザについて述べたものである． [　　] 内に入れるべき字句を下の番号から選べ．なお，同じ記号の [　　] 内には，同じ字句が入るものとする．

(1) 信号の周波数成分の周波数と [ア] を測定し分析するための測定器である．

(2) 表示面上では， [イ] ，縦軸に [ア] を表示する．

(3) 単一正弦波で変調した振幅変調（AM）波（変調度 50%）を入力したとき，表示面上には， [ウ] の線スペクトルが表示される．

(4) (3) のとき，表示面上の値から変調度を求めることが [エ] ．

(5) 繰り返し周期を持つひずみ波は，一般に基本波とその高調波の成分を [オ] して表示することができる．

1 横軸に時間	2 振幅	3 できない	4 3本	5 分離
6 横軸に周波数	7 波形	8 できる	9 5本	10 合算

解説 スペクトルアナライザは周波数と**振幅**を観測する測定器です．表示面上は横軸が**周波数**，縦軸が**振幅**で，表示される**3本**の線スペクトルによって変調度を求めることが**できます**．繰り返し周期を持つひずみ波は，基本波とその高調波の成分を**分離**して表示することができます．

答え▶▶▶ア－2　イ－6　ウ－4　エ－8　オ－5

出題傾向 下線の部分を穴埋めにした問題も出題されています．

オシロスコープが，全周波数成分が合計されている波形を観測しているのに対し，スペクトルアナライザは，周波数ごとの波形観測が可能で，特定の周波数帯域内における周波数ごとの電波の強さも測定できます．

問題 6 ★★★ ➡8.1.1, 8.2

次の記述は，測定項目と一般的に用いられる測定器について述べたものである．［　　］内に入れるべき字句を下の番号から選べ．

(1) 交流の波形観測に用いられるのは，［ア］である．
(2) スプリアスの強度の測定に用いられるのは，［イ］である．
(3) 高周波電流の測定に用いられるのは，［ウ］電流計である．
(4) 受信機などの無線機器の試験用信号源として用いられるのは，［エ］である．
(5) 電圧，電流及び抵抗の携帯用の測定器として用いられるのは，［オ］である．

1 Qメータ　　2 スペクトルアナライザ　　3 永久磁石可動コイル形
4 標準信号発生器　　5 交流ブリッジ　　6 オシロスコープ
7 周波数カウンタ　　8 熱電対形　　9 直流ブリッジ
10 回路計（テスタ）

解説 (1) 交流の波形観測には**オシロスコープ**が用いられます．
(2) スプリアスの強度の測定には**スペクトルアナライザ**が用いられます．
(3) 高周波電流の測定には**熱電対形**電流計が用いられます．
(4) 受信機などの無線機器の試験用信号源として**標準信号発生器**が用いられます．
(5) 電圧，電流，抵抗の携帯用測定器には**回路計（テスタ）**が用いられます．

答え▶▶▶ア－6　イ－2　ウ－8　エ－4　オ－10

2編
法　　規

INDEX

1章 電波法の概要

この章から出題なし

電波法令は，法律（電波法），政令（電波法施行令など），省令（無線局運用規則など）から構成されています．本章では，電波法令の必要性と用語の定義を学びます．

1.1 電波法の目的と電波法令

1.1.1 電波法の目的

電波法は1950年（昭和25年）6月1日に施行されました（6月1日は「電波の日」です）．電波は限りある貴重な資源ですので，許可なく自分勝手に使用することはできません．電波を秩序なしに使うと混信や妨害を生じ，円滑な通信ができなくなりますので約束事が必要になります．この約束事が電波法です．

電波法は法律全体の解釈・理念を表しています．細目は政令や省令に記されています．

電波法が施行される前の電波に関する法律は無線電信法でした．無線電信法は「無線電信及び無線電話は政府これを管掌す」とされ，「電波は国家のもの」でしたが，電波法になって初めて「電波が国民のもの」になりました．

電波法 **第1条（目的）**

この法律は，電波の**公平かつ能率的な利用**を確保することによって，**公共の福祉を増進すること**を目的とする．

1.1.2 電波法令

電波法令は電波を利用する社会の秩序維持に必要な法令です．電波法令は，**表1.1** に示すように，国会の議決を経て制定される法律である「**電波法**」，内閣の議決を経て制定される「**政令**」，総務大臣により制定される「**総務省令**（以下，**省令**という）」から構成されています．

■**表1.1　電波法令の構成**

電波法令	電波法（法律）		国会の議決を経て制定される
	命令	政令	内閣の議決を経て制定される
		省令（総務省令）	総務大臣により制定される

電波法は**表 1.2** に示す内容で構成されています．

■表 1.2 電波法の構成

第 1 章	総則（第 1 条～第 3 条）
第 2 章	無線局の免許等（第 4 条～第 27 条の 36）
第 3 章	無線設備（第 28 条～第 38 条の 2）
第 3 章の 2	特定無線設備の技術基準適合証明等（第 38 条の 2 の 2 ～第 38 条の 48）
第 4 章	無線従事者（第 39 条～第 51 条）
第 5 章	運用（第 52 条～第 70 条の 9）
第 6 章	監督（第 71 条～第 82 条）
第 7 章	審査請求及び訴訟（第 83 条～第 99 条）
第 7 章の 2	電波監理審議会（第 99 条の 2 ～第 99 条の 14）
第 8 章	雑則（第 100 条～第 104 条の 5）
第 9 章	罰則（第 105 条～第 116 条）

政令には，**表 1.3** に示すようなものがあります．

■表 1.3 政令

電波法施行令
電波法関係手数料令

省令には，**表 1.4** に示すようなものがあります．「無線局運用規則」のように「～規則」と呼ばれるものは省令です．

■表 1.4 省令（総務省令）

電波法施行規則
無線局免許手続規則
無線局（基幹放送局を除く）の開設の根本的基準
特定無線局の開設の根本的基準
基幹放送局の開設の根本的基準
無線従事者規則
無線局運用規則
無線設備規則
電波の利用状況の調査等に関する省令
無線機器型式検定規則
特定無線設備の技術基準適合証明等に関する規則
測定器等の較正に関する規則
登録検査等事業者等規則
電波法による伝搬障害の防止に関する規則

1.1.3　電波法の条文の構成

条文は，**表 1.5** のように，「条」「項」「号」で構成されています．

表 1.5　条文の構成

第一条
第 1 項
第一号
イ
ロ
ハ
第 2 項
第一号
⋮

注）本書では，「条」の漢数字をアラビア数字（例：第 14 条），「項」をアラビア数字（例：2），「号」の漢数字を括弧付きのアラビア数字（例：(1)）で表すこととします．

例として電波法第 14 条の一部を示します．

電波法　第 14 条（免許状）

総務大臣は，免許を与えたときは，免許状を交付する．←（第 1 項の数字は省略）

2　免許状には，次に掲げる事項を記載しなければならない．←（第 2 項）

(1) 免許の年月日及び免許の番号

(2) 免許人（無線局の免許を受けた者をいう．以下同じ）の氏名又は名称及び住所

(3) 無線局の種別

(4) 無線局の目的（主たる目的及び従たる目的を有する無線局にあっては，その主従の区別を含む）

(5)～(11) は省略

3　基幹放送局の免許状には，前項の規定にかかわらず，次に掲げる事項を記載しなければならない．←（第 3 項）

(1) 前項各号（基幹放送のみをする無線局の免許状にあっては，(5) を除く）に掲げる事項

以下略

例えば，上記の「無線局の種別」は，電波法第14条第2項第三号ですが，本書では電波法第14条第2項(3) と表記します．

Point

三海通の試験では条数を問う問題は出題されませんので，法令の第○条といった条数は覚える必要はありませんが，インターネットで電波法などの法令を検索する際の参考として掲載しています．

1.2　用語の定義

条文は，**表1.5**のように，「条」「項」「号」で構成されています．

電波法　第2条（定義）

(1)「電波」とは，**300万MHz**以下の周波数の電磁波をいう．

Point

周波数をfとすると，300万MHzは，$f = 3 \times 10^{12}$ Hzになります．電波の波長をλ〔m〕とすると，電波の速度$c = 3 \times 10^{8}$ m/sより，$\lambda = c/f = (3 \times 10^{8}) / (3 \times 10^{12}) = 10^{-4}$ mとなります．すなわち，波長が0.1 mmより長い電磁波が電波ということになります．

(2)「無線電信」とは，電波を利用して，符号を送り，又は受けるための通信設備をいう．

(3)「無線電話」とは，電波を利用して，音声その他の音響を送り，又は受けるための通信設備をいう．

(4)「無線設備」とは，無線電信，無線電話その他電波を送り，又は受けるための電気的設備をいう．

(5)「無線局」とは，無線設備及び無線設備の**操作**を行う者の総体をいう．ただし，受信のみを目的とするものを含まない．

Point

「無線局」は物的要素である「無線設備」と，人的要素である「無線設備の操作を行う者」の総体をいいます．「無線設備」というハードウエアだけがあっても，操作を行う人がいないと「無線局」にはなりません．

(6)「無線従事者」とは，無線設備の**操作又はその監督**を行う者であって，総務大臣の免許を受けたものをいう．

2章　無線局の免許

この章から **2** 問出題

無線局を開設するには総務大臣の免許が必要です．本章では無線局の免許を得るために必要な手続き，免許の有効期間，免許内容の変更，再免許など無線局の開設後に必要な事項も学びます．

2.1　無線局の開設

無線局は自由勝手に開設することはできません．無線局を開設しようとする者は総務大臣の免許を受けなければなりません．免許がないのに無線局を開設したり，運用した者は，1 年以下の懲役又は 100 万円以下の罰金に処せられます．ただし，発射する電波が著しく微弱な場合など，一定の範囲の無線局は必ずしも免許を受けなくてもよい場合もあります．

無線設備やアンテナを設置し，容易に電波を発射できる状態にある場合は無線局を開設したとみなされますので注意が必要です．

電波法　第 4 条（無線局の開設）

無線局を開設しようとする者は，**総務大臣の免許**を受けなければならない．ただし，次の各号に掲げる無線局については，この限りでない．

(1) **発射する電波が著しく微弱な**無線局で総務省令（*1）で定めるもの

*1　電波法施行規則第 6 条（免許を要しない無線局）第 1 項

(2) 26.9 MHz から 27.2 MHz までの周波数の電波を使用し，かつ，空中線電力が 0.5 W 以下である無線局のうち総務省令（*2）で定めるものであって，適合表示無線設備のみを使用するもの

*2　電波法施行規則第 6 条第 3 項

(2) は市民ラジオの無線局が該当します．

(3) 空中線電力が **1 W 以下**である無線局のうち総務省令（*3）で定めるものであって，指定された呼出符号又は呼出名称を自動的に送信し，又は受信する機能その他総務省令（*4）で定める機能を有することにより他の無線局にその運用を阻害するような混信その他の妨害を与えないように運用することができるもので，かつ，**適合表示無線設備**のみを使用するもの

＊3　電波法施行規則第 6 条第 4 項

＊4　電波法施行規則第 6 条の 2，無線設備規則第 9 条の 4（混信防止機能）

（3）はコードレス電話の無線局，特定小電力無線局，小電力セキュリティシステムの無線局，小電力データシステムの無線局，デジタルコードレス電話の無線局，PHS の陸上移動局などが該当します．

（4）登録局（**総務大臣の登録を受けて**開設する無線局）

無線局を開設しようとする者は，総務大臣の免許を受けなければなりません．

関連知識　適合表示無線設備

適合表示無線設備とは，電波法で定める技術基準に適合していることを証する表示が付された無線設備のことです．

電波法　第 27 条の 18（登録）第 1 項

電波を発射しようとする場合において当該電波と周波数を同じくする電波を受信することにより一定の時間自己の電波を発射しないことを確保する機能を有する無線局その他**無線設備の規格（総務省令で定めるものに限る．）を同じくする**他の無線局の運用を阻害するような混信その他の妨害を与えないように運用することのできる無線局のうち総務省令で定めるものであって，**適合表示無線設備**のみを使用するものを**総務省令で定める区域内**に開設しようとする者は，総務大臣の登録を受けなければならない．

電波法　第 4 条の 2（呼出符号又は呼出名称の指定）

総務大臣は，電波法第 4 条第 1 項（3）又は（4）に掲げる無線局に使用するための無線設備について，当該無線設備を使用する無線局の呼出符号又は呼出名称の指定を受けようとする者から申請があったときは，総務省令で定めるところにより，呼出符号又は呼出名称の指定を行う．

問題 1 ★★★ ➡2.1

次の記述は，無線局の開設について述べたものである．電波法（第4条）の規定に照らし，[　　]内に入れるべき最も適切な字句を下の1から10までのうちからそれぞれ一つ選べ．なお，同じ記号の[　　]内には，同じ字句が入るものとする．

無線局を開設しようとする者は，[ア]ならない．ただし，次の（1）から（4）までに掲げる無線局については，この限りでない．

(1) [イ]無線局で総務省令で定めるもの

(2) 26.9 MHzから27.2 MHzまでの周波数の電波を使用し，かつ，空中線電力が0.5 W以下である無線局のうち総務省令で定めるものであって，[ウ]のみを使用するもの

(3) 空中線電力が[エ]である無線局のうち総務省令で定めるものであって，電波法第4条の2（呼出符号又は呼出名称の指定）の規定により指定された呼出符号又は呼出名称を自動的に送信し，又は受信する機能その他総務省令で定める機能を有することにより他の無線局にその運用を阻害するような混信その他の妨害を与えないように運用することができるもので，かつ，[ウ]のみを使用するもの

(4) [オ]開設する無線局

1　あらかじめ総務大臣に届け出なければ
2　総務大臣の免許を受けなければ　　3　小規模な
4　発射する電波が著しく微弱な　　5　適合表示無線設備
6　その型式について総務大臣の行う検定に合格した無線設備の機器
7　0.1 W以下　　8　1 W以下
9　地震，台風，洪水，津波その他の非常の事態が発生した場合において臨時に
10　総務大臣の登録を受けて

解説　無線局を開設しようとする者は**総務大臣の免許**を受けなければなりません．ただし，**発射する電波が著しく微弱**な無線局（総務省令で定めるもの），**適合表示無線設備**のみを使用し空中線電力が0.5 W以下かつ26.9～27.2 MHzまでの周波数の電波を使用する無線局，**適合表示無線設備**のみを使用し空中線電力が**1 W以下**かつ総務省令で定める無線局，**総務大臣の登録を受けて**開設する無線局は総務大臣の免許は不要です．

答え▶▶▶ア－2　イ－4　ウ－5　エ－8　オ－10

問題 2 ★★ ➡2.1

次の記述は，登録を受けて開設する無線局について述べたものである．電波法（第4条及び第27条の18）の規定に照らし，[　　]内に入れるべき最も適切な字句の組合せを下の1から4までのうちから一つ選べ．

(1) 電波を発射しようとする場合において当該電波と周波数を同じくする電波を受信することにより一定の時間自己の電波を発射しないことを確保する機能を有する無線局その他[A]他の無線局の運用を阻害するような混信その他の妨害を与えないように運用することのできる無線局のうち総務省令で定めるものであって，[B]のみを使用するものを[C]開設しようとする者は，総務大臣の登録を受けなければならない．

(2) (1) の総務大臣の登録を受けて開設する無線局は，総務大臣の免許を受けることを要しない．

	A	B	C
1	使用する電波の型式及び周波数（総務省令で定めるものに限る．）を同じくする	適合表示無線設備	総務省令で定める周波数を使用して
2	無線設備の規格（総務省令で定めるものに限る．）を同じくする．	その型式について総務大臣の行う検定に合格した無線設備の機器	総務省令で定める周波数を使用して
3	使用する電波の型式及び周波数（総務省令で定めるものに限る．）を同じくする	その型式について総務大臣の行う検定に合格した無線設備の機器	総務省令で定める区域内に
4	無線設備の規格（総務省令で定めるものに限る．）を同じくする．	適合表示無線設備	総務省令で定める区域内に

答え▶▶▶4

2.2 無線局の免許の欠格事由

無線局の免許の欠格事由には，外国性を排除する**絶対的欠格事由**と反社会性を排除する**相対的欠格事由**があります．

2.2.1　絶対的欠格事由（外国性の排除）

電波法第5条で「日本の国籍を有しない人などは，無線局の免許を申請しても免許は与えられない」と規定されています．電波は限られた希少な資源であり，周波数も逼迫しており，日本国民の需要を満たすのも充分ではなく，日本の国籍を有しない人などには免許は与えられません．

なお，絶対的欠格事由は，実験等無線局，大使館や公使館又は領事館の公用に供する無線局，アマチュア無線局などには適用されません．

2.2.2　相対的欠格事由（反社会性の排除）

電波法　第5条（欠格事由）第3項

3　次の (1)～(4) のいずれかに該当する者には，無線局の免許を与えないことができる．

(1) 電波法又は放送法に規定する罪を犯し罰金以上の刑に処せられ，その執行を終わり，又はその執行を受けることがなくなった日から2年を経過しない者

(2) **無線局の免許の取消しを受け，その取消しの日から2年を経過しない者**

(3) 電波法第27条の15第1項（第1号を除く.）又は第2項（第3号及び第4号を除く.）の規定により特定基地局の開設計画に係る認定の取消しを受け，その取消しの日から2年を経過しない者

(4) 無線局の登録の取消しを受け，その取消しの日から2年を経過しない者

問題 3　★★　➡2.2

次の者のうち，総務大臣が無線局の免許を与えないことができる者に該当するものはどれか．電波法（第5条）の規定に照らし，下の1から4までのうちから一つ選べ．

1　無線局の免許の有効期間満了により免許が効力を失い，その効力を失った日から2年を経過しない者

2　無線局を廃止し，その廃止の日から2年を経過しない者

3　無線局の免許の取消しを受け，その取消しの日から2年を経過しない者

4　無線局の予備免許の際に指定された工事落成の期限経過後2週間以内に工事が落成した旨の届出がなかったことにより免許を拒否され，その拒否の日から2年を経過しない者

答え▶▶▶3

2.3 無線局の免許の申請と審査

無線局の免許を受けようとする者は，申請書に，所定の事項を記載した書類を添えて，総務大臣に提出しなければなりません．

無線局の免許申請はいつでも行うことができますが，電気通信業務を行うことを目的として陸上に開設する移動する無線局や基幹放送局などの無線局は申請期間を定めて公募することになっています．

2.3.1 無線局の免許の申請

電波法 第6条（免許の申請）第1項〈抜粋・一部改変〉

無線局の免許を受けようとする者は，申請書に，次に掲げる事項を記載した書類を添えて，総務大臣に提出しなければならない．

(1) 目的（2以上の目的を有する無線局であって，その目的に主たるものと従たるものの区別がある場合にあっては，その主従の区別を含む．）

(2) 開設を必要とする理由

(3) 通信の相手方及び通信事項

(4) 無線設備の設置場所（移動する無線局のうち，人工衛星の無線局についてはその人工衛星の軌道又は位置，人工衛星局，船舶の無線局，船舶地球局，航空機の無線局及び航空機地球局以外のものについては移動範囲．）

(5) **電波の型式並びに希望する周波数の範囲**及び空中線電力

(6) 希望する**運用許容時間**（運用することができる時間をいう．）

(7) 無線設備の工事設計及び**工事落成の予定期日**

(8) 運用開始の予定期日

電波法 第6条（免許の申請）第3項〈抜粋〉

3　船舶局（船舶の無線局のうち，無線設備が遭難自動通報設備又はレーダーのみのもの以外のものをいう．）の免許を受けようとする者は，電波法第6条第1項のほか，次に掲げる事項を併せて記載しなければならない．

(1) その船舶に関する次に掲げる事項

イ　**所有者**

ロ　用途

ハ　総トン数

ニ　航行区域

ホ　**主たる停泊港**

ヘ　信号符字

ト　旅客船であるときは，旅客定員

チ　国際航海に従事する船舶であるときは，その旨

リ　船舶安全法第4条第1項ただし書の規定により無線電信又は無線電話の施設を免除された船舶であるときは，その旨

2.3.2　申請の審査

電波法　第7条（申請の審査）第1項

総務大臣は，電波法第6条第1項の申請書を受理したときは，遅滞なくその申請が次の各号のいずれにも適合しているかどうかを審査しなければならない．

(1) 工事設計が第3章（無線設備）に定める技術基準に適合すること．

(2) 周波数の割当てが可能であること．

(3) 主たる目的及び従たる目的を有する無線局にあっては，その従たる目的の遂行がその主たる目的の遂行に支障を及ぼすおそれがないこと．

(4) 総務省令で定める**無線局（基幹放送局を除く．）の開設の根本的基準**に合致すること．

問題 4 ★★★　➡2.3

次の記述は，船舶局の免許の申請について述べたものである．電波法（第6条）の規定に照らし，［　　］内に入れるべき最も適切な字句を下の1から10までのうちからそれぞれ一つ選べ．

船舶局の免許を受けようとする者は，申請書に，次に掲げる事項を記載した書類を添えて，総務大臣に提出しなければならない．

(1) 目的　(2) 開設を必要とする理由

(3) 通信の相手方及び通信事項　(4) 無線設備の設置場所

(5) ［ア］及び空中線電力　(6) 希望する［イ］

(7) 無線設備(注)の工事設計及び［ウ］　(8) 運用開始の予定期日

注　電波法第30条（安全施設）及び第32条（計器及び予備品の備付け）の規定により備え付けなければならない設備を含む．

(9) その船舶に関する次の事項

（イ）［ エ ］　（ロ）用途　（ハ）総トン数
（ニ）航行区域　（ホ）［ オ ］港　（ヘ）信号符字
（ト）旅客船であるときは，旅客定員
（チ）国際航海に従事する船舶であるときは，その旨
（リ）船舶安全法第4条（無線電信又は無線電話施設の強制）第1項ただし書の規定により無線電信又は無線電話の施設を免除された船舶であるときは，その旨
（ヌ）電波法第35条（義務船舶局等の無線設備の条件）の規定による措置をとらなければならない船舶局であるときは，そのとることとした措置

1	電波の型式，周波数	2	電波の型式並びに希望する周波数の範囲
3	運用許容時間	4	運用義務時間
5	工事着手の予定期日	6	工事落成の予定期日
7	船舶の所有者	8	船舶の運行者
9	船籍	10	主たる停泊

答え▶▶▶ア－2　イ－3　ウ－6　エ－7　オ－10

2.4 予備免許

予備免許は正式に免許されるまでの一段階にすぎません．予備免許が付与されても，まだ正式に免許された無線局ではありませんので，「試験電波の発射」を行う場合を除いて電波の発射は禁止されています．

2.4.1 予備免許の付与

電波法　第8条（予備免許）

総務大臣は，電波法第7条の規定により審査した結果，その申請が同条第1項各号又は第2項各号に適合していると認めるときは，申請者に対し，次に掲げる事項を指定して無線局の予備免許を与える．
（1）**工事落成の期限**
（2）**電波の型式及び周波数**
（3）呼出符号（標識符号を含む．），呼出名称その他の総務省令*で定める識別信号

＊　電波法施行規則第6条の5

（4）**空中線電力**
（5）運用許容時間
2　総務大臣は，予備免許を受けた者から申請があった場合において，相当と認めるときは，**工事落成の期限**を延長することができる．

予備免許時に指定される事項は,「工事落成の期限」「電波の型式及び周波数」「識別信号」「空中線電力」「運用許容時間」です.

2.4.2　予備免許の工事設計等の変更

予備免許を受けた後，無線設備等の工事をして予備免許の内容を実現する訳ですが，工事の途中で設計の変更が生じる場合があります．その場合，総務大臣の許可を受けて計画を変更することができます．

予備免許を受けた者は，工事設計を変更しようとするときは，あらかじめ総務大臣の許可を受けなければなりません.

電波法　第9条（工事設計等の変更）〈抜粋〉

法第8条の予備免許を受けた者は，工事設計を変更しようとするときは，あらかじめ**総務大臣の許可**を受けなければならない．ただし，総務省令（*）で定める軽微な事項については，この限りでない．

＊　電波法施行規則第10条

2　前項ただし書の事項について工事設計を変更したときは，遅滞なくその旨を総務大臣に届け出なければならない．
3　工事設計の変更は，周波数，電波の型式又は空中線電力に変更を来すものであってはならず，かつ，法第7条第1項（1）又は第2項（1）の技術基準（法第3章に定めるものに限る．）に合致するものでなければならない．
4　予備免許を受けた者は，無線局の目的，通信の相手方，通信事項，放送事項，放送区域，無線設備の設置場所又は基幹放送の業務に用いられる電気通信設備を変更しようとするときは，あらかじめ**総務大臣の許可**を受けなければならない．

電波法 第19条（申請による周波数等の変更）〈一部改変〉

総務大臣は，予備免許を受けた者が識別信号，電波の型式，周波数，空中線電力又は運用許容時間の指定の変更を申請した場合において，混信の除去その他特に必要があると認めるときは，その指定を変更することができる．

電波法 第71条（周波数等の変更）第1項

総務大臣は，電波の規整その他公益上必要があるときは，無線局の目的の遂行に支障を及ぼさない範囲内に限り，当該無線局（登録局を除く．）の**周波数若しくは空中線電力の指定を変更**し，又は登録局の周波数若しくは空中線電力若しくは人工衛星局の無線設備の設置場所の変更を命ずることができる．

問題 5 ★★ ➡2.4

海上移動業務の無線局の予備免許を受けた者又は免許人が行う変更及び総務大臣の行う周波数等の変更に関する次の記述のうち，電波法（第8条，第9条，第19条及び第71条）の規定に照らし，これらの規定に定めるところに適合するものを1，これらの規定に定めるところに適合しないものを2として解答せよ．

ア 無線局の免許人は，混信の除去等のために電波の型式及び周波数の指定の変更を受けようとするときは，総務大臣に指定の変更の申請を行い，その指定の変更を受けなければならない．

イ 電波法8条の予備免許を受けた者は，予備免許の際に指定された工事落成の期限を延長しようとするときは，あらかじめ総務大臣に届け出なければならない．

ウ 電波法8条の予備免許を受けた者は，工事設計を変更しようとするときは，あらかじめ総務大臣の許可を受けなければならない．ただし，総務省令で定める軽微な事項については，この限りでない．

エ 総務大臣は，電波の規整その他公益上必要があるときは，無線局の目的の遂行に支障を及ぼさない範囲内に限り，当該無線局（登録局を除く．）の電波の型式，周波数又は空中線電力の指定を変更することができる．

オ 電波法8条の予備免許を受けた者が行う工事設計の変更は，周波数，電波の型式又は空中線電力に変更を来すものであってはならず，かつ，電波法第7条（申請の審査）第1項第1号の技術基準（第3章に定めるものに限る．）に合致するものでなければならない．

解説　**イ**　予備免許を受けた者が行う工事設計の変更等については，総務大臣に申請して許可を受ける必要があり，届け出ではできません．
エ　「周波数若しくは空中線電力」の指定を変更することはできますが「電波の型式」の変更はできません．

答え▶▶▶ア－1　イ－2　ウ－1　エ－2　オ－1

2.5　工事落成及び落成後の検査

予備免許を受けた者は，工事が落成（完了）したときは，その旨を総務大臣に届け出て（落成届），その無線設備等について検査を受けなければなりません．

この検査を新設検査といいます．

電波法　**第 10 条（落成後の検査）〈一部改変〉**

電波法第 8 条の予備免許を受けた者は，**工事が落成したとき**は，その旨を総務大臣に届け出て，その無線設備，無線従事者の資格及び員数並びに時計及び書類（以下「無線設備等」という．）について検査を受けなければならない．

2　前項の検査は，同項の検査を受けようとする者が，当該検査を受けようとする無線設備等について検査等事業者の登録を受けた者が総務省令で定めるところにより行った当該登録に係る点検の結果を記載した書類を添えて前項の届出をした場合においては，その一部を省略することができる．

電波法　**第 11 条（免許の拒否）**

電波法第 8 条第 1 項（1）の期限（同条第 2 項の規定による期限の延長があったときは，その期限）経過後 2 週間以内に届出がないときは，総務大臣は，その無線局の免許を拒否しなければならない．

問題 6　★★　➡2.5

海上移動業務の無線局の落成後の検査等に関する次の記述のうち，電波法（第 10 条，第 11 条及び第 12 条）の規定に照らし，これらの規定に定めるところに適合しないものはどれか．下の 1 から 4 までのうちから一つ選べ．

1 電波法第8条の予備免許を受けた者は，工事落成の期限の日になったときは，その旨を総務大臣に届け出て，その無線設備，無線従事者の資格（注1）及び員数（無線従事者の資格を有しない者であって，主任無線従事者の監督を受けて無線設備の操作を行うものを含む.）並びに時計及び書類について検査を受けなければならない.

注1 電波法第39条（無線設備の操作）第3項に規定する主任無線従事者の要件，電波法第48条の2（船舶局無線従事者証明）第1項の船舶局無線従事者証明及び同法第50条（遭難通信責任者の配置等）第1項に規定する遭難通信責任者の要件に係るものを含む．以下3及び4において同じ.

2 総務大臣は，電波法第8条の予備免許を与える際に指定した工事落成の期限（期限の延長があったときは，その期限）経過後2週間以内に電波法第10条（落成後の検査）の規定による工事が落成した旨の届出がないときは，その無線局の免許を拒否しなければならない.

3 電波法第10条（落成後の検査）の検査は，この検査を受けようとする者が，当該検査を受けようとする無線設備，無線従事者の資格及び員数並びに時計及び書類について登録検査等事業者（注2）又は登録外国点検事業者（注3）が総務省令で定めるところにより行った当該登録に係る点検の結果を記載した書類を添えて電波法第10条の届出をした場合においては，その一部を省略することができる.

注2 電波法第24条の2（検査等事業者の登録）第1項の登録を受けた者をいう.
注3 電波法第24条の13(外国点検事業者の登録等) 第1項の登録を受けた者をいう.

4 総務大臣は，電波法第10条（落成後の検査）の規定による検査を行った結果，その無線設備が電波法第6条（免許の申請）第1項の工事設計に合致し，かつ，その無線従事者の資格及び員数が電波法第39条（無線設備の操作），第40条（無線従事者の資格）及び第50条（遭難通信責任者の配置等）の規定に，その時計及び書類が電波法第60条（時計，業務書類等の備付け）の規定にそれぞれ違反しないと認めるときは，遅滞なく申請者に対し免許を与えなければならない.

解説 1「**工事落成の期限になった**ときは」でなく，正しくは「**工事が落成した**ときは」です.

答え▶▶▶1

2.6 免許の付与，免許の有効期間と再免許

2.6.1 免許の付与

落成後の検査を行った結果，その無線設備が工事設計に合致し，かつ，その無線従事者の資格及び員数，時計，書類が法の規定に違反しないと認められたときは，総務大臣から免許が与えられ，免許状が交付されます．

関連知識　免許状の内容

免許状については，「免許の年月日及び免許の番号」「免許人の氏名又は名称及び住所」「無線局の種別」「無線局の目的」「通信の相手方及び通信事項」「無線設備の設置場所」「免許の有効期間」「識別信号」「電波の型式及び周波数」「空中線電力」「運用許容時間」を記載することとなっています（電波法第 14 条第 1 ～ 2 項）.

2.6.2 免許の有効期間

無線局の免許の有効期間は次のようになっています．

電波法　第 13 条（免許の有効期間）

免許の有効期間は，免許の日から起算して **5 年**を超えない範囲内において総務省令 (*) で定める．ただし，再免許を妨げない．

＊　電波法施行規則第 7 条～第 9 条

2　船舶安全法第 4 条の船舶の船舶局（「義務船舶局」という．）及び航空法第 60 条の規定により無線設備を設置しなければならない航空機の航空機局（「義務航空機局」という．）の免許の有効期間は，第 1 項の規定にかかわらず，**無期限**とする．

関連知識　義務船舶局

義務船舶局は，無線設備の施設が義務づけられている船舶局のことです．例えば，旅客船は航行区域が平水，沿海，近海，遠洋を問わずすべて義務船舶局，船舶の長さが 12 m 以上の貨物船は航行区域が沿海，近海，遠洋の場合は義務船舶局，100 海里を超えて操業する漁船は義務船舶局となります．

※平水区域：湖，川，港内等の水域
　沿海区域：20 海里以内の水域
　近海区域：東経 175 度，南緯 11 度，東経 94 度，北緯 63 度の線で囲まれた水域
　遠洋区域：すべての水域

電波法施行規則　第7条（免許等の有効期間）

法第13条第1項の総務省令で定める免許の有効期間は，次の(1)～(7)に掲げる無線局の種別に従い，それぞれ(1)～(7)に定めるとおりとする．

(1) 地上基幹放送局（臨時目的放送を専ら行うものに限る．）
　→当該放送の目的を達成するために必要な期間

(2) 地上基幹放送試験局→2年

(3) 衛星基幹放送局（臨時目的放送を専ら行うものに限る．）
　→当該放送の目的を達成するために必要な期間

(4) 衛星基幹放送試験局→2年

(5) 特定実験試験局（総務大臣が公示する周波数，当該周波数の使用が可能な地域及び期間並びに空中線電力の範囲内で開設する実験試験局をいう．）
　→当該周波数の使用が可能な期間

(6) 実用化試験局→**2年**

(7) その他の無線局→**5年**

海岸局や船舶局などは上記の「(7) その他の無線局」に該当しますので，免許の有効期間は5年です．ただし，義務船舶局は無期限です．

関連知識　免許の終期

同一種別（例えば海岸局）の無線局については，同時に免許の有効期間が満了するように終期が統一されています．終期の統一は，周波数の再編などを考慮して設けられているもので，船舶局，遭難自動通報局，簡易無線局などには適用されません（電波法施行規則第8条）．

2.6.3 再免許

再免許は，無線局の免許の有効期間満了と同時に，今までと同じ免許内容で新たに免許状が交付されることです．再免許の申請は次のように行います．

自動車の免許は「更新」といいますが，無線局の場合は「再免許」といいます．

無線局免許手続規則　第 16 条（再免許の申請）第 1 項〈一部改変〉

再免許を申請しようとするときは，下記の（1）～（5）に掲げる事項を記載した申請書を総務大臣又は総合通信局長に提出して行わなければならない.

（1）無線局の免許を受けようとする者の氏名又は名称及び住所並びに法人にあっては，その代表者の氏名

（2）免許を受けようとする無線局の種別及び局数

（3）希望する免許の有効期間

（4）識別信号

（5）免許の番号及び免許の年月日

無線局免許手続規則　第 18 条（申請の期間）〈一部改変〉

再免許の申請は，下の（1）～（4）の無線局を除き，免許の有効期間満了前**3 箇月以上 6 箇月**を超えない期間において行わなければならない.

（1）アマチュア局（人工衛星等のアマチュア局を除く.）
[免許の有効期間満了前 1 箇月以上 1 年を超えない期間において行わなければならない]

（2）特定実験試験局
[免許の有効期間満了前 1 箇月以上 3 箇月を超えない期間において行わなければならない]

（3）免許の有効期間が 1 年以内である無線局
[免許の有効期間満了前 1 箇月までに行うことができる]

（4）免許の有効期間満了前 1 箇月以内に免許を与えられた無線局
[免許を受けた後直ちに再免許の申請を行わなければならない]

無線局免許手続規則　第 19 条（審査及び免許の付与）第 1 項

総務大臣又は総合通信局長は，再免許の申請を審査した結果，その申請が審査要件に適合していると認めるときは，申請者に対し，次に掲げる事項を指定して，**無線局の免許**を与える.

（1）電波の型式及び周波数

（2）識別信号

（3）**空中線電力**

（4）運用許容時間

2.6.4 免許状の備付け

電波法施行規則 第38条（備付けを要する業務書類）第2項～第3項

2 船舶局，無線航行移動局又は船舶地球局にあっては，免許状は，主たる送信装置のある場所の見やすい箇所に掲げておかなければならない．ただし，掲示を困難とするものについては，その掲示を要しない．

3 遭難自動通報局（携帯用位置指示無線標識のみを設置するものに限る.），船上通信局，陸上移動局，携帯局，無線標定移動局，携帯移動地球局，陸上を移動する地球局であって停止中にのみ運用を行うもの又は移動する実験試験局（宇宙物体に開設するものを除く.），アマチュア局（人工衛星に開設するものを除く.），簡易無線局若しくは気象援助局にあっては，第一項の規定にかかわらず，その無線設備の常置場所（VSAT地球局にあっては，当該VSAT地球局の送信の制御を行う他の一の地球局（以下「VSAT制御地球局」という.）の無線設備の設置場所とする.）に同項の免許状を備え付けなければならない．

関連知識 免許状の掲示義務

船舶局，無線航行移動局，船舶地球局以外の無線局について，平成30年3月1日より，免許状の掲示義務は廃止され，「無線設備の常置場所に備え付けなければならない」と変更されました．

2.6.5 免許状の訂正

電波法 第21条（免許状の訂正）

免許人は，免許状に記載した事項に変更を生じたときは，その免許状を総務大臣に提出し，**訂正**を受けなければならない．

無線局免許手続規則 第22条（免許状の訂正）

免許人は，電波法第21条の免許状の訂正を受けようとするときは，次に掲げる事項を記載した申請書を総務大臣又は総合通信局長に提出しなければならない．

（1）免許人の氏名又は名称及び住所並びに法人にあっては，その代表者の氏名

（2）無線局の種別及び局数

（3）識別信号（包括免許に係る特定無線局を除く.）

（4）免許の番号又は包括免許の番号

（5）訂正を受ける箇所及び訂正を受ける理由

2 省略

3　第1項の申請があった場合において，総務大臣又は総合通信局長は，新たな免許状の交付による訂正を行うことがある．

4　総務大臣又は総合通信局長は，第1項の申請による場合のほか，職権により免許状の訂正を行うことがある．

5　免許人は，新たな免許状の交付を受けたときは，遅滞なく旧免許状を返さなければならない．

2.6.6　免許状の再交付

無線局免許手続規則　第23条（免許状の再交付）第1項

免許人は，免許状を破損し，汚し，失った等のために免許状の再交付の申請をしようとするときは，次に掲げる事項を記載した申請書を総務大臣又は総合通信局長に提出しなければならない．

（1）免許人の氏名又は名称及び住所並びに法人にあっては，その代表者の氏名
（2）無線局の種別及び局数
（3）識別信号（包括免許に係る特定無線局を除く.）
（4）免許の番号又は包括免許の番号
（5）再交付を求める理由

再免許及び適合表示無線設備のみを使用する無線局その他総務省令で定める無線局の免許については，簡易な手続によることができます（電波法第15条）．

2.6.7　免許が効力を失ったときにとるべき措置

電波法　第22条（無線局の廃止）

免許人は，その無線局を廃止するときは，**その旨を総務大臣に届け出**なければならない．

電波法　第23条（無線局の廃止）

免許人が無線局を廃止したときは，免許は，その効力を失う．

電波法　第 24 条（免許状の返納）

　免許がその効力を失ったときは，免許人であった者は，**一箇月以内**にその免許状を**返納**しなければならない．

電波法　第 78 条（電波の発射の防止）

　無線局の免許等がその効力を失ったときは，免許人等であった者は，遅滞なく空中線の撤去その他の総務省令で定める電波の発射を防止するために必要な措置を講じなければならない．

電波法第 78 条の総務省令で定める電波の発射を防止するために必要な措置の例として，電波法施行規則第 42 条の 3 で「衛星非常用位置指示無線標識」，「捜索救助用レーダートランスポンダ」，「捜索救助用位置指示送信装置」などについては，「電池を取り外すこと」とされています．

電波法　第 113 条〈抜粋〉

　次の各号のいずれかに該当する者は，30 万円以下の罰金に処する．

19　電波法第 78 条（電波の発射の防止）の規定に違反した者

罰則の詳細は 7 章に記載されています．

問題 7　★★　➡ 2.6.2, 2.6.3

　海上移動業務の無線局の免許の有効期間及び再免許に関する次の記述のうち，電波法（第 13 条），電波法施行規則（第 7 条及び第 8 条）及び無線局免許手続規則（第 17 条）の規定に照らし，これらの規定に定めるところに適合しないものはどれか．下の 1 から 4 までのうちから一つ選べ．

1　免許の有効期間は，免許の日から起算して 5 年を超えない範囲内において総務省令で定める．ただし，再免許を妨げない．

2　義務船舶局の免許の有効期間は，無期限とする．

3　海岸局及び船舶局（義務船舶局を除く.）の免許の有効期間は，5年とする．ただし，海岸局にあっては，同一の種別に属する無線局について同時に有効期間が満了するよう総務大臣が定める一定の時期に免許をした無線局に適用があるものとし，免許をする時期がこれと異なる無線局の免許の有効期間は，前段にかかわらず，当該一定の時期に免許を受けた当該種別の無線局に係る免許の有効期間の満了の日までの期間とする．

4　海岸局及び船舶局（義務船舶局を除く.）の再免許の申請は，免許の有効期間満了前1箇月以上3箇月を超えない期間において行わなければならない（注）．

注　無線局免許手続規則第17条（申請の期間）第1項ただし書及び同条第2項において定める場合を除く．

解説　4「免許の有効期間満了前**1**箇月以上**3**箇月を超えない期間」ではなく，正しくは「免許の有効期間満了前**3**箇月以上**6**箇月を超えない期間」です．

答え▶▶▶4

問題 8 ★★　➡2.6.4, 2.6.5

船舶局の免許状に関する次の記述のうち，電波法（第14条，第21条及び第24条）及び電波法施行規則（第38条）の規定に照らし，これらの規定に定めるところに適合しないものはどれか．下の1から4までのうちから一つ選べ．

1　船舶局に備え付けておかなければならない免許状は，主たる送信装置のある場所の見やすい箇所に掲げておかなければならない．ただし，掲示を困難とするものについては，その掲示を要しない．

2　免許人は，免許状に記載した事項に変更を生じたときは，その免許状を総務大臣に提出し，免許状の再交付を受けなければならない．

3　船舶局の免許がその効力を失ったときは，免許人であった者は，1箇月以内にその免許状を返納しなければならない．

4　総務大臣は，無線局の免許を与えたときは，免許状を交付するものとし，免許状には，免許の年月日及び免許の番号，免許人の氏名又は名称及び住所，無線局の種別，無線局の目的，通信の相手方及び通信事項，無線設備の設置場所，免許の有効期間，識別信号，電波の型式及び周波数，空中線電力並びに運用許容時間を記載しなければならない．

解説　2「免許状の**再交付**」でなく，正しくは「免許状の**訂正**」です．

答え▶▶▶2

問題 9 ★★ ➡2.6.7

次の記述は，無線局の免許がその効力を失ったときに執るべき措置等について述べたものである．電波法（第22条から第24条まで，第78条及び第113条）及び電波法施行規則（第42条の3）の規定に照らし，[　　]内に入れるべき最も適切な字句を下の1から10までのうちからそれぞれ一つ選べ．

(1) 免許人（包括免許人を除く．）は，その無線局を廃止するときは，[ア]ならない．
(2) 免許人（包括免許人を除く．）が無線局を廃止したときは，免許は，その効力を失う．
(3) 無線局の免許がその効力を失ったときは，免許人であった者は，[イ]にその免許状を[ウ]しなければならない．
(4) 無線局の免許がその効力を失ったときは，免許人であった者は，遅滞なく空中線の撤去その他総務省令で定める電波の発射を防止するために必要な措置を講じなければならない．
(5) (4)の総務省令で定める電波の発射を防止するために必要な措置は，船舶局の衛星非常用位置指示無線標識，捜索救助用レーダートランスポンダ及び捜索救助用位置指示送信装置については，[エ]とする．
(6) (4)の規定（電波法第78条）に違反して，電波の発射を防止するために必要な措置を講じなかった者は，[オ]に処する．

1　総務大臣の許可を受けなければ
2　その旨を総務大臣に届け出なければ
3　3箇月以内　　4　1箇月以内　　5　返納
6　廃棄　　7　電池を取り外すこと　　8　送信機を撤去すること
9　30万円以下の罰金
10　1年以下の懲役又は50万円以下の罰金

解説　免許人が無線局を廃止するときは，その旨を**総務大臣に届け出**なければなりません．

無線局の免許がその効力を失ったときは，**1箇月以内**に免許状を**返納**しなければなりません．また，このとき，船舶局の衛星非常用位置指示無線標識等については電波の発射を防止するために**電池を取り外す**必要があり，この措置を講じない場合は**30万円以下の罰金**が課せられます．

答え▶▶▶ア－2　イ－4　ウ－5　エ－7　オ－9

2.7 免許内容の変更

免許人は，無線局の目的，通信の相手方，通信事項，放送事項，放送区域，無線設備の設置場所若しくは基幹放送の業務に用いられる電気通信設備を変更し，又は無線設備の変更の工事をしようとするときは，あらかじめ総務大臣の許可を受けなければなりません．

無線局を開局した後，免許内容を変更する必要がある場合があります．免許内容を変更する場合には，「免許人の意志で免許内容を変更する場合」と「監督権限によって免許内容を変更する場合」があります．

2.7.1　免許人の意志で免許内容を変更する場合

電波法　第17条（変更等の許可）第1項

免許人は，無線局の目的，通信の相手方，**通信事項**，放送事項，放送区域，無線設備の設置場所若しくは基幹放送の業務に用いられる電気通信設備を変更し，又は無線設備の変更の工事をしようとするときは，あらかじめ総務大臣の許可を受けなければならない．ただし，次に掲げる事項を内容とする無線局の目的の変更は，これを行うことができない．

（1）基幹放送局以外の無線局が基幹放送をすることとすること．

（2）基幹放送局が基幹放送をしないこととすること．

2.7.2　変更検査

電波法　第18条（変更検査）

法第17条第1項の規定により無線設備の設置場所の変更又は無線設備の変更の工事の許可を受けた免許人は，総務大臣の検査を受け，当該変更又は工事の結果が同条同項の許可の内容に適合していると認められた後でなければ，**許可に係る無線設備**を運用してはならない．ただし，総務省令（*）で定める場合は，この限りでない．

＊　電波法施行規則第10条の4

2　変更検査を受けようとする者が，当該検査を受けようとする無線設備について登録検査等事業者又は登録外国点検事業者が総務省令で定めるところにより行った当該登録に係る点検の結果を記載した書類を総務大臣に提出した場合においては，その一部を省略することができる．

2.7.3 指定事項の変更

電波法 第19条（申請による周波数等の変更）〈一部改変〉

総務大臣は，免許人が識別信号，電波の型式，周波数，空中線電力又は運用許容時間の指定の変更を申請した場合において，混信の除去その他特に必要があると認めるときは，その指定を変更することができる．

問題 10 ★★ ➡2.7

海上移動業務の無線局の免許後の変更手続きに関する次の記述のうち，電波法（第17条から第19条）の規定に照らし，これらの規定に定めるところに適合しないものはどれか．下の1から4までのうちから一つ選べ．

1 免許人は，無線局の目的，通信の相手方，通信事項若しくは無線設備の設置場所を変更し，又は無線設備の変更の工事をしようとするときは，あらかじめ総務大臣の許可を受けなければならない(注)．ただし，無線設備の変更の工事であって，総務省令で定める軽微な事項のものについては，この限りでない．

注 海上移動業務の無線局が基幹放送をすることとすることを内容とする無線局の目的の変更は，これを行うことができない．

2 無線設備の変更の工事は，周波数，電波の型式又は空中線電力に変更を来すものであってはならず，かつ，電波法第7条（申請の審査）第1項第1号の技術基準に合致するものでなければならない．

3 電波法第17条（変更等の許可）第1項の規定により，無線局の通信の相手方，通信事項若しくは無線設備の設置場所の変更又は無線設備の変更の工事の許可を受けた免許人は，総務大臣の検査を受け，当該変更又は工事の結果が同条同項の許可の内容に適合していると認められた後でなければ，当該無線局の無線設備を運用してはならない．ただし，総務省令で定める場合は，この限りでない．

4 総務大臣は，免許人が電波の型式，周波数又は空中線電力の指定の変更を申請した場合において，混信の除去その他特に必要があると認めるときは，その指定を変更することができる．

解説 3「**当該無線局の**無線設備を運用してはならない」ではなく正しく「**許可に係る**無線設備を運用してはならない」です．

答え▶▶▶3

2.8 電波の利用状況の調査等

電波法　第26条の2（電波の利用状況の調査等）

総務大臣は，**周波数割当計画**の作成又は変更その他電波の有効利用に資する施策を総合的かつ計画的に推進するため，総務省令で定めるところにより，無線局の数，無線局の行う無線通信の通信量，無線局の無線設備の使用の態様その他の電波の利用状況を把握するために必要な事項として総務省令で定める事項の調査（以下「利用状況調査」という.）を行うものとする.

2　総務大臣は，利用状況調査の結果に基づき，電波に関する技術の発達及び需要の動向，周波数割当てに関する国際的動向その他の事情を勘案して，**電波の有効利用**の程度を評価するものとする.

3　総務大臣は，利用状況調査を行ったとき，及び前項の規定により評価したときは，総務省令で定めるところにより，その結果の概要を**公表**するものとする.

4　総務大臣は，第2項の評価の結果に基づき，**周波数割当計画**を作成し，又は変更しようとする場合において，必要があると認めるときは，総務省令で定めるところにより，当該**周波数割当計画**の作成又は変更が**免許人等**に及ぼす**技術的及び経済的な影響**を調査することができる.

5　総務大臣は，利用状況調査及び前項に規定する調査を行うため必要な限度において，免許人等に対し，必要な事項について報告を求めることができる.

問題 11 ★★★　　➡2.8

次の記述は，総務大臣の行う電波の利用状況の調査等について述べたものである．電波法（第 26 条の 2）の規定に照らし，[　　]内に入れるべき最も適切な字句の組合せを下の 1 から 4 までのうちから一つ選べ．なお，同じ記号の[　　]内には，同じ字句が入るものとする．

(1) 総務大臣は，[A]の作成又は変更その他電波の有効利用に資する施策を総合的かつ計画的に推進するため，総務省令で定めるところにより，無線局の数，無線局の行う無線通信の通信量，無線局の無線設備の使用の態様その他の電波の利用状況を把握するために必要な事項として総務省令で定める事項の調査（以下「利用状況調査」という．）を行うものとする．

(2) 総務大臣は，利用状況調査の結果に基づき，電波に関する技術の発達及び需要の動向，周波数割当てに関する国際的動向その他の事情を勘案して，[B]の程度を評価するものとする．

(3) 総務大臣は，利用状況調査を行ったとき，及び (2) の規定により評価したときは，総務省令で定めるところにより，その結果の概要を公表するものとする．

(4) 総務大臣は，(2) の評価の結果に基づき，[A]を作成し，又は変更しようとする場合において，必要があると認めるときは，総務省令で定めるところにより，当該[A]の作成又は変更が[C]に及ぼす技術的及び経済的な影響を調査することができる．

	A	B	C
1	無線設備の技術基準	電波の有効利用	無線局の運用全体
2	周波数割当計画	電波の能率的な利用の確保	無線局の運用全体
3	周波数割当計画	電波の有効利用	免許人又は登録人
4	無線設備の技術基準	電波の能率的な利用の確保	免許人又は登録人

解説　総務大臣は，**周波数割当計画**を作成するために電波の利用状況調査を行い，その結果に基づいて**電波の有効利用**の程度を評価します．この際，総務大臣は，利用状況調査及び前項に規定する調査を行うため必要な限度において，**免許人又は登録人**に対し，必要な事項について報告を求めることができます．

答え ▶▶▶ 3

出題傾向　下線の部分を穴埋めにした問題も出題されています．

3章 無線設備

この章から **2** 問出題

無線設備は，送信機，受信機，空中線系，付帯設備で構成されています．本章では，電波型式の表示，電波の質，送受信設備や周波数測定装置，義務船舶局等の無線設備の機器の条件などについて学びます．

3.1 無線設備とは

電波法第2条（5）において「無線局とは，無線設備及び無線設備の操作を行う者の総体をいう．ただし，受信のみを目的とするものを含まない．」と規定されており，無線設備は無線局の構成に必要不可欠です．

一方，無線設備は，電波法第2条（4）において「無線設備とは，無線電信，無線電話その他電波を送り，又は受けるための電気的設備をいう．」と規定されています．

通常，無線設備は，送信設備，受信設備，空中線系，付帯設備などで構成されています．送信設備は送信機など，受信設備は受信機など，空中線系は送信用空中線や受信用空中線などがありますが，送受信を一つの空中線で共用する場合もあります．送信機や受信機と空中線を接続する給電線も必要になります．給電線には同軸ケーブルや導波管などがあります．付帯設備には，安全施設，周波数測定装置などがあります．

無線設備は，免許を必要する無線局はもちろん，免許を必要としない無線局も電波法令で規定する技術的条件に適合するものでなければなりません．

3.2 電波の型式の表示

電波法施行規則　第4条の2（電波の型式の表示）

電波の主搬送波の変調の型式，主搬送波を変調する信号の性質及び伝送情報の型式は，**表3.1**～**表3.3** に掲げるように分類し，それぞれに掲げる記号をもって表示する．ただし，主搬送波を変調する信号の性質を表示する記号は，対応する算用数字をもって表示することがあるものとする．

■表 3.1 主搬送波の変調の型式を表す記号

主搬送波の変調の型式		記 号	
(1) 無変調		N	
(2) **振幅変調**	両側波帯	A	
	全搬送波による単側波帯	H	
	低減搬送波による単側波帯	R	
	抑圧搬送波による単側波帯	**J**	★★★ 超重要
	独立側波帯	B	
	残留側波帯	C	
(3) **角度変調**	**周波数変調**	**F**	★★★ 超重要
	位相変調	**G**	★★★ 超重要
(4) 同時に，又は一定の順序で振幅変調及び角度変調を行うもの		D	
(5) **パルス変調**	**無変調パルス列**	**P**	★★★ 超重要
	変調パルス列		
	ア 振幅変調	K	
	イ 幅変調又は時間変調	L	
	ウ 位置変調又は位相変調	M	
	エ パルスの期間中に搬送波を角度変調するもの	Q	
	オ アからエまでの各変調の組合せ又は他の方法によって変調するもの	V	
(6) (1) から (5) までに該当しないものであって，同時に，又は一定の順序で振幅変調，角度変調又はパルス変調のうちの 2 以上を組み合わせて行うもの		W	
(7) その他のもの		X	

■表 3.2 主搬送波を変調する信号の性質を表す記号

主搬送波を変調する信号の性質		記 号	
(1) **変調信号のないもの**		**0**	★★★ 超重要
(2) **デジタル信号である単一チャネルのもの**	**変調のための副搬送波を使用しないもの**	**1**	★★★ 超重要
	変調のための副搬送波を使用するもの	**2**	★★★ 超重要
(3) **アナログ信号である単一チャネルのもの**		**3**	★★★ 超重要

■表 3.2　主搬送波を変調する信号の性質を表す記号（つづき）

主搬送波を変調する信号の性質	記　号
(4) デジタル信号である 2 以上のチャネルのもの	7
(5) アナログ信号である 2 以上のチャネルのもの	8
(6) デジタル信号の 1 又は 2 以上のチャネルとアナログ信号の 1 又は 2 以上のチャネルを複合したもの	9
(7) その他のもの	X

■表 3.3　伝送情報の型式を表す記号

伝送情報の型式		記　号	
(1) **無情報**		**N**	★★★超重要
(2) **電信**	聴覚受信を目的とするもの	A	
	自動受信を目的とするもの	**B**	★★★超重要
(3) ファクシミリ		C	
(4) データ伝送，遠隔測定又は遠隔指令		D	
(5) **電話（音響の放送を含む）**		**E**	★★★超重要
(6) テレビジョン（映像に限る）		F	
(7) (1) から (6) までの型式の組合せのもの		W	
(8) その他のもの		X	

例）

- 船舶自動識別装置は「F1D」
  （角度変調であって周波数変調．デジタル信号である単一チャネルで変調のための副搬送を使用しないデータ伝送）
- VHF のデジタル選択呼出しは「F2B」
  （角度変調であって周波数変調．デジタル信号である単一チャネルのもので変調のための副搬送を使用する電信で自動受信を目的とするもの）
- 衛星非常用位置指示無線標識は「G1B」
  （角度変調であって位相変調．デジタル信号である単一チャネルで変調のための副搬送を使用しない電信で自動受信を目的とするもの）

- 短波帯で使用される無線電話は「J3E」
  （振幅変調であって抑圧搬送波の単側波帯．アナログ信号である単一チャネルのもので電話）
- レーダーは「P0N」
  （パルス変調の無変調パルス列．変調信号のないもので無情報）

関連知識　周波数帯の範囲と略称

電波の周波数やスペクトルは電波法施行規則第4条の3で**表3.4**のように定められています．

表3.4　周波数帯の範囲と略称

周波数帯の周波数の範囲	周波数帯の番号	周波数帯の略称	メートルによる区分
3 kHz 超え，30 kHz 以下	4	VLF	ミリアメートル波
30 kHz を超え，300 kHz 以下	5	LF	キロメートル波
300 kHz を超え，3 000 kHz 以下	6	MF	ヘクトメートル波
3 MHz を超え，30 MHz 以下	7	HF	デカメートル波
30 MHz を超え，300 MHz 以下	8	VHF	メートル波
300 MHz を超え，3 000 MHz 以下	9	UHF	デシメートル波
3 GHz を超え，30 GHz 以下	10	SHF	センチメートル波
30 GHz を超え，300 GHz 以下	11	EHF	ミリメートル波
300 GHz を超え，3 000 GHz（又は 3 THz）以下	12		デシミリメートル波

※波長 1 m ～ 1 mm 程度をマイクロ波と呼ぶことがある．

VLF：Very Low Frequency　LF：Low Frequency
MF：Medium Frequency　HF：High Frequency
VHF：Very High Frequency　UHF：Ultra High Frequency
SHF：Super High Frequency　EHF：Extremely High Frequency

問題 1 ★★★　➡3.2

次の表の各欄の記述は，それぞれ電波の型式の記号表示と主搬送波の変調の型式，主搬送波を変調する信号の性質及び伝送情報の型式に分類して表す電波の型式を示すものである．電波法施行規則（第4条の2）の規定に照らし，電波の型式の記号表示とその内容が適合しないものはどれか．下の表の1から4までのうちから一つ選べ．

区分 / 番号	電波の型式の記号	電波の型式		
		主搬送波の変調の型式	主搬送波を変調する信号の性質	伝送情報の型式
1	G1B	角度変調であって，位相変調	デジタル信号である単一チャネルのものであって，変調のための副搬送波を使用しないもの	電信であって，自動受信を目的とするもの
2	F2B	角度変調であって，周波数変調	デジタル信号である2以上のチャネルのもの	電信であって，自動受信を目的とするもの
3	J3E	振幅変調であって，抑圧搬送波による単側波帯	アナログ信号である単一チャネルのもの	電話（音響の放送を含む.）
4	P0N	パルス変調であって，無変調パルス列	変調信号のないもの	無情報

解説　2「デジタル信号である**2以上のチャネルのもの**」ではなく，正しくは「デジタル信号である**単一チャネルのものであって，変調のための副搬送波を使用するもの**」です．なお，F2BはVHFのデジタル選択呼出しに使用されています．

答え▶▶▶2

出題傾向　出題されている電波の型式は，F1D，F2B，G1B，J3E，P0Nです．

3.3 電波の質

送信機から発射される電波のみならず，受信機から漏洩する電波も総務省令で定めるところに適合しなければなりません．

電波法　第28条（電波の質）

送信設備に使用する電波の周波数の**偏差及び幅**，高調波の**強度等**電波の質は，総務省令（無線設備規則第5条～第7条）で定めるところに適合するものでなければならない．

Point

電波の質（電波の周波数の偏差及び幅，高調波の強度等）は覚えておきましょう．

3.3.1　周波数の許容偏差

送信装置から発射される電波の周波数は変動しないことが理想的です．発射される電波の源は，通常水晶発振器などの発振器で信号を発生させます．どのように精密に製作された水晶発振器でも（たとえ原子発振器であっても）時間が経過すれば周波数が変動します．すなわち，発射している電波の周波数は偏差を伴っていることになります．これを電波の**周波数の偏差**といいます．

また，発射によって占有する周波数帯の中央の周波数の割当周波数からの許容することができる最大の偏差又は発射の特性周波数の基準周波数からの許容することができる最大の偏差を**周波数の許容偏差**といい，100 万分率又はヘルツで表します．

例えば，海上移動業務で使用する短波帯の J3E 無線電話の許容偏差は 10 Hz，インマルサット C 型無線設備は 150 Hz と定められています．

3.3.2　占有周波数帯幅の許容値

送信装置から発射される電波は，情報を送るために変調されます．変調されると，周波数に幅を持つことになり，この幅は変調の方式によって変化します．1 つの無線局が広い「周波数の幅」を占有すると，多くの無線局が電波を使用することができなくなりますので，周波数の幅を必要最小限に抑える必要があります．そのため，占有周波数帯幅は，「空中線電力の 99％が含まれる周波数の幅」と定義されています．

例えば，短波帯の J3E 無線電話の許容値は 3 kHz，衛星非常用位置指示無線標識は 20 kHz と定められています．

3.3.3　不要発射の強度の許容値

発射する電波は必然的に，電波の強度が弱いとはいえ，その周波数の 2 倍や 3 倍（これを**高調波**という）の周波数成分も発射していることになります．この「高調波の強度」が必要以上に強いと他の無線局に妨害を与えることになります．

また，高調波成分だけでなく，他の不要な周波数成分も同時に発射している可能性もありますので，これらの不要発射について厳格な規制があります．

3.4 空中線電力

空中線電力とは送信機から給電線に供給される高周波の電力のことです．所定の空中線電力が空中線に供給されていないと，無線局の目的が達せられないことがある反面，過大な空中線電力が空中線に供給されると，電波が強すぎて他の無線局に妨害を与える可能性があります．空中線電力の許容値は送信設備の用途ごとに定められています．

3.5 受信設備の一般的条件

電波法　第29条（受信設備の条件）

受信設備は，その副次的に発する**電波又は高周波電流**が，総務省令で定める限度をこえて**他の無線設備の機能**に支障を与えるものであってはならない．

無線設備規則　第24条（副次的に発する電波等の限度）第1項

電波法第29条に規定する副次的に発する電波が**他の無線設備**の機能に支障を与えない限度は，受信空中線と電気的常数の等しい擬似空中線回路を使用して測定した場合に，その回路の電力が **4 nW** 以下でなければならない．

無線設備規則　第25条（その他の条件）

受信設備は，なるべく次の（1）から（4）に適合するものでなければならない．

（1）内部雑音が小さいこと．

（2）感度が十分であること．

（3）選択度が適正であること．

（4）了解度が十分であること．

電波法　第82条（免許等を要しない無線局及び受信設備に対する監督）〈抜粋・一部改変〉

総務大臣は，免許等を要しない無線局（電波法第4条第1項（1）から（3）までに掲げる無線局）の無線設備の発する電波又は受信設備が副次的に発する電波若しくは高周波電流が他の無線設備の機能に**継続的かつ重大**な障害を与えるときは，その設備の所有者又は占有者に対し，その障害を除去するために必要な措置をとるべきことを命ずることができる．

2　総務大臣は，免許等を要しない無線局の無線設備について又は放送の受信を目的とする受信設備以外の受信設備について前項の措置をとるべきことを命じた場合において特に必要があると認めるときは，その職員を当該設備のある場所に派遣し，**その設備を検査**させることができる．

Point

受信設備は，副次的に発する電波又は高周波電流が，総務省令で定める限度をこえて他の無線設備の機能に支障を与えるものであってはなりません．

関連知識　送信設備の一般的条件

無線設備規則第15条において，周波数をその許容偏差以内に維持するため，「送信装置は，できる限り電源電圧又は負荷の変化によって発振周波数に影響を与えないものでなければならない」「発振回路の方式は，できる限り外囲の温度若しくは湿度の変化によって影響を受けないものでなければならない」と規定されています．

問題 2　★★　➡3.3, 3.5

次の記述は，電波の質及び受信設備の条件について述べたものである．電波法（第28条及び第29条）の規定に照らし，[　　]内に入れるべき最も適切な字句を下の1から10までのうちからそれぞれ一つ選べ．

① 送信設備に使用する電波の周波数の[ア]，高調波の[イ]電波の質は，総務省令に定めるところに適合するものでなければならない．

② 受信設備は，その副次的に発する[ウ]が，総務省令で定める限度を超えて他の[エ]の[オ]に支障を与えるものであってはならない．

1 誤差	2 偏差及び幅	3 電力等	
4 強度等	5 電波又は高周波電流	6 誘導電流	
7 電気的設備	8 無線設備	9 機能	10 運用

解説　電波法第28条に，「送信設備に使用する電波の周波数の**偏差及び幅**，高調波の**強度等**電波の質は，総務省令で定めるところに適合するものでなければならない.」と規定されています．また，電波法第29条に，「受信設備は，その副次的に発する**電波又は高周波電流**が，総務省令で定める限度をこえて**他の無線設備**の**機能**に支障を与えるものであってはならない.」と規定されています.

答え▶▶▶ア－2　イ－4　ウ－5　エ－8　オ－9

問題 3 ★★　➡3.5

次の記述は，受信設備の条件及び受信設備に対する総務大臣の監督について述べたものである．電波法（第29及び第82条）及び無線設備規則（第24条）の規定に照らし，［　　］内に入れるべき最も適切な字句の組合せを下の1から5までのうちから一つ選べ．なお，同じ記号の［　　］内には，同じ字句が入るものとする．

(1) 受信設備は，その副次的に発する電波又は高周波電流が，総務省令で定める限度を超えて［　A　］の機能に支障を与えるものであってはならない．

(2) (1) に規定する副次的に発する電波が［　A　］の機能に支障を与えない限度は，受信空中線と電気的常数の等しい擬似空中線回路を使用して測定した場合に，その回路の電力が［　B　］以下でなければならない．

(3) 無線設備規則第24条（副次的に発する電波等の限度）各項の指定において，(2) にかかわらず別段の定めのあるものは，その定めるところによるものとする．

(4) 総務大臣は，受信設備が副次的に発する電波又は高周波電流が［　A　］の機能に［　C　］障害を与えるときは，その設備の所有者又は占有者に対し，その障害を除去するために必要な措置を執るべきことを命ずることができる．

(5) 総務大臣は，放送の受信を目的とする受信設備以外の受信設備について (4) の措置を執るべきことを命じた場合において特に必要があると認めるときは，［　D　］ことができる．

	A	B	C	D
1	他の無線設備	4 nW	継続的かつ重大な	その職員を当該設備のある場所に派遣し，その設備を検査させる
2	電気通信業務の用に供する無線設備	40 nW	継続的かつ重大な	当該措置の内容の報告を求める
3	他の無線設備	40 nW	(2) に定める限度を超えて	当該措置の内容の報告を求める
4	電気通信業務の用に供する無線設備	4 nW	(2) に定める限度を超えて	当該措置の内容の報告を求める
5	電気通信業務の用に供する無線設備	40 nW	(2) に定める限度を超えて	その職員を当該設備のある場所に派遣し，その設備を検査させる

解説　受信設備は，**他の無線設備**の機能に支障を与えてはならず，その限度は**4 nW**以下と規定されています．受信設備が**他の無線設備**の機能に**継続的かつ重大な**障害を与えるとき，総務大臣はその設備の所有者又は占有者に対し，その障害を除去するために必要な措置を執るよう命ずることができます．このとき，特に必要があると認めるときは，**その職員を当該設備のある場所に派遣し，その設備を検査させる**ことができます．

答え▶▶▶ 1

3.6　安全施設

無線設備は，人体に危害を与えたり，物に損傷を与えることがないように施設をしなければなりません．そのため，安全性を確保するためにさまざまな規定があります．一例として，自局の発射する電波の周波数監視のため，周波数測定装置を備え付けなければならない無線局などがあります．

3.6.1　無線設備の安全性の確保

電波法施行規則　第 21 条の 2（無線設備の安全性の確保）

無線設備は，破損，発火，発煙等により人体に危害を及ぼし，又は物件に損傷を与えることがあってはならない．

3.6.2　電波の強度に対する安全施設

電波法施行規則　第 21 条の 3（電波の強度に対する安全施設）第 1 項

無線設備には，当該無線設備から発射される電波の強度（電界強度，磁界強度，電力束密度及び磁束密度をいう．）が所定の値を超える場所（人が通常，集合し，通行し，その他出入りする場所に限る．）に取扱者のほか容易に出入りすることができないように，施設をしなければならない．ただし，次の（1）から（4）に掲げる無線局の無線設備については，この限りでない．

（1）平均電力が **20 mW** 以下の無線局の無線設備
（2）移動する無線局の無線設備
（3）地震，台風，洪水，津波，雪害，火災，暴動その他非常の事態が発生し，又は発生するおそれがある場合において，臨時に開設する無線局の無線設備
（4）（1）～（3）に掲げるもののほか，この規定を適用することが不合理であるものとして総務大臣が別に告示する無線局の無線設備

3.6.3　高圧電気に対する安全施設

電波法施行規則　第 25 条（高圧電気に対する安全施設）

送信設備の空中線，給電線若しくはカウンターポイズであって高圧電気を通ずるものは，その高さが人の歩行その他起居する平面から 2.5 m 以上のものでなければならない．ただし，次の（1）又は（2）のいずれかの場合は，この限りでない．

（1）2.5 m に満たない高さの部分が，人体に容易にふれない構造である場合又は人体が容易にふれない位置にある場合
（2）移動局であって，その移動体の構造上困難であり，かつ，無線従事者以外の者が出入りしない場所にある場合

高圧電気は，高周波若しくは交流の電圧 300 V 又は直流の電圧 750 V を超える電気のことです（電波法施行規則第 22 条）．

関連知識 カウンターポイズ

岩盤の上など，接地することが困難な場所に空中線を設置せざるを得ない場合，地上 2 ～ 3 m 程度のところに空中線の水平部分と平行に電線を張ると電線と大地の間の静電容量を通して接地されます．これをカウンターポイズといいます．

3.6.4 空中線等の保安施設

電波法施行規則 第 26 条（空中線等の保安施設）

無線設備の空中線系には避雷器又は接地装置を，また，カウンターポイズには接地装置をそれぞれ設けなければならない．ただし，26.175 MHz を超える周波数を使用する無線局の無線設備及び陸上移動局又は携帯局の無線設備の空中線については，この限りでない．

問題 4 ★★ ➡ 3.6

電波の強度，高圧電気等に対する安全施設等に関する次の記述のうち，電波法施行規則（第 21 条の 2，第 21 条の 3，第 25 条及び第 26 条）の規定に照らし，これらの規定に定めるところに適合しないものはどれか．下の 1 から 4 までのうちから一つ選べ．

1 無線設備は，破損，発火，発煙等により人体に危害を及ぼし，又は物件に損傷を与えることがあってはならない．

2 無線設備には，当該無線設備から発射される電波の強度が電波法施行規則別表第 2 号の 3 の 2（電波の強度の値の表）に定める値を超える場所に取扱者のほか容易に出入りすることができないように，施設をしなければならない．ただし，平均電力が 1 W 以下の無線局の無線設備，移動する無線局の無線設備その他総務省令で定める無線設備については，この限りでない．

3 送信設備の空中線，給電線又はカウンターポイズであって高圧電気を通ずるものは，その高さが人の歩行その他起居する平面から 2.5 m 以上のものでなければならない．ただし，次の（1）又は（2）のいずれかの場合は，この限りでない．

(1) 2.5 m に満たない高さの部分が，人体に容易に触れない構造である場合又は人体が容易に触れない位置にある場合

(2) 移動局であって，その移動体の構造上困難であり，かつ，無線従事者以外の者が出入りしない場所にある場合

4　無線設備の空中線系には避雷器又は接地装置を，また，カウンターポイズには接地装置をそれぞれ設けなければならない．ただし，26.175 MHz を超える周波数を使用する無線局の無線設備及び陸上移動局又は携帯局の無線設備の空中線については，この限りでない．

解説　2「**1 W**」ではなく，正しくは「**20 mW**」です．

答え▶▶▶2

3.7　周波数測定装置の備付け

電波法　第 31 条（周波数測定装置の備えつけ）

総務省令で定める送信設備には，その誤差が使用周波数の**許容偏差の 2 分の 1** 以下である周波数測定装置を備え付けなければならない．

電波法施行規則　第 11 条の 3（周波数測定装置の備付け）

電波法第 31 条の総務省令で定める送信設備は，次の各号に掲げる送信設備以外のものとする．

(1) **26.175 MHz を超える**周波数の電波を利用するもの
(2) 空中線電力 **10 W** 以下のもの
(3) 電波法第 31 条に規定する周波数測定装置を備え付けている相手方の無線局によってその使用電波の周波数が測定されることとなっているもの
(4) 当該送信設備の無線局の免許人が別に備え付けた電波法第 31 条に規定する周波数測定装置をもってその使用電波の周波数を随時測定し得るもの
(5) 基幹放送局の送信設備であって，空中線電力 50 W 以下のもの
(6) 標準周波数局において使用されるもの
(7) アマチュア局の送信設備であって，当該設備から発射される電波の特性周波数を 0.025％以内の誤差で測定することにより，その電波の占有する周波数帯幅が，当該無線局が動作することを許される周波数帯内にあることを確認することができる装置を備え付けているもの
(8) その他総務大臣が別に告示するもの

3 章

問題 5 ★★ ➡3.7

次の記述は，周波数測定装置の備付け等について述べたものである．電波法（第31条）及び電波法施行規則（第11条の3）の規定に照らし，［　　］内に入れるべき最も適切な字句の組合せを下の1から4までのうちから一つ選べ．

① 総務省令で定める送信設備には，その誤差が使用周波数の［ A ］以下である周波数測定装置を備え付けなければならない．

② ①の総務省令で定める送信設備は，次の（1）から（8）までに掲げる送信設備以外のものとする．

（1）［ B ］周波数の電波を利用するもの

（2）空中線電力［ C ］以下のもの

（3）①に規定する周波数測定装置を備え付けている相手方の無線局によってその使用電波の周波数が測定されることとなっているもの

（4）当該送信設備の無線局の免許人が別に備え付けた①に規定する周波数測定装置をもってその使用電波の周波数を随時測定し得るもの

（5）基幹放送局の送信設備であって，空中線電力50W以下のもの

（6）標準周波数局において使用されるもの

（7）アマチュア局の送信設備であって，当該設備から発射される電波の特性周波数を0.025％以内の誤差で測定することにより，その電波の占有する周波数帯幅が，当該無線局が動作することを許される周波数帯内にあることを確認することができる装置を備え付けているもの

（8）その他総務大臣が別に告示するもの

	A	B	C
1	許容偏差の2分の1	26.175 MHz以下の	25 W
2	許容偏差の4分の1	26.175 MHzを超える	25 W
3	許容偏差の2分の1	26.175 MHzを超える	10 W
4	許容偏差の4分の1	26.175 MHz以下の	10 W

解説　送信設備には，「その誤差が使用周波数の**許容偏差の2分の1**以下である周波数測定装置を備え付けなければならない」と規定されています．ただし，「**26.175 MHzを超える**周波数の電波を利用するもの」や「空中線電力が**10 W**以下のもの」などは除くとされています．

答え▶▶▶3

3.8 義務船舶局等の無線設備

船舶は，船舶内に開設された無線局によって航行の安全を確保しているため，備え付ける無線設備及び運用方法には細かい規定があります．

3.8.1 義務船舶局等の無線設備の機器

電波法　第33条（義務船舶局等の無線設備の機器）

義務船舶局の無線設備には，総務省令で定める船舶及び航行区域の区分に応じて，送信設備及び受信設備の機器，**遭難自動通報設備**の機器，船舶の航行の安全に関する情報を受信するための機器その他の総務省令で定める機器を備えなければならない．

電波法施行規則　第28条（義務船舶局の無線設備の機器）第1項

電波法第33条の規定により船舶及び航行区域の区分に応じて義務船舶局の無線設備に備えなければならない機器は，次のとおりとする．ただし，当該義務船舶局のある船舶の船体の構造その他の事情により当該機器を備えることが困難であると総合通信局長が認めるものについては，この限りでない．

(1) A1海域（F2B電波156.525 MHzによる遭難通信を行うことができる海岸局の通信圏であって，総務大臣が別に告示するもの及び外国の政府が定めるものをいう．）**のみを航行する船舶の義務船舶局にあっては，次の機器**

① 送信設備及び受信設備の機器

超短波帯（156 MHzを超え157.45 MHz以下の周波数帯をいう．）の無線設備（デジタル選択呼出装置及び無線電話による通信が可能なものに限る．）の機器　1台

② 遭難自動通報設備の機器

(一) 捜索救助用レーダートランスポンダ又は捜索救助用位置指示送信装置　1台（旅客船又は総トン数500トン以上の船舶であって，国際航海に従事するもの及び遠洋区域又は近海区域を航行区域とするもの（国際航海に従事するものを除く．）の義務船舶局については2台（旅客船（国際航海に従事しないものにあっては，遠洋区域又は近海区域を航行区域とするものに限る．）であって，船首，船尾又は舷側に開口部を有するものの義務船舶局については，当該船舶に積載する生存艇の数4に対し1の

割合の台数を加えるものとする.))

(二) 衛星非常用位置指示無線標識　1台

③ 船舶の航行の安全に関する情報を受信するための機器

(一) ナブテックス受信機 (F1B 電波 518 kHz を受信できるものに限る.) 1台

(二) インマルサット高機能グループ呼出受信機 (ナブテックス受信機のための海上安全情報を送信する無線局の通信圏として, 総務大臣が別に告示するもの及び外国の政府が定めるものを超えて航行する船舶の義務船舶局に限る.) 1台

④ その他の機器

(一) 双方向無線電話 (生存艇に固定して使用するものを除く.) 2台 (旅客船又は総トン数 500 トン以上の船舶であって, 国際航海に従事するもの及び遠洋区域又は近海区域を航行区域とする旅客船 (国際航海に従事するものを除く.) の義務船舶局については, 3台)

(二) 船舶航空機間双方向無線電話 (国際航海に従事する旅客船の義務船舶局に限る.) 1台

(三) 超短波帯のデジタル選択呼出専用受信機　1台

(四) 船舶自動識別装置の機器 (旅客船であって国際航海に従事するもの, 総トン数 300 トン以上の旅客船以外の船舶であって国際航海に従事するもの及び国際航海に従事しない総トン数 500 トン以上の義務船舶局に限る.) 1台

(五) 地上無線航法装置又は衛星無線航法装置の機器 (旅客船であって国際航海に従事するもの, 及び国際航海に従事する旅客船以外の船舶であって総トン数 20 トン以上の船舶 (国際航海に従事しない総トン数 500 トン未満の船舶のうち総務大臣が別に告示するものを除く.) の義務船舶局に限る.) 1台

(2) A1 海域及び A2 海域 (F1B 電波 2 187.5 kHz による遭難通信を行うことができる海岸局の通信圏 (A1 海域を除く.) であって, 総務大臣が別に告示するもの及び外国の政府が定めるものをいう.) **のみを航行する船舶の義務船舶局にあっては, 次の機器**

① 送信設備及び受信設備の機器

(一) 超短波帯の無線設備 (**デジタル選択呼出装置**及び無線電話による通信

が可能なものに限る.）の機器　1台

（二）中短波帯（1 606.5 kHz を超え 3 900 kHz 以下の周波数帯をいう.）の無線設備（**デジタル選択呼出装置**及び無線電話による通信が可能なものに限る.）の機器　1台

② 遭難自動通報設備の機器

（一）捜索救助用レーダートランスポンダ又は捜索救助用位置指示送信装置　1台（旅客船又は総トン数**500トン**以上の船舶であって，国際航海に従事するもの及び遠洋区域又は近海区域を航行区域とするもの（国際航海に従事するものを除く.）の義務船舶局については2台（旅客船（国際航海に従事しないものにあっては，遠洋区域又は近海区域を航行区域とするものに限る.）であって，船首，船尾又は舷側に開口部を有するものの義務船舶局については，当該船舶に積載する生存艇の数4に対し1の割合の台数を加えるものとする.））

（二）衛星非常用位置指示無線標識　1台

③ 船舶の航行の安全に関する情報を受信するための機器

（一）ナブテックス受信機（F1B電波 **518 kHz** を受信できるものに限る.）1台

（二）インマルサット高機能グループ呼出受信機　1台

④ その他の機器

（一）双方向無線電話　2台（旅客船又は総トン数**500トン**以上の船舶であって，国際航海に従事するもの及び遠洋区域又は近海区域を航行区域とする旅客船（国際航海に従事するものを除く.）の義務船舶局については**3台**）

（二）船舶航空機間双方向無線電話　1台

（三）超短波帯のデジタル選択呼出専用受信機　1台

（四）中短波帯のデジタル選択呼出専用受信機　1台

（五）船舶自動識別装置の機器　1台

（六）地上無線航法装置又は衛星無線航法装置の機器　1台

(3) A1海域，A2海域及びその他の海域を航行する船舶の義務船舶局にあっては，次の機器

① 送信設備及び受信設備の機器

（一）超短波帯の無線設備（デジタル選択呼出装置及び無線電話による通信

が可能なものに限る.）の機器　1台

（二）中短波帯及び短波帯（4 MHz を超え 26.175 MHz 以下の周波数帯をいう.）の無線設備（デジタル選択呼出装置，無線電話及び狭帯域直接印刷電信装置による通信（国際航海に従事しない船舶の義務船舶局の場合にあっては，デジタル選択呼出装置及び無線電話による通信とする.）が可能なものに限る.）の機器　1台

② 遭難自動通報設備の機器

（一）捜索救助用レーダートランスポンダ又は捜索救助用位置指示送信装置　1台（旅客船又は総トン数 500 トン以上の船舶であって，国際航海に従事するもの及び遠洋区域又は近海区域を航行区域とするもの（国際航海に従事するものを除く.）の義務船舶局については 2 台（旅客船（国際航海に従事しないものにあっては，遠洋区域又は近海区域を航行区域とするものに限る.）であって，船首，船尾又は舷側に開口部を有するものの義務船舶局については，当該船舶に積載する生存艇の数 4 に対し 1 の割合の台数を加えるものとする.））

（二）衛星非常用位置指示無線標識　1台

③ 船舶の航行の安全に関する情報を受信するための機器

（一）ナブテックス受信機（F1B 電波 518 kHz を受信できるものに限る.）1台

（二）インマルサット高機能グループ呼出受信機　1台

④ その他の機器

（一）双方向無線電話　2台（旅客船又は総トン数 500 トン以上の船舶であって，国際航海に従事するもの及び遠洋区域又は近海区域を航行区域とする旅客船（国際航海に従事するものを除く.）の義務船舶局については 3 台）

（二）船舶航空機間双方向無線電話　1台

（三）超短波帯のデジタル選択呼出専用受信機　1台

（四）中短波帯及び短波帯のデジタル選択呼出専用受信機　1台

（五）船舶自動識別装置の機器　1台

（六）地上無線航法装置又は衛星無線航法装置の機器　1台

関連知識　各海域の名称とその海域

名　称	海　域
A1 海域	VHF 海岸局の通信圏内（概ね 20 ～ 50 海里），海岸局に対し VHF デジタル選択呼出措置で遭難呼出しの送信ができる海域
A2 海域	MF 海岸局の通信圏内（A1 海域を除く：概ね 50 ～ 250 海里），海岸局に対し MF デジタル選択呼出措置で遭難呼出しの送信ができる海域
A3 海域	インマルサットの通信圏内（A1 海域と A2 海域を除く：概ね北緯 70° ～南緯 70°）
A4 海域	A1 海域～ A3 海域以外の海域，HF 帯の直接印刷電信又は無線電話により陸上と通信可能な海域（北緯 70° 以上～南緯 70° 以上）

3.8.2　義務船舶局等の無線設備の条件

電波法　第 34 条（義務船舶局等の無線設備の条件）

義務船舶局及び義務船舶局のある船舶に開設する総務省令で定める船舶地球局の無線設備は，次の（1）～（3）に掲げる要件に適合する場所に設けなければならない．ただし，総務省令で定める無線設備については，この限りでない．

（1）当該無線設備の操作に際し，機械的原因，電気的原因その他の原因による妨害を受けることがない場所であること．

（2）当該無線設備につきできるだけ安全を確保することができるように，その場所が当該船舶において可能な範囲で高い位置にあること．

（3）当該無線設備の機能に障害を及ぼすおそれのある水，温度その他の環境の影響を受けない場所であること．

電波法　第 35 条（義務船舶局等の無線設備の条件）

義務船舶局等の無線設備については，総務省令に定めるところにより，次の（1）から（3）に掲げる措置のうち一又は二の措置をとらなければならない．ただし，総務省令で定める無線設備については，この限りでない．

（1）予備設備を備えること．

（2）その船舶の入港中に定期に点検を行い，並びに**停泊港**に整備のために必要な計器及び予備品を備えること．

（3）その船舶の航行中に行う整備のために必要な計器及び予備品を備え付けること．

電波法施行規則 第28条の4（義務船舶局等の無線設備の条件等）

電波法第35条の規定により，義務船舶局等の無線設備についてとらなければならない措置は，次のとおりとする．

(1) 旅客船又は総トン数**300トン**以上の船舶であって，国際航海に従事するもの（A1海域のみを航行するもの並びにA1海域及びA2海域のみを航行するものを除く．）の義務船舶局等の無線設備については，電波法第35条各号の措置のうち**二の措置**

(2) 前号以外の義務船舶局等の無線設備については，電波法第35条各号のうち一の措置

電波法施行規則 第29条（義務船舶局等の無線設備の条件等）

電波法第35条ただし書の総務省令で定める無線設備は，次のとおりとする．

(1) A1海域のみを航行する船舶並びにA1海域及びA2海域のみを航行する船舶（旅客船を除く．）であって，国際航海に従事しないものの義務船舶局等の無線設備

(2) その他総務大臣が別に告示する無線設備

無線設備規則 第38条（義務船舶局等の無線設備の条件）第2項

2 義務船舶局に備えなければならない無線電話であって，**F3E電波156.8 MHz**を使用するものの空中線は，**船舶のできる限り上部**に設置されたものでなければならない．

無線設備規則 第38条の4（義務船舶局等の無線設備の条件）

無線設備規則第38条第2項の無線電話は，航海船橋において通信できるものでなければならない．

2 義務船舶局等の備えなければならない無線設備（遭難自動通報設備を除く．）は，通常操船する場所において，**遭難通信**を送り，又は受けることができるものでなければならない．

3 義務船舶局に備えなければならない**衛星非常用位置指示無線標識**及び無線設備規則第45条の3の5に規定する無線設備は，**通常操船する場所から遠隔制御**できるものでなければならない．ただし，通常操船する場所の近くに設置する場合はこの限りでない．

4　前3項の規定は，船体の構造その他の事情により総務大臣が当該規定によることが困難又は不合理であると認めて別に告示する無線設備については，適用しない.

3.8.3　船舶の船橋に通常設置する無線設備

無線設備規則　第37条の28（磁気羅針儀に対する保護）

船舶の航海船橋に通常設置する無線設備には，その**筐体の見やすい箇所**に，当該設備の発する磁界が**磁気羅針儀**の機能に障害を与えない**最小の距離**を明示しなければならない.

関連知識　磁気羅針儀

航行中の船舶が針路，方位，位置決定に用いる計器や機器には，コンパス（磁気羅針儀，ジャイロコンパス），レーダー，GPS受信機などがあります．磁気羅針儀（Magnetic Compass）は磁気を利用した計器であるため，周囲に磁界を発生する機器があると誤差を生じる原因になる可能性があります．そのため，船舶の航海船橋に設置する無線設備の筐体の見やすい箇所に磁気羅針儀の機能に支障を与えない最小の距離を明示するように規定されています.

3.8.4　義務船舶局等の無線設備の電源

義務船舶局等の無線設備の電源及び補助電源について次のように規定されています.

無線設備規則　第38条の2（義務船舶局等の無線設備の条件）

義務船舶局等（電波法第34条の義務船舶局等をいう.）の無線設備の電源は，その船舶の**航行中**，これらの設備を動作させ，かつ，同時に**無線設備の電源用蓄電池**を充電するために十分な電力を供給することができるものでなければならない.

2　前項の電源は，その電圧を定格電圧の**（±）10%**以内に維持することができるものでなければならない.

無線設備規則　第38条の3（義務船舶局等の無線設備の条件）

旅客船又は総トン数300トン以上の船舶の義務船舶局等には，次の各号に掲げる設備を同時に**6時間以上**（船舶安全法第2条の規定に基づく命令による非常電源を備えるものについては，1時間以上）連続して動作させるための電力を供給することができる補助電源を備えなければならない．ただし，総務大臣が別に告示する義務船舶局等については，この限りでない.

（1）F3E 電波を使用する**無線電話による通信及びデジタル選択呼出装置による通信**を行う船舶局の無線設備であって，無線通信規則付録第 18 号の表に掲げる周波数の電波を使用するもの

（2）次に掲げる無線設備のいずれかのもの

イ　J3E 電波を使用する無線電話による通信及びデジタル選択呼出装置による通信を行う船舶局の無線設備であって，1 606.5 kHz から 3 900 kHz までの周波数の電波を使用するもの（電波法施行規則第 28 条第 1 項（2）の義務船舶局のものに限る.）

ロ　J3E 電波を使用する無線電話による通信及び**デジタル選択呼出装置又は狭帯域直接印刷電信装置**による通信を行う船舶局であって，1 606.5 kHz から 26 175 kHz までの周波数の電波を使用する無線設備（電波法施行規則第 28 条第 1 項（3）の義務船舶局のものに限る.）

ハ　インマルサット船舶地球局の無線設備（電波法施行規則第 28 条の 2 第 1 項の船舶地球局のものに限る.）

（3）（1）及び（2）の無線設備の機能が正常に動作するための位置情報その他の情報を継続して入力するための装置

3.8.5　インマルサット船舶地球局の無線設備の条件

無線設備規則　第 40 条の 4（インマルサット船舶地球局等の無線設備の条件）〈抜粋〉

インマルサット船舶地球局の無線設備は，次の（1）から（6）に掲げる条件に適合するものでなければならない.

（1）点検及び保守を容易に行うことができるものであること.

（2）自局の識別表示は，容易に**変更できない**こと.

（3）遭難警報は，容易に送出でき，かつ，誤操作による送出を防ぐ措置が施されていること.

（4）電源電圧が定格電圧の**（±）10％**以内において変動した場合においても，安定に動作するものであること.

（5）電源の供給の**中断が 1 分以内**である場合は，継続して支障なく動作するものであること.

（6）通常起こり得る温度若しくは湿度の変化，振動又は衝撃があった場合において，支障なく動作するものであること.

3.8.6　船舶局の送信装置の空中線電力の低下装置

無線設備規則　第41条（空中線電力の低下装置）〈抜粋〉

船舶局の送信装置は，その空中線電力をその**50%**まで容易に低下することができるものでなければならない．ただし，空中線電力が**75 W**以下のものは，この限りでない．

2　4 MHzから26.175 MHzまでの周波数の電波を使用する船舶局の無線電話の送信装置（第40条の7第1項の送信装置を除く.）は，前項の規定にかかわらず，その空中線電力を**75 W**以下に，75%以内ごとに容易に低下することができるものでなければならない．

3　F3E電波を使用する船舶局の送信装置であって，無線通信規則付録第18号の表に掲げる周波数の電波を使用するものは，第1項の規定にかかわらず，その空中線電力を**1 W**以下に容易に低下することができるものでなければならない．

3.8.7　無線設備の機器の検定

電波法　第37条（無線設備の機器の検定）

次に掲げる無線設備の機器は，その型式について，総務大臣の行う検定に合格したものでなければ，施設してはならない．ただし，総務大臣が行う検定に相当する型式検定に合格している機器その他の機器であって総務省令で定めるものを施設する場合は，この限りでない．

(1)　電波法第31条の規定により備え付けなければならない周波数測定装置
(2)　船舶安全法第2条の規定に基づく命令により船舶に備えなければならない**レーダー**
(3)　船舶に施設する**救命用の無線設備**の機器であって総務省令で定めるもの
(4)　電波法第33条の規定により備えなければならない無線設備の機器
(5)　電波法第34条本文に規定する船舶地球局の無線設備の機器
(6)　**航空機**に施設する無線設備の機器であって総務省令で定めるもの

3.8.8　船舶局に備える船舶自動識別装置の一般的条件

無線設備規則　第45条の3の4（船舶自動識別装置等）第1項（1）〈抜粋〉

船舶局に備える船舶自動識別装置は，次に掲げる条件に適合するものでなければならない．

(1) 一般的条件

イ **時分割多元接続方式**による送信が可能であること.

ロ **時分割多元接続方式**による二波同時受信が可能であること.

ハ **デジタル選択呼出装置**による受信が可能であること.

ニ 人工衛星局の電波を受信して同期のための信号を得ることが可能であること.

ト ポーリングモード（他の船舶局又は海岸局からの送信要求に応じて動作する機能をいう.）を有すること.

ヌ 地上無線航法装置又は衛星無線航法装置からの測位情報を**1万分の1分**の単位で処理することができること.

3章

問題 6 ★★ ➡ 3.8.1

次の記述は，A1 海域及び A2 海域のみを航行する船舶の義務船舶局の無線設備に備えなければならない機器について，述べたものである．電波法施行規則（第28条）の規定に照らし，□内に入れるべき最も適切な字句の組合せを下の1から5までのうちから一つ選べ．なお，同じ記号の□内には，同じ字句が入るものとする．

電波法第33条（義務船舶局の無線設備の機器）の規定により船舶及び航行区域の区分に応じて義務船舶局の無線設備に備えなければならない機器は，次のとおりとする．ただし，当該義務船舶局のある船舶の船体の構造その他の事情により当該機器を備えることが困難であると総合通信局長（沖縄総合通信事務所長を含む.）が認めるものについては，この限りでない．

A1 海域及び A2 海域のみを航行する船舶の義務船舶局にあっては，次の機器

① 送信設備及び受信設備の機器

(1) 超短波帯の無線設備（[A]及び無線電話による通信が可能なものに限る.）の機器 1台

(2) 中短波帯の無線設備（[A]及び無線電話による通信が可能なものに限る.）の機器 1台

② 遭難自動通報設備の機器

(1) 捜索救助用レーダートランスポンダ又は捜索救助用位置指示送信装置 1台（旅客船又は総トン数[B]以上の船舶であって，国際航海に従事するもの及び遠洋区域又は近海区域を航行区域とするもの（国際航海に従事するものを除く.）の義務船舶局については，2台（旅客船（国際航海に従事しないものにあっては，遠洋区域又は近海区域を航行区域とするものに限る.）であって，

船首，船尾又は舷側に開口部を有するものの義務船舶局については，当該船舶に積載する生存艇の数4に対し1の割合の台数を加えるものとする.))

(2) 衛星非常用位置指示無線標識　1台

③ 船舶の航行の安全に関する情報を受信するための機器

(1) ナブテックス受信機（F1B電波［C］を受信することができるものに限る.）1台

(2) インマルサット高機能グループ呼出受信機（ナブテックス受信機のための海上安全情報を送信する無線局の通信圏として，総務大臣が別に告示するもの及び外国の政府が定めるものを超えて航行する船舶の義務船舶局に限る.）　1台

④ その他の機器

(1) 双方向無線電話（生存艇に固定して使用するものを除く.）　2台（旅客船又は総トン数［B］以上の船舶であって，国際航海に従事するもの及び遠洋区域又は近海区域を航行区域とする旅客船（国際航海に従事するものを除く.）の義務船舶局については，［D］）

(2) 船舶航空機間双方向無線電話　1台

(3) 超短波帯のデジタル選択呼出専用受信機　1台

(4) 中短波帯のデジタル選択呼出専用受信機　1台

(5) 船舶自動識別装置の機器　1台

(6) 地上無線航法装置又は衛星無線航法装置の機器（旅客船であって国際航海に従事するもの，及び国際航海に従事する旅客船以外の船舶であって総トン数20トン以上の船舶（国際航海に従事しない総トン数［B］未満の船舶のうち総務大臣が別に告示するものを除く.）の義務船舶局に限る.）　1台

	A	B	C	D
1	デジタル選択呼出装置	500トン	424 kHz	4台
2	デジタル選択呼出装置	300トン	518 kHz	4台
3	デジタル選択呼出装置	500トン	518 kHz	3台
4	ファクシミリ	300トン	424 kHz	3台
5	ファクシミリ	300トン	518 kHz	4台

解説　A1海域を航行する船舶とA1海域及びA2海域を航行する船舶の無線設備で大きく異なるところは，中短波帯の無線設備が備えられているかどうかです.

答え▶▶▶3

問題 7 ★★ ➡3.8.1

義務船舶局の無線設備の機器に関する次の記述のうち，電波法施行規則（第28条）の規定に照らし，A1海域，A2海域及びその他の海域を航行する船舶の義務船舶局の無線設備に備えることを要しない機器に該当するものはどれか．下の1から5までのうちから一つ選べ．

1 超短波帯の無線設備（デジタル選択呼出装置及び無線電話による通信が可能なものに限る．）の機器
2 中短波帯の無線設備（デジタル選択呼出装置及び無線電話による通信が可能なものに限る．）の機器
3 超短波帯又は極超短波帯の船上通信設備の機器
4 ナブテックス受信機（F1B電波518 kHzを受信することができるものに限る．）
5 船舶自動識別装置の機器（旅客船であって国際航海に従事するもの，総トン数300トン以上の旅客船以外の船舶であって国際航海に従事するもの及び国際航海に従事しない総トン数500トン以上の船舶の義務船舶局に限る．）

解説 電波法施行規則第28条において，選択肢3の内容は規定されていません．

答え▶▶▶3

問題 8 ★★ ➡3.8.2

義務船舶局及び義務船舶局のある船舶に開設する総務省令で定める船舶地球局の無線設備（総務省令で定めるものを除く．）を設ける場所の要件に関する次の記述のうち，電波法（第34条）の規定に照らし，この規定に定めるところに適合するものを1，この規定に定めるところに適合しないものを2として解答せよ．

ア 航海船橋又は航海船橋に隣接する場所であること．
イ 当該無線設備の操作に際し，機械的原因，電気的原因その他の原因による妨害を受けることがない場所であること．
ウ 当該無線設備の機能に障害を及ぼすおそれのある水，温度その他の環境の影響を受けない場所であること．
エ 無線設備を設置するための無線通信室が他の室から独立して設けられた場所にあること．
オ 当該無線設備につきできるだけ安全を確保することができるように，その場所が当該船舶において可能な範囲で高い位置にあること．

解説 電波法第34条において，イ，ウ，オの内容が規定されています．

答え▶▶▶ア－2 イ－1 ウ－1 エ－2 オ－1

問題 9 ★★ ➡3.8.1, 3.8.2

次の記述は，義務船舶局の無線設備の機器について述べたものである．電波法（第33条及び第35条）及び電波法施行規則（第28条の4及び第29条）の規定に照らし，［　　］内に入れるべき最も適切な字句の組合せを下の1から4までのうちから一つ選べ．

① 義務船舶局の無線設備には，総務省令で定める船舶及び航行区域の区分に応じて，送信設備及び受信設備の機器，［ A ］の機器，船舶の航行の安全に関する情報を受信するための機器その他の総務省令で定める機器を備えなければならない．

② 義務船舶局等（注）の無線設備については，総務省令に定めるところにより，次の（1）から（3）までに掲げる措置のうち一又は二の措置を執らなければならない．ただし，総務省令で定める無線設備については，この限りでない．

注 義務船舶局及び義務船舶局のある船舶に開設する総務省令で定める船舶地球局をいう．

（1）予備設備を備えること．

（2）その船舶の入港中に定期に点検を行い，並びに［ B ］に整備のために必要な計器及び予備品を備えること．

（3）その船舶の航行中に行う整備のために必要な計器及び予備品を備え付けること．

③ ②により，義務船舶局等の無線設備について執らなければならない措置は，次の（1）及び（2）のとおりとする．

（1）旅客船又は総トン数［ C ］トン以上の船舶であって，国際航海に従事するもの（A1海域のみを航行するもの並びにA1海域及びA2海域のみを航行するものを除く．）の義務船舶局等の無線設備については，②の措置のうち［ D ］

（2）（1）以外の義務船舶局等の無線設備については，②の措置のうち一の措置

④ ②のただし書の総務省令で定める無線設備は，次の（1）及び（2）のとおりとする．

（1）A1海域のみを航行する船舶並びにA1海域及びA2海域のみを航行する船舶（旅客船を除く．）であって，国際航海に従事しないものの義務船舶局等の無線設備

（2）その他総務大臣が別に告示する無線設備

	A	B	C	D
1	遭難自動通報設備	停泊港	300	二の措置
2	遭難自動通報設備	特定港	500	一又は二の措置
3	船舶自動識別装置	停泊港	500	二の措置
4	船舶自動識別装置	特定港	300	一又は二の措置

解説 義務船舶局の無線設備には**遭難自動通報設備**などを備え付けなくてはいけません．なお，遭難自動通報設備には，衛星非常用位置指示無線標識（衛星 EPIRB），捜索救助用レーダートランスポンダ（SART），捜索救助用位置指示送信装置（AIS・SART）などがあります．なお，捜索救助用位置指示送信装置とは，電波法施行規則第 2 条（39 の 2）により「船舶が遭難した場合に，船舶自動識別装置又は簡易型船舶自動識別装置の指示器上にその位置を表示させるための情報を送信するものをいう」と規定されています．

整備のために計器及び予備品を備え付けなければいけないのは**停泊港**です．なお，特定港とは，「喫水の深い船舶が出入できる港又は外国船舶が常時出入する港であって政令で定めるもの」と港則法で規定されています．

義務船舶局等の無線設備について執らなければならない措置は，「旅客船又は総トン数 **300 トン**以上の船舶であって，国際航海に従事するものの義務船舶局等の無線設備については，②の措置のうち**二の措置**」と規定されています．

答え ▶▶▶ 1

問題 10 ★★★ ➡ 3.8.2

次の記述は，義務船舶局の無線設備について述べたものである．無線設備規則（第 38 条及び第 38 条の 4）の規定に照らし，［　　］内に入れるべき最も適切な字句を下の 1 から 10 までのうちからそれぞれ一つ選べ．

① 義務船舶局に備えなければならない無線電話であって，［ア］を使用するものの空中線は，［イ］に設置されたものでなければならない．

② ①の無線電話は，航海船橋において通信できるものでなければならない．

③ 義務船舶局の備えなければならない無線設備（遭難自動通報設備を除く．）は，通常操船する場所において，［ウ］を送り，又は受けることができるものでなければならない．

④ 義務船舶局に備えなければならない［エ］及び無線設備規則第 45 条の 3 の 5 に規定する無線設備は，［オ］できるものでなければならない．ただし，通常

操船する場所の近くに設置する場合は，この限りでない．
⑤　②から④までの規定は，船体の構造その他の事情により総務大臣が当該規定によることが困難又は不合理であると認めて別に告示する無線設備については，適用しない．

1　J3E 電波 2 182 kHz　　2　F3E 電波 156.8 MHz
3　船舶のできる限り上部　　4　航海船橋の近く
5　遭難通信　　6　遭難通信及び航行の安全に関する通信
7　衛星非常用位置指示無線標識
8　衛星非常用位置指示無線標識及び捜索救助用レーダートランスポンダ
9　主たる通信操作を行う場所から遠隔制御
10　通常操船する場所から遠隔制御

解説　**F3E 電波 156.8 MHz** を使用する空中線は，**船舶のできる限り上部**に設置されたものでなければなりません．また，通常操船する場所において，**遭難通信**を送受信できる無線設備でなくてはいけません．義務船舶局に備えなければならない**衛星非常用位置指示無線標識**及び無線設備規則第 45 条の 3 の 5 に規定する無線設備は，**通常操船する場所から遠隔制御**できるものでなければなりません．

答え▶▶▶ア－2　イ－3　ウ－5　エ－7　オ－10

問題 11 ★★　　➡3.8.3

次の記述は，船舶の航海船橋に通常設置する無線設備について述べたものである．無線設備規則（第 37 条の 28）の規定に照らし，[　　] 内に入れるべき最も適切な字句の組合せを下の 1 から 4 までのうちから一つ選べ．

船舶の航海船橋に通常設置する無線設備には，その [A] に，当該設備の発する磁界が [B] の機能に障害を与えない [C] を明示しなければならない．

	A	B	C
1	筐体《きょうたい》の見やすい箇所	他の電気的設備	範囲
2	筐体の見やすい箇所	磁気羅針儀	最小の距離
3	設備の外部	磁気羅針儀	範囲
4	設備の外部	他の電気的設備	最小の距離

解説　船舶の航海船橋に通常設置する無線設備には，その**筐体の見やすい箇所**に，当該設備の発する磁界が**磁気羅針儀**の機能に障害を与えない**最小の距離**を明示しなければなりません．

答え ▶▶▶ 2

問題 12 ★★　➡3.8.4

次の記述は，義務船舶局等[注]の無線設備の電源について述べたものである．無線設備規則（第 38 条の 2）の規定に照らし，[　　]内に入れるべき最も適切な字句の組合せを下の 1 から 4 までのうちから一つ選べ．

注　義務船舶局及び義務船舶局のある船舶に開設する総務省令で定める船舶地球局をいう．

① 義務船舶局等の無線設備の電源は，その船舶の[A]，これらの設備を動作させ，かつ，同時に[B]を充電するために十分な電力を供給することができるものでなければならない．

② ①の電源は，その電圧を定格電圧の[C]以内に維持することができるものでなければならない．

	A	B	C
1	航行中	無線設備の電源用蓄電池	± 10%
2	航行中	無線設備の非常照明用の補助電源	± 20%
3	航行中及び航行の準備中	無線設備の電源用蓄電池	± 20%
4	航行中及び航行の準備中	無線設備の非常照明用の補助電源	± 10%

解説　義務船舶局等の無線設備の電源は，その船舶の**航行中**，**無線設備の電源用蓄電池**を充電できる電力を供給できるもので，その電圧を定格電圧の**± 10%**以内に維持することができるものでなければなりません．

答え ▶▶▶ 1

問題 13 ★★　➡3.8.4

次の記述は，補助電源の備付けについて述べたものである．無線設備規則（第 38 条の 3）の規定に照らし，[　　]内に入れるべき最も適切な字句の組合せを下の 1 から 5 までのうちから一つ選べ．

旅客船又は総トン数 300 トン以上の船舶の義務船舶局等（義務船舶局及び義務船舶局のある船舶に開設する総務省令で定める船舶地球局をいう．以下同じ．）には，次の（1）から（3）までに掲げる設備を同時に[A]（船舶安全法（昭和 8

年法律第11号）第2条の規定に基づく命令による非常電源を備えるものについては，1時間以上）連続して動作させるための電力を供給することができる補助電源を備えなければならない．ただし，総務大臣が別に告示する義務船舶局等については，この限りでない．

(1) F3E電波を使用する［B］を行う船舶局の無線設備であって，無線通信規則付録第18号の表に掲げる周波数の電波を使用するもの

(2) 次のイ，ロ又はハに掲げる無線設備のいずれかのもの

イ　J3E電波を使用する無線電話による通信及びデジタル選択呼出装置による通信を行う船舶局の無線設備であって，1 606.5 kHzから3 900 kHzまでの周波数の電波を使用するもの（電波法施行規則第28条（義務船舶局の無線設備の機器）第1項第2号の義務船舶局のものに限る．）

ロ　J3E電波を使用する無線電話による通信及び［C］による通信を行う船舶局であって，1 606.5 kHzから26 175 kHzまでの周波数の電波を使用する無線設備（電波法施行規則第28条第1項第3号の義務船舶局のものに限る．）

ハ　インマルサット等の船舶地球局の無線設備（電波法施行規則第28条の2（義務船舶局等の無線設備の条件等）第1項の船舶地球局のものに限る．）

(3) (1)及び(2)の無線設備の機能が正常に動作するための位置情報その他の情報を継続して入力するための装置

	A	B	C
1	6時間以上	無線電話による通信	デジタル選択呼出装置
2	6時間以上	無線電話による通信及びデジタル選択呼出装置による通信	デジタル選択呼出装置又は狭帯域直接印刷電信装置
3	3時間以上	無線電話による通信	デジタル選択呼出装置又は狭帯域直接印刷電信装置
4	3時間以上	無線電話による通信及びデジタル選択呼出装置による通信	デジタル選択呼出装置
5	6時間以上	無線電話による通信	デジタル選択呼出装置又は狭帯域直接印刷電信装置

解説　補助電源は指定された無線設備が**6時間**以上連続して動作する電力を供給できなくてはいけません．指定された無線設備とは，F3E電波を使用する**無線電話による通信及びデジタル選択呼出装置による通信**を行う船舶局の無線設備，J3E電波を使用する無線電話による通信及び**デジタル選択呼出装置又は狭帯域直接印刷電信装置**によ

る通信を行う船舶局（1 606.5 kHz から 26 175 kHz までの周波数の電波）などが規定されています．

答え▶▶▶2

問題 14 ★★ ➡3.8.5

次の記述は，インマルサット船舶地球局の無線設備の条件について述べたものである．無線設備規則（第 40 条の 4）の規定に照らし，[　　]内に入れるべき最も適切な字句の組合せを下の 1 から 4 までのうちから一つ選べ．

インマルサット船舶地球局の無線設備は，次の（1）から（6）までに掲げる条件に適合するものでなければならない．

（1）点検及び保守を容易に行うことができるものであること．

（2）自局の識別表示は，容易に[A]こと．

（3）遭難警報は，容易に送出でき，かつ，誤操作による送出を防ぐ装置が施されていること．

（4）電源電圧が定格電圧の（±）[B]において変動した場合においても，安定に動作するものであること．

（5）電源の供給の[C]である場合は，継続して支障なく動作するものであること．

（6）通常起こり得る温度若しくは湿度の変化，振動又は衝撃があった場合において，支障なく動作するものであること．

	A	B	C
1	変更できない	10%以内	中断が 1 分以内
2	変更できる	10%以内	中断が 5 分以内
3	変更できない	20%以内	中断が 5 分以内
4	変更できる	20%以内	中断が 1 分以内

解説　インマルサット船舶地球局の無線設備は，「識別表示が容易に**変更できない**」「電源電圧が定格電圧の**±10%以内**」「電源の供給の**中断が 1 分以内**ならば動作」などの条件に適合しなければなりません．

義務船舶局等とインマルサット船舶地球局の両方とも電源電圧の±10%以内です．合わせて覚えましょう．

答え▶▶▶1

問題 15 ★★ ➡3.8.6

次の記述は，船舶局の送信装置の空中線電力の低下装置について述べたものである．無線設備規則（第 41 条）の規定に照らし，[　　]内に入れるべき最も適切な字句の組合せを下の 1 から 4 までのうちから一つ選べ．

① 船舶局の送信装置は，その空中線電力をその[A]まで容易に低下することができるものでなければならない．ただし，空中線電力が[B]以下のものは，この限りでない．

② 4 MHz から 26.175 MHz までの周波数の電波を使用する船舶局の無線電話の送信装置（無線設備規則第 40 条の 7 第 1 項の送信装置を除く．）は，①にかかわらず，その空中線電力を[B]以下に，[C]以内ごとに容易に低下することができるものでなければならない．

③ F3E 電波を使用する船舶局の送信装置であって，無線通信規則付録第 18 号の表（VHF 海上移動周波数帯における送信周波数の表）に掲げる周波数の電波を使用するものは，①の規定にかかわらず，その空中線電力を[D]以下に容易に低下することができるものでなければならない．

	A	B	C	D
1	50%	75 W	75%	1 W
2	50%	25 W	75%	5 W
3	75%	25 W	50%	1 W
4	75%	75 W	50%	5 W

解説　船舶局の送信装置は，空中線電力が **75 W 以下**のものを除き，その空中線電力をその **50%** まで容易に低下できるものでなければなりません．ただし，空中線電力の大きさに関わらず，「4 MHz から 26.175 MHz までの電波を使用する船舶局の無線電話の送信装置は **75 W 以下に** 75％以内ごとに」，「F3E 電波を使用する船舶局の送信装置で無線通信規則付録第 18 号の表に掲げる周波数の電波を使用するものはその空中線電力を **1 W** 以下に」容易に低下できるものでなければなりません．

答え▶▶▶ 1

3章

問題 16 ★★ ➡ 3.8.7

次の記述は，無線設備の機器の検定について述べたものである．電波法（第37条）の規定に照らし，[　　]内に入れるべき最も適切な字句の組合せを下の1から4までのうちから一つ選べ．

次に掲げる無線設備の機器は，その型式について，総務大臣の行う検定に合格したものでなければ，施設してはならない．ただし，総務大臣が行う検定に相当する型式検定に合格している機器その他の機器であって総務省令で定めるものを施設する場合は，この限りでない．

(1) 電波法第31条の規定により備え付けなければならない周波数測定装置

(2) 船舶安全法第2条（同法第29条ノ7の規定に基づく政令において準用する場合を含む.）の規定に基づく命令により船舶に備えなければならない[A]

(3) 船舶に施設する[B]の機器であって総務省令で定めるもの

(4) 電波法第33条（義務船舶局の無線設備の機器）の規定により備えなければならない無線設備の機器（(3) に掲げるものを除く.）

(5) 電波法第34条（義務船舶局の無線設備の条件）本文に規定する船舶地球局の無線設備の機器

(6) [C]に施設する無線設備の機器であって総務省令で定めるもの

	A	B	C
1	船舶自動識別装置	救命用の無線設備	航空局
2	船舶自動識別装置	航海用の無線設備	航空機
3	レーダー	救命用の無線設備	航空機
4	レーダー	航海用の無線設備	航空局

解説　船舶安全法で規定された船舶に備えなければならない**レーダー**，総務省令で定められた船舶に施設する**救命用の無線設備**，**航空機**に施設する無線設備の機器などは総務大臣の行う検定に合格したものでなければ，施設してはいけません．

答え▶▶▶3

問題 17 ★★ ➡ 3.8.8

次の記述は，船舶局に備える船舶自動識別装置の一般的条件について述べたものである．無線設備規則（第 45 条の 3 の 4）の規定に照らし，[　　]内に入れるべき最も適切な字句の組合せを下の 1 から 4 までのうちから一つ選べ．なお，同じ記号の[　　]内には，同じ字句が入るものとする．

船舶局に備える船舶自動識別装置は，次に掲げる一般的条件に適合するものでなければならない．

(1) [A]方式による送信が可能であること．
(2) [A]方式による二波同時受信が可能であること．
(3) [B]による受信が可能であること．
(4) ポーリングモード（他の船舶局又は海岸局からの送信要求に応じて動作する機能をいう．）を有すること．
(5) 地上無線航法装置又は衛星無線航法装置からの測位情報を[C]の単位で処理することができること．
(6) その他無線設備規則第 45 条の 3 の 4 第 1 項第 1 号に掲げること．

	A	B	C
1	周波数分割多元接続	デジタル選択呼出装置	5 万分の 1 分
2	時分割多元接続	ナブテックス受信機	5 万分の 1 分
3	周波数分割多元接続	ナブテックス受信機	1 万分の 1 分
4	時分割多元接続	デジタル選択呼出装置	1 万分の 1 分

解説 船舶局に備える船舶自動識別装置の一般条件として

- **時分割多元接続**方式による送信が可能であること
- **時分割多元接続**方式による二波同時受信が可能であること
- **デジタル選択呼出装置**による受信が可能であること
- 地上無線航法装置又は衛星無線航法装置からの測位情報を **1 万分の 1 分**の単位で処理することができること

などが規定されています．

答え▶▶▶ 4

4章 無線従事者

この章から **2** 問出題

無線局の無線設備を操作するには無線従事者でなければなりません．本章では，第三級海上無線通信士の免許取得方法と操作可能な範囲，免許取得後に無線従事者が守らなければならない事柄について学びます．

4.1 無線設備の操作

4.1.1 無線従事者とは

電波は拡散性があり，複数の無線局が同じ周波数を使用すると混信などを起こすことがあるため，誰もが勝手に無線設備を操作することはできません．そのため，無線局の無線設備を操作するには，「無線従事者」でなければなりません．

「無線従事者」は，電波法第 2 条（6）で，「**無線従事者とは，無線設備の操作又はその監督を行う者であって，総務大臣の免許を受けたものをいう．**」と規定されています．すなわち，無線設備を操作するには「無線従事者免許証」を取得して「無線従事者」になる必要があります．

「無線局には当該無線局の無線設備の操作を行い，又はその監督を行うために必要な無線従事者を配置しなければならない（電波法施行規則 36 条（無線従事者の配置）第 2 項)」とされています．

一方，コードレス電話機や講演会などで使われるワイヤレスマイクのように電波の出力が弱い無線設備などは誰でも無許可で使用できます．このように「無線従事者」でなくても操作可能な無線設備もあります．

4.1.2 無線設備の操作ができる者

基本的に，無線従事者でない者は無線設備の操作はできません．無線従事者は，無線設備の操作又はその監督を行う者であって，総務大臣の免許を受けたものです．これら無線設備の操作については，電波法第 39 条で次のように規定されています．

電波法　第39条（無線設備の操作）

電波法第40条（無線従事者の資格）の定めるところにより無線設備の操作を行うことができる無線従事者（義務船舶局等の無線設備であって総務省令で定めるものの操作については，第48条の2第1項の**船舶局無線従事者証明を受けている**無線従事者）以外の者は，無線局（アマチュア無線局を除く.）の**無線設備の操作の監督を行う者**（以下「主任無線従事者」という.）として選任された者であって第4項の規定によりその選任の届出がされたものにより監督を受けなければ，無線局の無線設備の操作（簡易な操作であって総務省令で定めるものを除く.）を行ってはならない．ただし，**船舶又は航空機が航行中であるため**無線従事者を補充することができないとき，その他総務省令で定める場合は，この限りでない.

2　**モールス符号を送り，又は受ける無線電信**の操作その他総務省令で定める無線設備の操作は，前項本文の規定にかかわらず，第40条の定めるところにより，無線従事者でなければ行ってはならない.

3　主任無線従事者は，第40条の定めるところにより無線設備の操作の監督を行うことができる無線従事者であって，総務省令で定める事由に該当しないもの（4.1.3を参照）でなければならない.

4　無線局の免許人等は，主任無線従事者を選任したときは，遅滞なく，その旨を総務大臣に届け出なければならない．これを解任したときも，同様とする.

第4項の規定は，電波法第51条で主任無線従事者以外の無線従事者の選任又は解任に準用するとされています.

5　前項の規定によりその選任の届出がされた主任無線従事者は，無線設備の操作の監督に関し総務省令で定める職務を誠実に行わなければならない.

6　第4項の規定により**その選任の届出がされた**主任無線従事者の監督の下に無線設備の操作に従事する者は，当該主任無線従事者が前項の職務を行うため必要であると認めてする指示に従わなければならない.

7　無線局（総務省令で定めるものを除く.）の免許人等は，第4項の規定によりその選任の届出をした主任無線従事者に，総務省令で定める期間ごとに，**無線設備の操作の監督に関し総務大臣の行う講習**を受けさせなければならない.

電波法施行規則 第 32 条の 10（義務船舶局等の無線設備の操作）

電波法第 39 条第 1 項本文の総務省令で定める義務船舶局等の無線設備は，次のとおりとする．ただし，航海の態様が特殊な船舶の無線設備その他総務大臣又は総合通信局長（沖縄総合通信事務所長を含む．）が特に認めるものについては，この限りでない．

(1) 次に掲げる船舶の義務船舶局の**超短波帯の無線設備，中短波帯の無線設備並びに中短波帯及び短波帯の無線設備**であって**デジタル選択呼出装置による通信及び無線電話又は狭帯域直接印刷電信装置による通信**が可能なもの

① 旅客船（A1 海域のみを航行するもの並びに A1 海域及び A2 海域のみを航行するものであって，国際航海に従事しないのものを除く.）

② 旅客船及び漁船（専ら海洋生物を採捕するためのもの以外のもので国際航海に従事する総トン数 300 トン以上のものを除く．以下同じ.）以外の船舶（国際航海に従事する総トン数 300 トン未満のもの（A1 海域のみを航行するもの並びに A1 海域及び A2 海域のみを航行するものに限る.）及び国際航海に従事しないものを除く.）

③ 漁船（A1 海域のみを航行するもの並びに A1 海域及び A2 海域のみを航行するものを除く.）

(2)（1）の①から③までに掲げる船舶に開設された**インマルサット船舶地球局の無線設備**（電波法施行規則第 28 の 2 第 1 項に規定するインマルサット船舶地球局のインマルサット C 型のものに限る.）

電波法施行規則 第 34 条の 2（無線従事者でなければ行ってはならない無線設備の操作）

電波法第 39 条第 2 項の総務省令で定める無線設備の操作は，次のとおりとする.

(1) 海岸局，船舶局，海岸地球局又は船舶地球局の無線設備の通信操作で遭難通信，緊急通信又は安全通信に関するもの

(2) 以降は省略

無線設備の操作には「通信操作」と「技術操作」があります.「通信操作」はマイクロフォン，キーボード，電鍵（モールス電信）などを使用して通信を行うために無線設備を操作することで,「技術操作」は通信や放送が円滑に行われるように，無線機器などを調整することです.

4.1.3　主任無線従事者

基本的に，無線従事者でない者は無線設備の操作はできません．しかし，無線局の無線設備の操作の監督を行う「**主任無線従事者**」として選任されている者の監督を受けることにより，無線従事者免許証を所持しない者が無線設備の操作ができる制度もあります．

主任無線従事者は，電波法第39条第3項で，「無線設備の操作の監督を行うことができる無線従事者であって，総務省令（電波法施行規則第34条の3）で定める事由に該当しないものでなければならない．」と規定されています．

(1) 主任無線従事者の非適格事由

電波法施行規則　第34条の3（主任無線従事者の非適格事由）〈一部改変〉

主任無線従事者は次に示す非適格事由に該当する者であってはならない．

(1) 電波法上の罪を犯し罰金以上の刑に処せられ，その執行を終わり，又はその執行を受けることがなくなった日から2年を経過しない者であること．

(2) 電波法令の規定に違反したこと等により業務に従事することを停止され，その処分の期間が終了した日から3箇月を経過していない者であること．

(3) 主任無線従事者として選任される日以前5年間において無線局の無線設備の操作又はその監督の業務に従事した期間が3箇月に満たない者であること．

(2) 主任無線従事者の選解任

主任無線従事者を選任もしくは解任した場合は，遅滞なくその旨を所定の様式により総務大臣に届け出なくてはいけません（無線従事者を選任又は解任した場合も同様です）．届出をしなかった者及び虚偽の届出をした者は，罰則（30万円以下の罰金）が定められています．

(3) 主任無線従事者の職務

電波法第39条第5項で「主任無線従事者は，無線設備の操作及び監督に関し，総務省令（電波法施行規則第34条の5）で定める職務を誠実に行わなければならない．」とされています．

電波法施行規則 第 34 条の 5（主任無線従事者の職務）

電波法第 39 条第 5 項の総務省令で定める職務は，次のとおりとする．

(1) 主任無線従事者の監督を受けて無線設備の操作を行う者に対する訓練（実習を含む.）の**計画を立案し，実施する**こと．

(2) 無線設備の機器の点検若しくは保守を行い，又はその監督を行うこと．

(3) 無線業務日誌その他の書類を作成し，又は，その作成を監督すること（記載された事項に関し必要な措置を執ることを含む.）．

(4) 主任無線従事者の職務を遂行するために必要な事項に関し**免許人等**に対して意見を述べること．

(5) その他無線局の無線設備の操作の監督に関し必要と認められる事項

(4) 主任無線従事者の定期講習

電波法第 39 条第 7 項で「無線局の免許人等は，主任無線従事者に，総務省令（電波法施行規則第 34 条の 7）で定める期間ごとに，無線設備の操作及び監督に関し，総務大臣の行う講習を受けさせなければならない」と規定されています．

定期講習を受講する目的は，主任無線従事者は無線従事者の資格を持たない者に無線設備の操作をさせることができることから，最近の無線設備，電波法令の知識を習得して資格を持たない者を適切に監督ができるようにするためです．

電波法施行規則 第 34 条の 7（講習の期間）〈抜粋〉

免許人等は，主任無線従事者を**選任したとき**は，当該主任無線従事者に**選任の日から 6 箇月以内**に無線設備の操作の監督に関し総務大臣の行う講習を受けさせなければならない．

2 免許人等は，(1) の講習を受けた主任無線従事者にその講習を受けた日から **5 年**以内に講習を受けさせなければならない．当該講習を受けた日以降についても同様とする．

総務省令で定められている期間は，「選任の日から 6 箇月以内」及び「1 度講習を受けてから 5 年間以内」です．

(5) 主任無線従事者の講習を要しない無線局

主任無線従事者の講習を要しない無線局は，電波法施行規則第34条の6に規定されています．

電波法施行規則　第34条の6（主任無線従事者の講習を要しない無線局）

電波法第39条第7項の総務省令で定める無線局は，次のとおりとする．

(1) 無線電話，遭難自動通報設備，レーダーその他の小規模な船舶局に使用する無線設備として総務大臣が別に告示する無線設備のみを設置する船舶局（国際航海に従事しない船舶の船舶局に限る．）

(2) **簡易無線局**

(3) (1) 及び (2) に掲げるもののほか，総務大臣が別に告示するもの

問題 1 ★★★　➡ 4.1.2, 4.1.3

次の記述は，海上移動業務及び海上移動衛星業務の無線局の無線設備の操作について述べたものである．電波法（第39条）の規定に照らし，[　　]内に入れるべき最も適切な字句の組合せを下の1から4までのうちから一つ選べ．

① 電波法第40条（無線従事者の資格）の定めるところにより無線設備の操作を行うことができる無線従事者（義務船舶局等（注1）の無線設備であって総務省令で定めるものの操作については，電波法第48条の2第1項の船舶局無線従事者証明を受けている無線従事者．以下同じ．）以外の者は，無線局の[A]（以下「主任無線従事者」という．）として選任された者であって③の規定によりその選任の届出がされたものにより監督を受けなければ，無線局の無線設備の操作（注2）を行ってはならない．ただし，[B]無線従事者を補充することができないとき，その他総務省令で定める場合は，この限りでない．

注1　義務船舶局及び義務船舶局のある船舶に開設する総務省令で定める船舶地球局をいう．

注2　簡易な操作であって総務省令で定めるものを除く．

② [C]の操作その他総務省令で定める無線設備の操作は，①の本文の規定にかかわらず，電波法第40条の定めるところにより，無線従事者でなければ行ってはならない．

③ 無線局の免許人は，主任無線従事者を選任したときは，遅滞なく，その旨を総務大臣に届け出なければならない．

	A	B	C
1	無線設備の操作の監督を行う者	船舶の運航計画の変更のため	無線電信
2	無線設備の操作を行う者	船舶が航行中であるため	無線電信
3	無線設備の操作の監督を行う者	船舶が航行中であるため	モールス符号を送り，又は受ける無線電信
4	無線設備の操作を行う者	船舶の運航計画の変更のため	モールス符号を送り，又は受ける無線電信

解説 ① 主任無線従事者は**無線設備の操作の監督を行う者**と定義されており，主任無線従事者の監督を受ければ，無線従事者以外でも無線設備の操作が可能です．ただし，**船舶**（又は航空機）**が航行中**で無線従事者を補充できないときは，例外として無線従事者の資格がなくても操作が可能です．

② **モールス符号を送り，又は受ける無線電信の操作**は無線従事者しかできません．

答え▶▶▶3

問題 2 ★★ ➡4.1.2

次の記述は，義務船舶局等（注1）の無線設備であって総務省令で定めるものの操作について述べたものである．電波法（第39条）及び電波法施行規則（第32条の10）の規定に照らし，□内に入れるべき最も適切な字句の組合せを下の1から4までのうちから一つ選べ．

注1 義務船舶局等とは，義務船舶局及び義務船舶局のある船舶に開設する総務省令で定める船舶地球局をいう．

① 義務船舶局等の無線設備であって総務省令で定めるものの操作（注2）は，次の者でなければ行ってはならない．

(1) 電波法第40条（無線従事者の資格）の定めるところにより無線設備の操作を行うことができる［A］

(2) (1) の無線従事者以外の者であって，次のア及びイの要件を満たす無線従事者の監督を受けるもの

ア (1) の無線従事者であって，無線設備の操作の監督を行うものとして選任された者

イ 総務大臣に対しその選任の届出がされた者

注2　簡易な操作であって総務省令で定めるものを除く.

② ①の総務省令で定める義務船舶局等の無線設備は，次のとおりとする(注3).

注3　ただし，航海の態様が特殊な船舶の無線設備その他総務大臣又は総合通信局長（沖縄総合通信事務所長を含む.）が特に認めるものについては，この限りでない.

(1) 次に掲げる船舶の義務船舶局の［ B ］であって，［ C ］が可能なもの

ア　旅客船（A1 海域のみを航行するもの並びに A1 海域及び A2 海域のみを航行するものであって，国際航海に従事しないのものを除く.）

イ　旅客船及び漁船(注4)以外の船舶（国際航海に従事する総トン数 300 トン未満のもの（A1 海域のみを航行するもの並びに A1 海域及び A2 海域のみを航行するものに限る.）及び国際航海に従事しないものを除く.）

注4　専ら海洋生物を採捕するためのもの以外のもので国際航海に従事する総トン数 300 トン以上のものを除く. 以下同じ.

ウ　漁船（A1 海域のみを航行するもの並びに A1 海域及び A2 海域のみを航行するものを除く.）

(2) (1) のアからウまでに掲げる船舶に開設された［ D ］（電波法施行規則第 28 条の 2（義務船舶局等の無線設備の条件等）第 1 項に規定するものに限る.）

	A	B	C	D
1	無線従事者であって，船舶局無線従事者証明を受けているもの	超短波帯の無線設備及び中短波帯の無線設備	デジタル選択呼出装置による通信	遭難自動通報設備及び船舶自動識別装置
2	無線従事者であって，船舶局無線従事者証明を受けているもの	超短波帯の無線設備，中短波帯の無線設備並びに中短波帯及び短波帯の無線設備	デジタル選択呼出装置による通信及び無線電話又は狭帯域直接印刷電信装置による通信	インマルサット船舶地球局の無線設備
3	無線従事者であって，別に定める業務経歴を有するもの	超短波帯の無線設備及び中短波帯の無線設備	デジタル選択呼出装置による通信及び無線電話又は狭帯域直接印刷電信装置による通信	遭難自動通報設備及び船舶自動識別装置
4	無線従事者であって，別に定める業務経歴を有するもの	超短波帯の無線設備，中短波帯の無線設備並びに中短波帯及び短波帯の無線設備	デジタル選択呼出装置による通信	インマルサット船舶地球局の無線設備

解説 義務船舶局等の無線設備の操作は，無線従事者であって，船舶局無線従事者証明を受けているものでないとできません．電波法第 39 条第 1 項の総務省令で定める義務船舶局等の無線設備は，「**義務船舶局の超短波帯の無線設備，中短波帯の無線設備並びに超短波帯及び中短波帯の無線設備**であって**デジタル選択呼出装置による通信及び無線電話又は狭帯域直接印刷電信装置による通信**が可能なもの」で「**インマルサット船舶地球局の無線設備**」と定められています．

答え▶▶▶2

問題 3 ★★ ➡4.1.3

無線局の主任無線従事者の要件に関する次の記述のうち，電波法（第 39 条）の規定に照らし，主任無線従事者について適合しなければならない要件に該当するものを 1，この要件に該当しないものを 2 として解答せよ．

ア 無線局の免許人は，主任無線従事者を選任したときは，遅滞なく，その旨を総務大臣に届け出なければならない．これを解任したときも，同様とする．

イ 無線局の免許人は，その選任の届出をした主任無線従事者に総務省令で定める期間ごとに，無線局の無線設備の操作及び運用に関し総務大臣の行う訓練を受けさせなければならない．

ウ 主任無線従事者は，電波法第 40 条（無線従事者の資格）の定めるところにより，無線局の無線設備の操作の監督を行うことができる無線従事者であって，総務省令で定める事由に該当しないものでなければならない．

エ 電波法第 40 条（無線従事者の資格）の定めるところにより無線設備の操作を行うことができる無線従事者以外の者は，主任無線従事者の監督を受けなければ，モールス符号を送り，又は受ける無線電信の操作を行ってはならない．

オ 無線局の免許人からその選任の届出がされた主任無線従事者は，無線設備の操作の監督に関し総務省令で定める職務を誠実に行わなければならない．

解説 イ 「無線設備の**操作及び運用**に関し総務大臣の行う**訓練**」ではなく，正しくは「無線設備の**操作の監督**に関し総務大臣の行う**講習**」です．

エ モールス符号を送る，又は受けるなどの無線電信の操作は，無線従事者でなければ行ってはなりません．

答え▶▶▶ア－1 イ－2 ウ－1 エ－2 オ－1

問題 4 ★★★ ➡4.1.3

海上移動業務の無線局の主任無線従事者の職務に関する次の記述のうち，電波法施行規則（第 34 条の 5）の規定に照らし，主任無線従事者の職務に適合するものを 1，主任無線従事者の職務に適合しないものを 2 として解答せよ．

ア　無線設備の機器の点検若しくは保守を行い，又はその監督を行うこと．

イ　主任無線従事者の職務を遂行するために必要な事項に関し免許人に対して意見を述べること．

ウ　無線設備の設置場所を変更し，又は無線設備の変更の工事をしようとするときに総務大臣の許可を受けること．

エ　無線業務日誌その他の書類を作成し，又はその作成を監督すること（記載された事項に関し必要な措置を執ることを含む．）．

オ　電波法又は電波法に基づく命令の規定に違反して運用した無線局を認めたときに総務省令で定める手続きにより総務大臣に報告すること．

解説　「ウ」及び「オ」は主任無線従事者ではなく免許人が行う事柄です．

答え▶▶▶ア－1　イ－1　ウ－2　エ－1　オ－2

問題 5 ★★ ➡4.1.3

次の記述は，主任無線従事者の講習の期間について述べたものである．電波法施行規則（第 34 条の 7）の規定に照らし，［　　］内に入れるべき最も適切な字句の組合せを下の 1 から 5 までのうちから一つ選べ．

① 電波法第 39 条（無線設備の操作）第 7 項の規定により，免許人等（注）又は電波法第 70 条の 9 第 1 項の規定により登録局を運用する当該登録局の登録人以外の者は，主任無線従事者を［ A ］，当該主任無線従事者［ B ］無線設備の操作の監督に関し総務大臣の行う講習を受けさせなければならない．

注　免許人及び電波法第 27 条の 23（変更登録等）第 1 項の登録人をいう．以下②において同じ．

② 免許人等又は電波法第 70 条の 9 第 1 項の規定により登録局を運用する当該登録局の登録人以外の者は，①の講習を受けた主任無線従事者にその講習を受けた日から［ C ］に講習を受けさせなければならない．当該講習を受けた日以降についても同様とする．

③ ①及び②にかかわらず，船舶が航行中であるとき，その他総務大臣が当該規定によることが困難又は著しく不合理であると認めるときは，総務大臣が別に告示するところによる．

1	選任するときは	に選任の日から6箇月以内に	3年以内
2	選任するときは	として選任前にあらかじめ	5年以内
3	選任したときは	に選任の日から6箇月以内に	5年以内
4	選任したときは	に選任の日から3箇月以内に	5年以内
5	選任したときは	として選任前にあらかじめ	3年以内

解説 主任無線従事者の講習の期間は,「**選任した日から6箇月以内**」及び「1度講習を受けてから**5年**以内」です.

答え▶▶▶3

4章

問題 6 ★★ ➡4.1.3

無線局（アマチュア無線局を除く.）の主任無線従事者の講習に関する次の記述のうち，電波法（第39条）及び電波法施行規則（第34条の6及び第34条の7）の規定に照らし，これらの規定に定めるところに適合しないものはどれか．下の1から5までのうちから一つ選べ.

1 無線局（総務省令で定める主任無線従事者の講習を要しないものを除く.）の免許人は，電波法第39条（無線設備の操作）第4項に規定するところによりその選任の届出をした主任無線従事者に，総務省令で定める期間ごとに，無線設備の操作の監督に関し総務大臣の行う講習を受けさせなければならない.

2 主任無線従事者の講習を要しない無線局は，次の（1）から（3）までのとおりとする.

（1）無線電話，遭難自動通報設備，レーダーその他の小規模な船舶局に使用する無線設備として総務大臣が別に告示する無線設備のみを設置する船舶局（国際航海に従事しない船舶の船舶局に限る.）

（2）実験試験局

（3）（1）及び（2）に掲げるもののほか，総務大臣が別に告示するもの

3 免許人は，主任無線従事者を選任したときは，当該主任無線従事者に選任の日から6箇月以内に無線設備の操作の監督に関し総務大臣の行う講習を受けさせなければならない.

4 免許人は，無線設備の操作の監督に関し総務大臣の行う講習を受けた主任無線従事者にその講習を受けた日から5年以内に講習を受けさせなければならない．当該講習を受けた日以降についても同様とする.

5　主任無線従事者が，無線設備の操作の監督に関し総務大臣の行う講習を受けなければならない場合であるにもかかわらず，船舶が航行中であるとき，その他総務大臣が規定によることが困難又は著しく不合理であると認めるときは，総務大臣が別に告示するところによる.

解説　選択肢2で誤っている箇所は「(2) **実験試験局**」で，正しくは「(2) **簡易無線局**」です.

答え▶▶▶2

4.2　無線従事者の資格と免許

電波法第41条第1項で**「無線従事者になろうとする者は，総務大臣の免許を受けなければならない.」**とされ，免許の取得方法が規定されています.

4.2.1　無線従事者の資格

無線従事者の資格は，(1) 総合無線従事者，(2) 海上無線従事者，(3) 航空無線従事者，(4) 陸上無線従事者，(5) アマチュア無線従事者の5系統に分類され，合計23種類の資格が定められています．海上無線従事者の資格は**表4.1**に示すように8種類あり，このうち，GMDSSに対応している資格は，第一級～第三級海上無線通信士と第一級海上特殊無線技士の4資格です（他に，第一級総合無線通信士もGMDSSに対応している)．第三級海上無線通信士の資格で船舶局に設備されている全ての無線設備の通信操作が可能です.

表4.1　海上無線従事者の資格

海上無線通信士	海上特殊無線技士
・第一級海上無線通信士（GMDSS対応） ・第二級海上無線通信士（GMDSS対応） ・第三級海上無線通信士（GMDSS対応） ・第四級海上無線通信士	・第一級海上特殊無線技士（GMDSS対応） ・第二級海上特殊無線技士 ・第三級海上特殊無線技士 ・レーダー級海上特殊無線技士

関連知識　GMDSS

GMDSS（Global Maritime Distress and Safety System：全世界的海上遭難安全通信システム）は，従来のモールス通信主体の海上遭難安全通信システムに代わり，デジタル技術や人工衛星を使用した通信システムで1999年2月1日から完全実施されました.

4.2.2　第三級海上無線通信士の操作及び監督の範囲

電波法施行令第3条（操作及び監督の範囲）で資格毎に操作及び監督できる範囲が決められています．第三級海上無線通信士の資格で操作できる範囲を以下に示します．

(1) 船舶に施設する無線設備（航空局の無線設備を除く.）並びに海岸局（海岸局，海岸地球局及び船舶のための無線航行局の無線設備の通信操作（モールス符号による通信操作を除く.）

(2) 次に掲げる無線設備の外部の転換装置で電波の質に影響を及ぼさないものの技術操作

① 船舶に施設する無線設備（航空局の無線設備を除く.）

② 海岸局及び海岸地球局の無線設備並びに船舶のための無線航行局の無線設備（イに掲げるものを除く.）で空中線電力125 W以下のもの

③ 海岸局及び船舶のための無線航行局のレーダーでイ及びロに掲げるもの以外のもの

（注）三海通の資格で一海通や二海通と同じ「船舶に施設する全ての無線設備の通信操作」が可能です．違いは，一海通は船上保守が可能（二海通は限定範囲で可能）ですが三海通は船上保守ができないことです．通常，非常時の通信を確保するために無線設備は二重化されていますので，GMDSS船舶の通信士は三海通で十分といえます．

4.2.3　無線従事者の免許の取得方法

無線従事者の免許を取得するには，「無線従事者国家試験に合格する」，「養成課程を受講して修了する」，「学校で必要な科目を修めて卒業する」，「認定講習を修了する」方法があります．これらのどれか一つを満たして無線従事者免許申請を行い，欠格事由に係る審査を受けた後，無線従事者免許証が交付されます．

無線従事者になろうとするものは総務大臣の免許を受けなければなりません．

4.2.4　第三級海上無線通信士の国家試験

第三級海上無線通信士の国家試験の試験科目は,「無線工学」「法規」「英語」「電

気通信術」の4科目で，問題数，1問の配点，満点，合格点，試験時間は**表4.2**，**表4.3**のようになっています．

■表4.2　第三級海上無線通信士の国家試験の試験科目と合格基準

試験科目		問題数	問題形式	1問あたりの問題数と配点	満点	合格点	試験時間
無線工学		15	A形式11問	1（5点）	75	45	1時間30分
			B形式4問	5（5点）			
法規		20	A形式15問	1（5点）	100	60	2時間30分
			B形式5問	5（5点）			
英語	英文和訳	2	A形式1問	5（20点）	40	60※1	1時間30分
			B形式1問	4（20点）			
	和文英訳	3	B形式3問	5（10点）	30		
	英会話	7	A形式7問	1（5点）	35		※2

A形式は多岐選択式，B形式は穴埋め補完式問題です．

※1　英会話の得点が15点未満の場合は，英語の試験は不合格となります．

※2　英会話の試験時間は30分以内です．

※3　第四級海上無線通信士，第三級総合無線通信士，第二級陸上無線技術士，第一級陸上無線技術士のいずれかの資格を所有している場合，第三級海上無線通信士の無線工学の試験が免除になります．

■表4.3　第三級海上無線通信士の電気通信術試験の合格基準

試験科目	問題の型式		問題の字数	満点	合格点	試験時間
電気通信術（電話）	送話	欧文暗語	100	100	80	各2分
	受話	欧文暗語	100	100	80	

※直接印刷電信は250字のうち200字以上送信できれば合格となります．

4.2.5　第三級海上無線通信士の試験範囲

第三級海上無線通信士の試験に課せられている，「無線工学」「法規」「英語」「電気通信術」の各科目の出題内容は次の通りです．

- 無線工学

無線設備の取扱方法（空中線系及び無線機器の機能の概念を含む．）

- 法規

（1）電波法及びこれに基づく命令（船舶安全法及び電気通信事業法並びにこれらに基づく命令の関係規定を含む．）

(2) 通信憲章，通信条約，無線通信規則，電気通信規則並びに海上における人命の安全のための国際条約及び船員の訓練及び資格証明並びに当直の基準に関する国際条約（電波に関する規定に限る.）

- 英語

(1) 文書を十分に理解するために必要な英文和訳
(2) 文書により十分に意思を表明するために必要な和文英訳
(3) 口頭により十分に意思を表明するに足りる英会話

- 電気通信術

(1) 直接印刷電信：1 分間 50 字の速度の欧文普通語による約 5 分間の手送り送信
(2) 電話：1 分間 50 字の速度の欧文（運用規則別表第 5 号の欧文通話表によるものをいう.）による約 2 分間の送話及び受話

4.3 無線従事者免許証

4.3.1 免許の申請

免許を受けようとする者は，所定の様式の申請書に次に掲げる書類を添えて，総務大臣又は総合通信局長に提出します.

① 氏名及び生年月日を証する書類（住民票など）
ただし，住民票コード又は他の無線従事者免許証番号等を記入すれば不要
② 医師の診断書（総務大臣又は総合通信局長が必要と認めるときに限る）
③ 写真 1 枚（申請前 6 月以内に撮影した無帽，正面，上三分身，無背景の縦 30 mm，横 24 mm のもので，裏面に申請に係る資格及び氏名を記載したもの）

なお，国家試験合格以外で免許を申請する場合は次に示す書類のいずれかが必要になります.

- 養成課程の修了証明書等（養成課程修了により免許を受けようとする場合に限る）
- 「大学や高校」などの卒業者の場合は，科目履修証明書，履修内容証明書及び卒業証明書（総務大臣から無線通信に関する科目の適合確認を受けている教育課程を修了した者は履修内容証明書は不要）

4.3.2　免許の欠格事由

次のいずれかに該当する者には，無線従事者の免許が与えられないことがあります．

電波法　第42条（免許を与えない場合）〈一部改変〉

次の（1）～（3）のいずれかに該当する者に対しては，無線従事者の免許を与えないことができる．

（1）電波法上の罪を犯し罰金以上の刑に処せられ，その執行を終わり，又はその執行を受けることがなくなった日から2年を経過しない者

（2）無線従事者の免許を取り消され，取消しの日から**2年**を経過しない者

（3）著しく心身に欠陥があって無線従事者たるに適しない者

4.3.3　無線従事者免許証の交付

総務大臣又は総合通信局長は，免許を与えたときは，免許証を交付します．

無線従事者免許証は無線設備の操作を行わなくても一生涯有効です．

4.3.4　無線従事者免許証の携帯

無線従事者は，その業務に従事しているときは，免許証を携帯していなければいけません．

4.3.5　無線従事者免許証の再交付

結婚などで氏名が変わったとき，免許証を汚し，破り，若しくは失った場合は無線従事者免許証の再交付を受けることができます．

免許証の再交付を受けようとするときは，所定の申請書に次に掲げる書類を添えて総務大臣又は総合通信局長に提出しなければなりません．

①　免許証（免許証を失った場合を除く）

②　写真1枚

③　氏名の変更の事実を証する書類（氏名に変更を生じたときに限る）

免許証に住所の記載欄はありませんので，住所が変更になっても再交付を受ける必要はありません.

4.3.6 無線従事者免許証の返納

無線従事者規則　第 51 条（免許証の返納）

無線従事者は，免許の取消しの処分を受けたときは，その処分を受けた日から 10 日以内にその免許証を総務大臣又は総合通信局長に返納しなければならない. 免許証の再交付を受けた後失った免許証を発見したときも同様とする.

2　無線従事者が死亡し，又は失そうの宣告を受けたときは，戸籍法による死亡又は失そう宣告の届出義務者は，遅滞なく，その免許証を総務大臣又は総合通信局長に返納しなければならない.

・免許証を紛失した場合などは再交付を申請することができます.
・免許の取り消し処分を受けた場合は，10 日以内に免許証を返納しなければいけません.

問題 7　★★★　➡ 4.3.2

無線従事者の免許等に関する次の記述のうち，電波法（第 41 条，第 42 条及び第 79 条）の規定に照らし，これらの規定に定めるものに適合しないものはどれか. 下の 1 から 4 までのうちから一つ選べ.

1　無線従事者になろうとする者は，総務大臣の免許を受けなければならない.

2　総務大臣は，無線従事者が不正な手段により免許を受けたときは，その免許を取り消すことができる.

3　総務大臣は，電波法第 79 条（無線従事者の免許の取消し）第 1 項の規定により無線従事者の免許を取り消され，取消しの日から 5 年を経過しない者に対しては，無線従事者の免許を与えないことができる.

4　総務大臣は，無線従事者が電波法若しくは電波法に基づく命令又はこれらに基づく処分に違反したときは，その免許を取り消し，又は 3 箇月以内の期間を定めてその業務に従事することを停止することができる.

解説　3「**5 年**」ではなく，正しくは「**2 年**」です.　答え▶▶▶ 3

4.4 船舶局無線従事者証明

義務船舶局の無線設備であって総務省令で定めるものの操作は，船舶局無線従事者証明を受けている無線従事者でなければ行ってはなりません．船舶局に通信長として乗船するには，三級海技士（電子通信）等に加え，第三級海上無線通信士等の無線従事者免許と船舶局無線従事者証明が必要になります．

Point

船舶局無線従事者証明は，「船員の訓練及び資格証明並びに当直の基準に関する国際条約（STCW 条約）」の採択に伴い，我が国では昭和 57 年に制度化されました」

■図 4.1　船舶局無線従事者証明書（著者撮影）

4.4.1　船舶局無線従事者証明の要件

電波法　第 48 条の 2（船舶局無線従事者証明）〈抜粋〉

電波法第 39 条第 1 項本文の総務省令で定める義務船舶局等の無線設備の**操作又はその監督**を行おうとする者は，総務大臣に申請して，船舶局無線従事者証明を受けることができる．

2　無総務大臣は，船舶局無線従事者証明を申請した者が，総務省令で定める**無線従事者の資格**を有し，かつ，次の各号の一に該当するときは，船舶局無線従事者証明を行わなければならない．

（1）総務大臣が当該申請者に対して行う義務船舶局等の無線設備の**操作又はその監督**に関する訓練の課程を修了したとき．

（2）総務大臣が（1）の訓練の課程と同等の内容を有するものであると認定した訓練の課程を修了しており，その修了した日から **5 年**を経過していないとき．

船舶局無線従事者証明を受けることができる無線従事者の資格は，第一級～第三級総合無線通信士，第一級～第三級海上無線通信士又は第一級海上特殊無線技士の 7 資格です．

（電波法施行規則第 34 条の 11）

4.4.2　船舶局無線従事者証明の失効

電波法　第 48 条の 3（船舶局無線従事者証明の失効）

船舶局無線従事者証明は，当該船舶局無線従事者証明を受けた者がこれを受けた日以降において次の各号の一に該当するときは，その効力を失う．

（1）当該船舶局無線従事者証明に係る訓練の課程を修了した日から起算して **5 年**を経過する日までの間電波法第 39 条第 1 項本文の総務省令で定める義務船舶局等の無線設備その他総務省令で定める無線局の無線設備の**操作又はその監督**の業務に従事せず，かつ，当該期間内に総務大臣が義務船舶局等の無線設備の**操作又はその監督**に関して行う船舶局無線従事者証明を受けている者に対する訓練の課程又は総務大臣がこれと同等の内容を有するものであると認定した訓練の課程を修了しなかったとき．

（2）引き続き **5 年**間前号の業務に従事せず，かつ，当該期間内に同号の訓練の課程を修了しなかったとき．

（3）電波法第 48 条の 2 第 2 項の無線従事者資格の資格を有する者でなくなったとき．

（4）電波法第 79 条の 2 第 1 項の規定により船舶局無線従事者証明の効力を停止され，その**停止の期間が 5 年を超えた**とき．

4.4.3　遭難通信責任者の配置等

電波法　第50条（遭難通信責任者の配置等）第1項

旅客船又は総トン数300トン以上の船舶であって，国際航海に従事するものの義務船舶局には，遭難通信責任者（その船舶における第52条（1）から（3）までに掲げる通信に関する事項を**統括管理する者**をいう.）として，総務省令で定める無線従事者であって，**船舶局無線従事者証明を受けているもの**を配置しなければならない.

「第52条（1）から（3）までに掲げる通信」とは，遭難通信，緊急通信，安全通信のことです.

電波法施行規則　第35条の2（遭難通信責任者の要件）

電波法第50条第1項の総務省令で定める無線従事者は，次の各号のいずれかの資格を有する者とする.

（1）第一級総合無線通信士又は第一級海上無線通信士

（2）第二級海上無線通信士

（3）第三級海上無線通信士

2　遭難通信責任者は，当該無線局に選任されている無線従事者のうち，前項各号順序に従い，**できるだけ上位の資格を有する者**とする.

3　**船舶の責任者**は，遭難通信責任者が病気その他やむを得ない事情によりその職務を行うことができないときは，当該無線局に選任されている無線従事者のうちから遭難通信責任者に代わってその職務を行う者を指名することができる.

問題 8 ★★ ➡ 4.4.1

次の記述は，船舶局無線従事者証明の要件について述べたものである．電波法（第 48 条の 2）及び電波法施行規則（第 34 条の 11）の規定に照らし，[　　　]内に入れるべき最も適切な字句の組合せを下の 1 から 4 までのうちから一つ選べ．なお，同じ記号の[　　　]内には，同じ字句が入るものとする．

① 電波法第 39 条（無線設備の操作）第 1 項本文の総務省令で定める義務船舶局等（注）の無線設備の[A]を行おうとする者は，総務大臣に申請して，船舶局無線従事者証明を受けることができる．

注　義務船舶局及び義務船舶局のある船舶に開設する総務省令で定める船舶地球局をいう．以下同じ．

② 総務大臣は，船舶局無線従事者証明を申請した者が，総務省令で定める[B]を有し，かつ，次の（1）又は（2）に該当するときは，船舶局無線従事者証明を行わなければならない．

（1）総務大臣が当該申請者に対して行う義務船舶局等の無線設備の[A]に関する訓練の課程を修了したとき．

（2）総務大臣が（1）の訓練の課程と同等の内容を有するものであると認定した訓練の課程を修了しており，その修了した日から[C]を経過していないとき．

③ ②の総務省令で定める無線従事者の資格は，第一級総合無線通信士，第二級総合無線通信士，第三級総合無線通信士，第一級海上無線通信士，第二級海上無線通信士，第三級海上無線通信士又は第一級海上特殊無線技士とする．

	A	B	C
1	運用及び保守	無線従事者の資格	3 年
2	操作又はその監督	無線従事者の資格及び業務経歴	3 年
3	操作又はその監督	無線従事者の資格	5 年
4	運用及び保守	無線従事者の資格及び業務経歴	5 年

解説　総務大臣に申請し，船舶局無線従事者証明を受けている**無線従事者の有資格者**でなければ，義務船舶局等の無線設備の**操作又はその監督**を行うことはできません．なお，船舶局無線従事者証明の取得方法は「国が行う訓練課程の修了」もしくは「国が行う訓練課程と同様の内容と認められた訓練課程の修了（**5 年**以内に受講）」です．

答え▶▶▶ 3

問題 9 ★★ ➡4.4.2

次の記述は，船舶局無線従事者証明の失効について述べたものである．電波法（第48条の3）の規定に照らし，［　　］内に入れるべき最も適切な字句の組合せを下の1から4までのうちから一つ選べ．なお，同じ記号の［　　］内には，同じ字句が入るものとする．

船舶局無線従事者証明は，当該船舶局無線従事者証明を受けた者がこれを受けた日以降において次の（1）から（4）までのいずれかに該当するときは，その効力を失う．

（1）当該船舶局無線従事者証明に係る訓練の課程を修了した日から起算して［ A ］を経過する日までの間電波法第39条（無線設備の操作）第1項本文の総務省令で定める義務船舶局等（義務船舶局及び義務船舶局のある船舶に開設する総務省令で定める船舶地球局をいう．以下同じ．）の無線設備その他総務省令で定める無線局の無線設備の［ B ］の業務に従事せず，かつ，当該期間内に総務大臣が義務船舶局等の無線設備の［ B ］に関して行う船舶局無線従事者証明を受けている者に対する訓練の課程又は総務大臣がこれと同等の内容を有するものであると認定した訓練の課程を修了しなかったとき．

（2）引き続き［ A ］間（1）の業務に従事せず，かつ，当該期間内に（1）の訓練の課程を修了しなかったとき．

（3）電波法第48条の2（船舶局無線従事者証明）第2項の無線従事者資格の資格を有する者でなくなったとき．

（4）電波法第79条の2（船舶局無線従事者証明の効力の停止）第1項の規定により船舶局無線従事者証明の効力を停止され，その［ C ］とき．

	A	B	C
1	5年	操作	停止の期間が3年を超えた
2	5年	操作又はその監督	停止の期間が5年を超えた
3	3年	操作又はその監督	停止の期間が3年を超えた
4	3年	操作	停止の期間が5年を超えた

解説　船舶局無線従事者証明は，義務船舶局等の無線設備の**操作又はその監督**の業務に**5年間**従事せず，かつ，船舶局無線従事者証明を受けている者に対する訓練（再訓練）の課程を修了しなかった場合は失効します．また，電波法第79条の2第1項の規定（書類の提出を求められた者が当該書類を提出しないとき）によって停止され，その期間が**5年**を超えたときも失効します．

答え▶▶▶2

問題 10 ★★★ ➡4.4.3

次の記述は，遭難通信責任者について述べたものである．電波法（第 50 条）及び電波法施行規則（第 35 条の 2）の規定に照らし，[　　　]内に入れるべき最も適切な字句を下の 1 から 10 までのうちからそれぞれ一つ選べ．

① 旅客船又は総トン数 300 トン以上の船舶であって，国際航海に従事するものの義務船舶局には，遭難通信責任者（その船舶における[ア]に関する[イ]をいう．）として，総務省令で定める無線従事者であって，[ウ]を配置しなければならない．

② ①の総務省令で定める無線従事者は，次の（1）から（3）までのいずれかの資格を有する者とする．

（1）第一級総合無線通信士又は第一級海上無線通信士

（2）第二級海上無線通信士

（3）第三級海上無線通信士

③ 遭難通信責任者は，当該無線局に選任されている無線従事者のうち，②の（1）から（3）までの[エ]とする．

④ [オ]は，遭難通信責任者が病気その他やむを得ない事情によりその職務を行うことができないときは，当該無線局に選任されている無線従事者のうちから遭難通信責任者に代わってその職務を行う者を指名することができる．

1　遭難通信　　　　　2　遭難通信，緊急通信及び安全通信
3　事項を統括管理する者　　4　事項を担当する者
5　総務省令で定める業務経歴を有する者
6　船舶局無線従事者証明を受けているもの
7　うち，主任無線従事者の選任の届出がされた者
8　順序に従い，できるだけ上位の資格を有する者
9　船舶の責任者　　　　10　無線局の免許人

解説　遭難通信責任者とは，**船舶局無線従事者証明を受けているもの**で，**遭難通信，緊急通信及び安全通信**に関する事項を**統括管理する者**とされています．遭難通信責任者は，選任されている無線従事者のうち，**順序に従い，できるだけ上位の資格を有する者**となっており，病気その他やむを得ない事情によりその職務を行うことができないときは別の無線従事者を指名することができます．

答え▶▶▶ア－2　イ－3　ウ－6　エ－8　オ－9

5章 運　用

この章から 9 問出題

電波は拡散性があり，混信なく無線局を能率的に運用するために運用規則が必要です．本章では，目的外使用の禁止（免許状記載事項の遵守），混信の防止，通信の秘密の保護，擬似空中線回路の使用，一般通信方法，海上移動業務の無線局の運用などを学びます．海上移動業務の無線電話通信の呼出し及び応答などは，一般通信方法と少し違う部分（相手局や自局の呼出符号の回数など）がありますので注意して下さい．なお，本章から法規の試験（20 問）の半数近い 9 問が出題されています．

5.1 通　則

無線局は無線設備及び無線設備の操作を行う者の総体です．すなわち，物的要素と人的要素が整って，初めて無線局となります．電波は空間を拡散するので，周波数が同じ場合，混信を起こすことがあります．当然，他の無線局への妨害なども考慮する必要があります．無線局の運用を適切に行うことによって，電波を能率的に利用することができます．

電波法令は，無線局の運用の細目を定めていますが，すべての無線局に共通した事項と，それぞれ特有の業務を行う無線局（例えば，海上移動業務や航空移動業務の無線局）ごとに事項が定められています．すべての無線局の運用に共通する事項を**表 5.1** に示します．

■表 5.1　すべての無線局の運用に共通する事項

(1) 目的外使用の禁止（免許状記載事項の遵守）（電波法第 52 ～ 55 条）
(2) 混信等の防止（電波法第 56 条）
(3) 擬似空中線回路の使用（電波法第 57 条）
(4) 通信の秘密の保護（電波法第 59 条）
(5) 時計，業務書類等の備付け（電波法第 60 条）
(6) 無線局の通信方法（電波法第 58，61 条，無線局運用規則全般）
(7) 無線設備の機能の維持（無線局運用規則第 4 条）
(8) 非常の場合の無線通信（電波法第 74 条）

5.2 目的外使用の禁止（免許状記載事項の遵守）

無線局は免許状に記載されている事項の範囲内で運用しなければなりません．ただし，「遭難通信」「緊急通信」「安全通信」「非常通信」などを行う場合は，免許状に記載されている範囲を超えて運用することができます．これらは，電波法

第52条～第55条で次のように規定されています．

電波法 第52条（目的外使用の禁止等）

無線局は，免許状に記載された目的又は通信の相手方若しくは通信事項（特定地上基幹放送局については放送事項）の範囲を超えて運用してはならない．ただし，次に掲げる通信については，この限りでない．

(1) 遭難通信（船舶又は航空機が重大かつ急迫の危険に陥った場合に遭難信号を前置する方法その他総務省令で定める方法により行う無線通信）

遭難信号は「MAYDAY（メーデー）」又は「遭難」です．

(2) 緊急通信（船舶又は航空機が重大かつ急迫の危険に陥るおそれがある場合その他緊急の事態が発生した場合に緊急信号を前置する方法その他総務省令で定める方法により行う無線通信）

緊急信号は「PAN PAN（パン パン）」又は「緊急」です．

(3) 安全通信（船舶又は航空機の航行に対する重大な危険を予防するために安全信号を前置する方法その他総務省令で定める方法により行う無線通信）

安全信号は「SECURITE（セキュリテ）」又は「警報」です．

(4) 非常通信（地震，台風，洪水，津波，雪害，火災，暴動その他非常の事態が発生し，又は発生するおそれがある場合において，有線通信を利用することができないか又はこれを利用することが著しく困難であるときに人命の救助，災害の救援，交通通信の確保又は秩序の維持のために行われる無線通信）

(5) 放送の受信

(6) その他総務省令で定める通信

(6) の通信は電波法施行規則第37条で定められており，三海通の試験で出題された例を次に示します．

(1) 無線機器の試験又は調整をするために行う通信

(3) 船位通報（遭難船舶，遭難航空機又は遭難者の救助又は捜索に資するために国又は外国の行政機関が収集する**船舶の位置に関する通報**であって，当該行政機関と当該船舶との間に発受するものをいう．）に関する通信

(5) 漁業用海岸局と漁船の船舶局との間又は漁船の船舶局相互間で行う国若

しくは地方公共団体の漁ろうの指導監督に関する通信

(7) **港湾用**の無線局と船舶局との間で行う湾内における船舶の交通，湾内の整理若しくは取締り又は検疫のための通信

(9) 港湾法又は海上交通安全法の規定に基づき行う**海上保安庁**の無線局と船舶局との間の通信

(12) 気象の照会又は時刻の照合のために行う海岸局と船舶局との間若しくは船舶局相互間又は航空局と航空機局との間若しくは航空機局相互間の通信

(25) 電波法第 74 条（非常の場合の無線通信）第 1 項に規定する通信の訓練のために行う通信

関連知識　非常通信と非常の場合の無線通信

「地震，台風，洪水，津波，雪害，火災，暴動その他非常の事態が発生し，又は発生するおそれがある場合において，有線通信を利用することができないか又はこれを利用することが著しく困難であるときに人命の救助，災害の救援，交通通信の確保又は秩序の維持のために行われる無線通信」を非常通信と呼びます．　**（電波法第 52 条（4））**

次に示す通信を「非常の場合の無線通信」といいます．

総務大臣は，地震，台風，洪水，津波，雪害，火災，暴動その他非常の事態が発生し，又は発生するおそれがある場合においては，人命の救助，災害の救援，交通通信の確保又は秩序の維持のために必要な通信を無線局に行わせることができます．その通信を行わせたときは，国は，その通信に要した実費を弁償しなければなりません．　**（電波法第 74 条）**

Point

「非常通信」は免許人の意志で行う通信，「非常の場合の無線通信」は総務大臣の命令で行う通信をいいます．混同しないようにしましょう．

電波法　第 53 条（目的外使用の禁止等）

無線局を運用する場合においては，**無線設備の設置場所**，識別信号，電波の型式及び周波数は，免許状等に記載されたところによらなければならない．ただし，**遭難通信**については，この限りでない．

電波法　第 54 条（目的外使用の禁止等）

無線局を運用する場合においては，空中線電力は，次の各号の定めるところによらなければならない．ただし，**遭難通信**については，この限りでない．

(1) 免許状等に記載された**ものの範囲内**であること．

(2) 通信を行うため**必要最小**のものであること．

電波法　第 55 条（目的外使用の禁止等）

無線局は，免許状に記載された運用許容時間内でなければ，運用してはならない．ただし，第 52 条各号に掲げる通信を行う場合及び総務省令で定める場合は，この限りでない．

電波法　第 110 条（罰則）〈抜粋〉

次の各号のいずれかに該当する者は，**1 年以下の懲役又は 100 万円以下の罰金**に処する．

五　第 52 条，第 53 条，第 54 条第 1 号又は第 55 条の規定に違反して無線局を運用した者

問題 1　★★　➡5.2

次の記述は，免許状の目的等にかかわらず運用することができる通信について述べたものである．電波法施行規則（第 37 条）の規定に照らし，[　　　]内に入れるべき最も適切な字句の組合せを下の 1 から 4 までのうちから一つ選べ．

次に掲げる通信は，電波法第 52 条（目的外使用の禁止等）第 6 号の「その他総務省令で定める通信」において定める無線局が免許状に記載された目的又は通信の相手方若しくは通信事項の範囲を超えて運用することができる通信とする．

(1) 船位通報（遭難船舶，遭難航空機又は遭難者の救助又は捜索に資するために国又は外国の行政機関が収集する[　A　]であって，当該行政機関と当該船舶との間に発受するものをいう．）に関する通信

(2) 漁業用の海岸局と漁船の船舶局との間又は漁船の船舶局相互間で行う国若しくは地方公共団体の漁撈《ろう》の指導監督に関する通信

(3) [　B　]の無線局と船舶局との間で行う湾内における船舶の交通，湾内の整理若しくは取締り又は検疫のための通信

(4) 港湾法又は海上交通安全法の規定に基づき行う[　C　]の無線局と船舶局との間の通信

(5) 気象の照会又は時刻の照合のために行う海岸局と船舶局との間若しくは船舶局相互間又は航空局と航空機局との間若しくは航空機局相互間の通信

(6) その他電波法施行規則第 37 条各号に定める通信

	A	B	C
1	船舶の位置に関する通報	水先業務用	海上保安庁又は地方公共団体
2	船舶の位置に関する通報	港湾用	海上保安庁
3	船舶の位置及び針路に関し自動的に更新される情報	水先業務用	海上保安庁
4	船舶の位置及び針路に関し自動的に更新される情報	港湾用	海上保安庁又は地方公共団体

解説 免許状の目的等にかかわらず運用することができる通信の一つである「船位通報」とは，遭難した船舶や航空機や人の救助や捜索のために行政機関が収集する**船舶の位置に関する通報**です．そのほかに**港湾用**の無線局と船舶局との間で行う通信や**海上保安庁**の無線局と船舶局との間の通信などがあります．

答え▶▶▶2

問題 2 ★★★ ➡5.2

海上移動業務の無線局を運用する場合における免許状に記載された事項の遵守に関する次の記述のうち，電波法（第52条から第55条まで）の規定に照らし，これらの規定に定めるところに適合しないものはどれか．下の1から4までのうちから一つ選べ．

1 無線局は，免許状に記載された目的又は通信の相手方若しくは通信事項の範囲を超えて運用してはならない．ただし，遭難通信，緊急通信，安全通信，非常通信，放送の受信その他総務省令で定める通信については，この限りでない．
2 無線局を運用する場合においては，空中線電力は，免許状に記載されたところによらなければならない．ただし，遭難通信については，この限りでない．
3 無線局を運用する場合においては，無線設備の設置場所，識別信号，電波の型式及び周波数は，その無線局の免許状に記載されたところによらなければならない．ただし，遭難通信については，この限りでない．
4 無線局は，免許状に記載された運用許容時間内でなければ，運用してはならない．ただし，遭難通信，緊急通信，安全通信，非常通信，放送の受信その他総務省令で定める通信を行う場合及び総務省令で定める場合は，この限りでない．

解説 2「空中線電力は，免許状に記載された**ところによらなければならない**」ではなく，正しくは「空中線電力は，免許状に記載された**ものの範囲内で，通信を行うため必要最小のものであること**」です．

答え▶▶▶2

問題 3 ★★★ ➡5.2

次の記述は，海上移動業務の無線局の免許状に記載した事項の遵守について述べたものである．電波法（第53条，第54条及び第110条）の規定に照らし，[　　]内に入れるべき最も適切な字句を下の1から10までのうちからそれぞれ一つ選べ．なお，同じ記号の[　　]内には，同じ字句が入るものとする．

① 無線局を運用する場合においては，[ア]，識別信号，電波の型式及び周波数は，その無線局の免許状に記載されたところによらなければならない．ただし，[イ]については，この限りでない．

② 無線局を運用する場合においては，空中線電力は，次の(1)及び(2)に定めるところによらなければならない．ただし，[イ]については，この限りでない．

(1) 免許状に記載された[ウ]であること．

(2) 通信を行うため[エ]ものであること．

③ ①又は②の(1)に違反して無線局を運用した者は，[オ]に処する．

1 無線設備の設置場所　　2 無線設備
3 遭難通信　　4 遭難通信，緊急通信及び安全通信
5 ところによるもの　　6 ものの範囲内
7 必要最小の　　8 十分余裕のある
9 2年以下の懲役又は100万円以下の罰金
10 1年以下の懲役又は100万円以下の罰金

解説 電波法第53条に「無線局を運用する場合においては，**無線設備の設置場所**，識別信号，電波の型式及び周波数は，免許状等に記載されたところによらなければならない．ただし，**遭難通信**については，この限りでない．」と規定されています．また，無線局を運用する場合の空中線電力は，「免許状等に記載された**ものの範囲内**」で「通信を行うため**必要最小の**もの」でなくてはなりません．免許状に記載された事項に違反して運用した場合は**1年以下の懲役又は100万円以下の罰金**に処されます．

答え▶▶▶ア－1　イ－3　ウ－6　エ－7　オ－10

問題 4 ★★ ➡5.2

次の記述は，非常通信及び非常の場合の無線通信について述べたものである．電波法（第 52 条，第 74 条及び第 74 条の 2）及び無線局運用規則（第 136 条）の規定に照らし，[　　] 内に入れるべき最も適切な字句の組合せ下の 1 から 5 までのうちから一つ選べ．なお，同じ記号の [　　] 内には，同じ字句が入るものとする．

① 非常通信とは，地震，台風，洪水，津波，雪害，火災，暴動その他非常の事態が発生し，又は発生する虞《おそれ》がある場合において，[A] を [B] に人命の救助，災害の救援，交通通信の確保又は秩序の維持のために行われる無線通信をいう．

② 総務大臣は，地震，台風，洪水，津波，雪害，火災，暴動その他非常の事態が発生し，又は発生する虞がある場合においては，人命の救助，災害の救援，交通通信の確保又は秩序の維持のために必要な通信を [C] ことができる．

③ 総務大臣は，②の通信の円滑な実施を確保するため必要な体制を整備するため，非常の場合における通信計画の作成，通信訓練の実施その他の必要な措置を講じておかなければならない．

④ 非常通信の取扱いを開始した後，[A] の状態が復旧した場合は，[D]．

	A	B	C	D
1	電気通信業務の通信	利用することができないか又はこれを利用することが著しく困難であるとき	無線局に行うように要請する	速やかにその取扱いを停止することができる
2	電気通信業務の通信	利用することができないとき	無線局に行うように要請する	速やかにその取扱いを停止しなければならない
3	有線通信	利用することができないか又はこれを利用することが著しく困難であるとき	無線局に行わせる	速やかにその取扱いを停止しなければならない
4	有線通信	利用することができないとき	無線局に行わせる	速やかにその取扱いを停止することができる
5	有線通信	利用することができないとき	無線局に行うように要請する	速やかにその取扱いを停止しなければならない

解説 非常通信とは，**有線通信を利用することができないか又はこれを利用することが著しく困難であるとき**に免許人の意思で行われます．なお，非常通信の取扱を開始した後，有線通信の状態が復旧した場合は，**速やかにその取扱いを停止しなければなりません**（無線局運用規則第 136 条）．

非常の場合の無線通信（5.2 節参照）では，総務大臣が**無線局に行わせる**ことができます．

答え▶▶▶ 3

5.3 混信等の防止

「混信」とは，他の無線局の正常な業務の運行を妨害する電波の発射，輻射又は誘導をいいます．この混信は，無線通信業務で発生するものに限定されており，送電線や高周波設備などから発生するものは含みません．

電波法 第 56 条（混信等の防止）〈抜粋〉

無線局は，**他の無線局**又は電波天文業務（宇宙から発する電波の受信を基礎とする天文学のための当該電波の受信の業務をいう．）の用に供する受信設備その他の総務省令で定める受信設備（無線局のものを除く．）で総務大臣が指定するものにその運用を阻害するような混信その他の**妨害を与えないように運用**しなければならない．ただし，**遭難通信，緊急通信，安全通信又は非常通信**については，この限りでない．

問題 5 ★★ ➡ 5.3

次の記述は，混信等の防止について述べたものである．電波法（第 56 条）の規定に照らし，□内に入れるべき最も適切な字句の組合せを下の 1 から 4 までのうちから一つ選べ．

無線局は，[A]又は電波天文業務（宇宙から発する電波の受信を基礎とする天文学のための当該電波の受信の業務をいう．）の用に供する受信設備その他の総務省令で定める受信設備（無線局のものを除く．）で総務大臣が指定するものにその運用を阻害するような混信その他の[B]ならない．ただし，[C]については，この限りでない．

	A	B	C
1	他の無線局	妨害を与えない機能を有しなければ	遭難通信，緊急通信又は安全通信
2	重要無線通信を行う無線局	妨害を与えないように運用しなければ	遭難通信，緊急通信又は安全通信
3	重要無線通信を行う無線局	妨害を与えない機能を有しなければ	遭難通信，緊急通信，安全通信又は非常通信
4	他の無線局	妨害を与えないように運用しなければ	遭難通信，緊急通信，安全通信又は非常通信

解説 無線局は，**他の無線局**又は電波天文業務の受信設備等の運用を阻害するような混信等の**妨害を与えないように運用しなければ**なりません．ただし，遭難通信，緊急通信，安全通信，非常通信については，例外とされています．

答え▶▶▶4

5.4 通信の秘密の保護

憲法第21条で通信の秘密の保護が定められていますが，電波法第59条においても通信の秘密が保護されています．通信の秘密の保護とは，通信内容が他人に知られないことをいいます．電波法第59条に規定されていることは，無線従事者や免許人はもちろん，国民全員に要求されます．なお，違反者には罰則規定があります．

電波法 第59条（秘密の保護）

何人も法律に別段の定めがある場合を除くほか，特定の相手方に対して行われる無線通信を傍受してその存在若しくは内容を漏らし，又はこれを窃用してはならない．

「法律に別段の定めがある場合」とは，犯罪捜査などが該当します．「傍受」は自分宛ではない無線通信を積極的意思を持ち受信することです．「窃用」は，無線通信の存在，内容をその無線通信の発信者又は受信者の意思に反して，自分又は第三者のために利用することをいいます．

電波法　第109条（罰則）

無線局の取扱中に係る**無線通信**の秘密を漏らし，又は窃用した者は，1年以下の懲役又は50万円以下の罰金に処する.

2　**無線通信の業務に従事する者**がその業務に関し知り得た前項の秘密を漏らし，又は窃用したときは，**2年以下の懲役又は100万円以下の罰金**に処する.

一般の場合と比較し，無線通信の業務に従事する者は，その刑が2倍と重くなっています.

問題 6　★★★　➡5.4

無線通信（注）の秘密の保護に関する次の記述のうち，電波法（第59条）の規定に照らし，この規定に定めるところに適合するものはどれか．下の1から4までのうちから一つ選べ.

注　電気通信事業法第4条（秘密の保護）第1項又は第164条（適用除外等）第3項の通信であるものを除く.

1　何人も法律に別段の定めがある場合を除くほか，いかなる無線通信も傍受してはならない.

2　何人も法律に別段の定めがある場合を除くほか，いかなる無線通信も傍受してその存在若しくは内容を漏らし，又はこれを窃用してはならない.

3　何人も法律に別段の定めがある場合を除くほか，特定の相手方に対して行われる無線通信を傍受してその存在若しくは内容を漏らし，又はこれを窃用してはならない.

4　何人も法律に別段の定めがある場合を除くほか，総務省令定める周波数の電波を使用して行われるいかなる無線通信も傍受してその存在若しくは内容を漏らし，又はこれを窃用してはならない.

答え▶▶▶3

5.5 擬似空中線回路の使用

送信機などの試験や調整を行うときに，実際のアンテナに接続すると，電波が放射されて他の無線局に妨害を与えるおそれがあります．そこで，アンテナの代わりに擬似空中線回路（アンテナと等価な抵抗，インダクタンス，キャパシタンスを有する回路）を接続することにより，空中に電波を放射することなく送信機などの試験や調整を行うことができます．

電波法 第57条（擬似空中線回路の使用）〈一部改変〉

無線局は，「**無線設備の機器の試験又は調整**を行うために運用するとき」，「**実験等無線局を運用**するとき」は，なるべく擬似空中線回路を使用しなければならない．

問題 7 ★★ ➡5.5

無線局の運用に関する次の事項のうち，無線局がなるべく擬似空中線回路を使用しなければならないときに該当しないものはどれか．電波法（第57条）の規定に照らし，下の1から4までのうちから一つ選べ．

1 海岸局の無線設備の機器の試験を行うために運用するとき．
2 船舶局の無線設備の機器の調整を行うために運用するとき．
3 総合通信局長（沖縄総合通信事務所長を含む．）が行う無線局の検査のために無線局を運用するとき．
4 実験等無線局を運用するとき．

答え▶▶▶3

5.6 無線設備の機能の維持等

義務船舶局には，時計，電源用蓄電池，双方向無線電話，遭難自動通報設備を始め，さまざまな機器や無線設備が搭載されています．これらの機器がいつでも最良の状態で使用することができるように機能試験をするように規定されており，機能試験の実施の日及び試験の結果に関する記録を作成し，当該試験をした日から2年間保存しなければなりません．

無線局運用規則 第3条（時計）

電波法第60条の時計は，その時刻を毎日1回以上中央標準時又は協定世界時に照合しておかなければならない．

無線局運用規則 第5条（電源用蓄電池の充電）

義務船舶局等の無線設備の補助電源用蓄電池は，その船舶の航行中は，**毎日十分に充電**しておかなければならない．

2 義務船舶局の双方向無線電話の電源用蓄電池は，その船舶の航行中は，**常に十分に充電**しておかなければならない．

無線局運用規則 第6条（義務船舶局等の無線設備の機能試験）第1項

義務船舶局の無線設備（デジタル選択呼出装置による通信を行うものに限る．）は，その船舶の航行中毎日1回以上，当該無線設備の試験機能を用いて，その機能を確かめておかなければならない．

無線局運用規則 第7条（双方向無線電話の機能試験）

双方向無線電話を備えている義務船舶局においては，その船舶の航行中**毎月1回以上**当該無線設備によって**通信連絡を行い**，その機能を確かめておかなければならない．

無線局運用規則 第8条（機能試験の通知）

義務船舶局等においては，機能を確かめた結果，その機能に異常があると認めたときは，その旨を**船舶の責任者**に通知しなければならない．

無線局運用規則 第8条の2（遭難自動通報局の無線設備等の機能試験）

遭難自動通報局（携帯用位置指示無線標識のみを設置するものを除く．）においては，**1年以内**の期間ごとに，別に告示する方法により，その無線設備の機能を確かめておかなければならない．

2 前項の規定は，遭難自動通報局以外の無線局の遭難自動通報設備について準用する．

5章

電波法施行規則 第38条の4(機能試験の記録)

遭難自動通報設備を備える無線局の免許人は,運用規則第8条の2の規定により当該設備の機能試験をしたときは,実施の日及び試験の結果に関する記録を作成し,当該試験をした日から**2年間**,これを保存しなければならない.

問題 8 ★★ ➡5.6

義務船舶局等の時計の時刻の照合,電源用電池の充電及び無線設備の機能の維持に関する次の記述のうち,無線局運用規則(第3条,第5条,第6条及び第8条の2)の規定に照らし,これらの規定に定めるところに適合しないものはどれか.下の1から4までのうちから一つ選べ.

1 義務船舶局の無線設備(デジタル選択呼出装置による通信を行うものに限る.)は,その船舶の航行中毎日1回以上,当該無線設備の試験機能を用いて,その機能を確かめておかなければならない.

2 義務船舶局及び義務船舶局のある船舶に開設する総務省令で定める船舶地球局の無線設備の補助電源用蓄電池並びに義務船舶局の双方向無線電話及び船上通信設備の電源用蓄電池は,毎日十分に充電しておかなければならない.

3 義務船舶局の遭難自動通報設備は,1年以内の期間ごとに,別に告示する方法により,その無線設備の機能を確かめておかなければならない.

4 義務船舶局に備え付けておかなければならない時計は,その時刻を毎日1回以上中央標準時又は協定世界時に照合しておかなければならない.

解説 2「**双方向無線電話及び船上通信設備**の電源用蓄電池」ではなく,正しくは「**双方向無線電話**の電源用蓄電池」です.

答え▶▶▶2

問題 9 ★★ ➡5.6

次の記述は,船舶局の双方向無線電話及び遭難自動通報設備の機能試験について述べたものである.電波法施行規則(第38条の4)及び無線局運用規則(第7条,第8条及び第8条の2)の規定に照らし,[ ]内に入れるべき最も適切な字句を下の1から10までのうちからそれぞれ一つ選べ.

(1) 双方向無線電話を備えている義務船舶局においては,その船舶の航行中[ア]当該無線設備によって[イ],その機能を確かめておかなければならない.

(2) (1) の義務船舶局においては，(1) により機能を確かめた結果，その機能に異常があると認めたときは，その旨を［ウ］に通知しなければならない．
(3) 船舶局の遭難自動通報設備については，［エ］ごとに，別に告示する方法により，その無線設備の機能を確かめておかなければならない．
(4) 遭難自動通報設備を備える無線局の免許人は，(3) により当該設備の機能試験をしたときは，実施の日及び試験の結果に関する記録を作成し，［オ］，これを保存しなければならない．

1	毎月 1 回以上	2	毎日 1 回以上
3	擬似空中線回路を使用して試験を行い	4	通信連絡を行い
5	船舶の責任者	6	船舶を運行する者
7	6 箇月以内の期間	8	1 年以内の期間
9	当該試験をした日から 1 年間	10	当該試験をした日から 2 年間

解説 船舶局の双方向無線電話は，航行中**毎月 1 回以上通信連絡を行って**機能を確かめなければならず，もし異常があった場合は**船舶の責任者**に通知しなければなりません．

船舶局の遭難自動通報設備は，**1 年以内の期間**ごとに機能を確認しなければならず，その結果の記録は **2 年間**保存しなくてはなりません．

答え▶▶▶ア－1 イ－4 ウ－5 エ－8 オ－10

5.7 一般通信方法

無線局の運用における通信方法を統一することは，無線局の能率的な運用にかかせません．通信の方法は無線電信の時代から存在しており，無線電信の通信の方法が基準になっています．無線電話が開発されたのは，無線電信の後ですので，無線電話の通信方法は無線電信の通信方法の一部分を読み替えて行います（例えば，「DE」を「こちらは」に読み替える）．無線局は，相手局を呼び出そうとするときは，電波を発射する前に，受信機を最良の感度に調整し，自局の発射しようとする電波の周波数その他必要と認める周波数によって聴守し，他の通信に混信を与えないことを確かめなければなりません．

電波法　第 61 条（通信方法等）

無線局の呼出し又は応答の方法その他の通信方法，時刻の照合並びに救命艇の無線設備及び方位測定装置の調整その他無線設備の機能を維持するために必要な事項の細目は，総務省令で定める．

5.7.1　無線通信の原則等

無線通信の原則及び送信速度等は次のように規定されています．

無線局運用規則　第 10 条（無線通信の原則）

必要のない無線通信は，これを行ってはならない．

2　無線通信に使用する用語は，できる限り簡潔でなければならない．

3　無線通信を行うときは，自局の識別信号を付して，その出所を明らかにしなければならない．

識別信号は，呼出符号や呼出名称のことです．呼出符号は無線電信と無線電話の両方に使用され，呼出名称は無線電話に使用されます．

4　無線通信は，正確に行うものとし，通信上の誤りを知ったときは，直ちに訂正しなければならない．

電波法　第 58 条（実験等無線局等の通信）

実験等無線局及びアマチュア無線局の行う通信には，暗語を使用してはならない．

無線通信の原則は，国際法である「無線通信規則」（国内法の無線局運用規則と混同しないように注意）の「無線局からの混信」，「局の識別」の規定より定められました．電波法第 1 条の「電波の能率的な利用」に係わってくる内容です．

無線局運用規則　第 16 条（送信速度等）

無線電話通信における通報の送信は，語辞を区切り，かつ，明りょうに発音して行なわなければならない．

2　遭難通信，緊急通信又は安全通信に係る前項の送信速度は，**受信者が筆記できる程度**のものでなければならない．

5.7.2　発射前の措置

電波を発射するときは，送信機を作動させる前に他の通信に混信を与えないことを確認する必要があります.

無線局運用規則　第19条の2（発射前の措置）

無線局は，相手局を呼び出そうとするときは，電波を発射する前に，**受信機を最良の感度**に調整し，自局の発射しようとする電波の周波数その他必要と認める周波数によって聴守し，**他の通信に混信を与えないこと**を確かめなければならない．ただし，遭難通信，緊急通信，安全通信及び法第74条（非常の場合の無線通信）第1項に規定する通信を行う場合並びに海上移動業務以外の業務において他の通信に混信を与えないことが確実である電波により通信を行う場合は，この限りでない.

2　前項の場合において，**他の通信**に混信を与えるおそれがあるときは，**その通信が終了した後**でなければ呼出しをしてはならない.

5.7.3　連絡設定の方法

(1) 呼出し

無線局運用規則　第20条（呼出し）第1項

海上移動業務における無線電話による呼出しは，順次送信する次に掲げる事項（以下「呼出事項」という.）によって行うものとする.

(1) **相手局の呼出符号　3回以下**
(2) **こちらは　1回**
(3) **自局の呼出符号　3回以下**

無線局運用規則第20条第1項で，呼び出しについて

(1) 相手局の呼出符号　3回以下（海上移動業務にあっては2回以下）
(2) こちらは　1回
(3) 自局の呼出符号　3回以下（海上移動業務にあっては2回以下）

と規定されていますが，海上移動業務における**無線電話による呼出し**については，無線局運用規則第58条の11第1項で「3回以下（海上移動業務にあっては2回以下)」を「3回以下」と読み替えるものとするとされています.

(2) 呼出しの反復及び再開

無線局運用規則 第21条(呼出しの反復及び再開)第1項

海上移動業務における無線電話による呼出しは,**2分間**の間隔をおいて**2回**反復することができる.呼出しを反復しても応答がないときは,少なくとも**3分間**の間隔をおかなければ,呼出しを再開してはならない.

無線局運用規則第21条第1項で,「海上移動業務における呼出しは,1分間以上の間隔をおいて2回反復することができる.呼出しを反復しても応答がないときは,少なくとも3分間の間隔をおかなければ,呼び出しを再開してはならない.」と規定されていますが,海上移動業務における**無線電話による呼出し**については,無線局運用規則第58条の11第1項で「1分間以上」を「2分間」と読み替えるものとするとされています.

(3) 呼出しの中止

無線局運用規則 第22条(呼出しの中止)

無線局は,自局の呼出しが他の既に行われている通信に混信を与える旨の通知を受けたときは,直ちにその呼出しを中止しなければならない.**無線設備の機器の試験又は調整**のための電波の発射についても同様とする.

2 前項の通知をする無線局は,その通知をするに際し,**分で表す概略の待つべき時間**を示すものとする.

(4) 応答

無線局運用規則 第23条(応答)

無線局は,自局に対する呼出しを受信したときは,直ちに応答しなければならない.

2 海上移動業務における無線電話による応答は,順次送信する次に掲げる事項(「応答事項」という.)によって行うものとする.

(1) **相手局の呼出符号　3回以下**

(2) **こちらは　1回**

(3) **自局の呼出符号　3回以下**

3 前項の応答に際して直ちに通報を受信しようとするときは,応答事項の次に「どうぞ」を送信するものとする.ただし,直ちに通報を受信することができない事由があるときは,「どうぞ」の代わりに「お待ち下さい」及び分で表す概略の待つべき時間を送信するものとする．概略の待つべき時間が 10 分以上のときは，その理由を簡単に送信しなければならない．

応答について，無線局運用規則第 23 条第 2 項で

(1) 相手局の呼出符号　3 回以下（海上移動業務にあっては 2 回以下）

(2) こちらは　1 回

(3) 自局の呼出符号　1 回

と規定されていますが，海上移動業務における**無線電話による応答**については，無線局運用規則第 58 条の 11 第 2 項で「相手局の呼出符号　3 回以下（海上移動業務にあっては 2 回以下）」を「3 回以下」，「自局の呼出符号 1 回」を「自局の呼出符号　3 回以下」と読み替えるものとするとされています．

(5) 不確実な呼出しに対する応答

無線局運用規則　第 26 条（不確実な呼出しに対する応答）

無線局は，自局に対する呼出しであることが確実でない呼出しを受信したときは，**その呼出しが反覆され，かつ，自局に対する呼出しであることが確実に判明するまで応答してはならない．**

2　自局に対する呼出しを受信した場合において，呼出局の呼出符号が不確実であるときは，応答事項のうち相手局の呼出符号の代わりに**「誰かこちらを呼びましたか」を使用して，直ちに応答しなければならない．**

関連知識　通報の送信方法

無線局運用規則第 29 ～ 31 条，38 条において，以下のように通報の送信方法が定められています．

通報の送信時は

(1) 相手局の呼出符号　1 回

(2) こちらは　1 回

(3) 自局の呼出符号　1 回

(4) 通報

(5) どうぞ　1 回

を送信し，通報の最後には「終わり」を送信します．

長時間の送信の際は 30 分ごとを標準として適当に「こちらは」及び自局の呼出符号を送信しなければなりません．

送信中で誤った送信をしたときは，「訂正」を前置して，正しく送信した適当の語字から更に送信しなければなりません．

通信の終了時には，「さようなら」を送信します．

5.7.4 試験電波の発射

無線局運用規則 第39条（試験電波の発射）〈一部改変〉

無線局は，無線機器の試験又は調整のため電波の発射を必要とするときは，発射する前に自局の発射しようとする**電波の周波数及びその他必要と認める周波数**によって聴守し，他の無線局の通信に混信を与えないことを確かめた後，次の符号を順次送信し，更に1分間聴守を行い，他の無線局から停止の請求がない場合に限り，**「本日は晴天なり」**の連続及び自局の呼出符号1回を送信しなければならない．この場合において，**「本日は晴天なり」**の連続及び自局の呼出符号の送信は，10秒間を超えてはならない．

(1) ただいま試験中　3回

(2) こちらは　1回

(3) 自局の呼出符号　3回

2　試験又は調整中は，しばしばその電波の周波数により聴守を行い，**他の無線局から停止の要求がないかどうか**を確かめなければならない．

3　海上移動業務以外の業務の無線局にあっては，必要があるときは，10秒間をこえて「本日は晴天なり」の連続及び自局の呼出符号の送信をすることができる．

問題 10 ★★ ➡5.7.1

一般通信方法における無線通信の原則に関する次の記述のうち，無線局運用規則（第10条）の規定に照らし，この規定に定めるところに適合しないものはどれか．下の1から4までのうちから一つ選べ．

1　必要のない無線通信は，これを行ってはならない．

2　無線通信に使用する用語は，できる限り簡潔でなければならない．

3　無線通信は，できる限り速い送信速度で行わなければならない．

4　無線通信を行うときは，自局の識別信号を付して，その出所を明らかにしなければならない．

解説　一般通信方法において，送信速度は規定されていません．

答え▶▶▶3

問題 11 ★★ ➡5.7.1

無線電話通信における通報の速度に関する次の記述のうち，無線局運用規則（第16条）の規定に照らし，遭難通信，緊急通信又は安全通信に係る通報の送信速度として，この規定に定めるところに適合するものはどれか．次の1から4までのうちから一つ選べ．

1 原則として，1分に50字を超えない速度
2 正確を期することができるできるだけ速い速度
3 送信者の技量に応じたできるだけ速い速度
4 受信者が筆記できる程度の速度

解説 遭難通信，緊急通信，安全通信に係る通報の送信速度は，**受信者が筆記できる程度の速度**と規定されています．

答え ▶▶▶ 4

問題 12 ★★ ➡5.7.2

次の記述は，海上移動業務の無線局の無線電話による通信を行う場合における電波の発射前の措置について述べたものである．無線局運用規則（第19条の2）の規定に照らし，[　　]内に入れるべき最も適切な字句を下の1から10までのうちからそれぞれ一つ選べ．

(1) 無線局は，相手局を呼び出そうとするときは，電波を発射する前に，[ア]に調整し，[イ]の周波数その他必要と認める周波数によって聴守し，[ウ]を確かめなければならない．ただし，遭難通信，緊急通信，安全通信及び電波法第74条（非常の場合の無線通信）第1項に規定する通信を行なう場合は，この限りでない．

(2) (1) の場合において，[エ]に混信を与えるおそれがあるときは，[オ]でなければ呼出しをしてはならない．

1 送信機を最良の状態　　2 受信機を最良の感度
3 自局の発射しようとする電波
4 遭難通信，緊急通信及び安全通信に使用する電波
5 遭難通信，緊急通信及び安全通信が行われていないこと
6 他の通信に混信を与えないこと　　7 他の通信
8 重要無線通信　　9 少なくとも10分間経過した後
10 その通信が終了した後

解説 電波を発射する前は，**受信機を最良の感度**に調整した後，**自局の発射しようとする電波**の周波数その他必要と認める周波数を聴守し，**他の通信に混信を与えないこと**を確かめなければなりません．**他の通信**に混信を与えるおそれがあるときは，**その通信が終了した後**でなければ呼出しをしてはいけません．

答え▶▶▶ア－2 イ－3 ウ－6 エ－7 オ－10

問題 13 ★★★ ➡5.7.3

次の記述は，海上移動業務の無線電話通信における呼出しの反復及び再開並びに呼出しの中止について述べたものである．無線局運用規則（第21条，第22条，第18条及び第58の11）の規定に照らし，［　　］内に入れるべき最も適切な字句の組合せを下の1から5までのうちから一つ選べ．

(1) 海上移動業務における呼出しは，［ A ］の間隔を置いて2回反復することができる．呼出しを反復しても応答がないときは，少なくとも［ B ］の間隔を置かなければ，呼び出しを再開してはならない．

(2) 無線局は，自局の呼出しが他の既に行われている通信に混信を与える旨の通知を受けたときは，直ちにその呼出しを中止しなければならない．［ C ］のための電波の発射についても同様とする．

(3) (2)の通知をする無線局は，その通知をするに際し，［ D ］を示すものとする．

	A	B	C	D
1	2分間	3分間	無線設備の機器の試験又は調整	分で表す概略の待つべき時間
2	2分間	2分間	通報の送信	受けている混信の度合い
3	2分間	3分間	無線設備の機器の試験又は調整	受けている混信の度合い
4	1分間	3分間	通報の送信	分で表す概略の待つべき時間
5	1分間	2分間	無線設備の機器の試験又は調整	受けている混信の度合い

解説 海上移動業務における呼出しは**2分間**の間隔をおいて2回反復し，応答がない場合は**3分間**の間隔をおかなければなりません．

無線設備の機器の試験又は調整のための電波の発射が他の通信に混信を与える旨の通知を受けたときは直ちに呼出しを中止しなければなりません．なお，この通知をする無線局は**分で表す概略の待つべき時間**を示すこととしています．

答え▶▶▶1

問題 14 ★★ ➡5.7.3

海上移動業務における無線電話通信の呼出し及び応答に関する次の記述のうち，無線局運用規則（第 20 条，第 21 条，第 23 条，第 14 条，第 18 条及び第 58 条の 11）の規定に照らし，これらの規定に定めるところに適合しないものはどれか．下の 1 から 4 までのうちから一つ選べ．

1 呼出しは，順次送信する次に掲げる事項によって行うものとする．
  (1) 相手局の呼出名称 3 回以下
  (2) こちらは 1 回
  (3) 自局の呼出名称 3 回以下
2 無線局は，自局に対する呼出しを受信したときは，直ちに応答しなければならない．
3 呼出しに対する応答は，順次送信する次に掲げる事項によって行うものとする．
  (1) 相手局の呼出名称 3 回以下
  (2) こちらは 1 回
  (3) 自局の呼出名称 3 回以下
4 呼出しは，1 分以上の間隔をおいて 3 回反復することができる．呼出しを反復しても応答がないときは，少なくとも 15 分間の間隔をおかなければ，呼び出しを再開してはならない．

解説 4「**1 分以上**の間隔をおいて 3 回反復することができる．呼出しを反復しても応答がないときは，少なくとも **15 分間**の間隔」ではなく，正しくは「**2 分間**の間隔をおいて 2 回反復することができる．呼出しを反復しても応答がないときは，少なくとも **3 分間**の間隔」です．

答え ▶▶▶ 4

問題 15 ★★ ➡5.7.3

海上移動業務の無線電話通信における不確実な呼出しに対する応答に関する次の記述のうち，無線局運用規則（第 26 条，第 14 条及び第 18 条）の規定に照らし，これらの規定に定めるところに適合するものを 1，これらの規定に定めるところに適合しないものを 2 として解答せよ．

ア 無線局は，自局に対する呼出しを受信した場合において，呼出局の呼出名称が不確実であるときは，応答事項のうち相手局の呼出名称の代わりに「貴局名は何ですか」の語を使用して，直ちに応答しなければならない．

イ 無線局は，自局に対する呼出しを受信した場合において，呼出局の呼出名称が不確実であるときは，応答事項のうち相手局の呼出符号の代わりに「誰かこちらを呼びましたか」を使用して，直ちに応答しなければならない．

ウ 無線局は，自局に対する呼出しを受信した場合において，呼出局の呼出名称が不確実であるときは，その呼出しが反覆され，かつ，呼出局の呼出名称が確実に判明するまで応答してはならない．

エ 無線局は，自局に対する呼出しであることが確実でない呼出しを受信したときは，その呼出しが反覆され，かつ，自局に対する呼出しであることが確実に判明するまで応答してはならない．

オ 無線局は，自局に対する呼出しであることが確実でない呼出しを受信したときは，応答事項のうち，相手局の呼出名称の代わりに「誰かこちらを呼びましたか」を使用して，直ちに応答しなければならない．

解説 自局に対する呼出しかどうかが不確実なときは，自局に対する呼出しであることが確実に判明するまで応答してはいけません．また，自局に対する呼出しで呼出局の呼出名称が不確実なときは「誰かこちらを呼びましたか」を使用して，直ちに応答しなければなりません．

答え▶▶▶ア－2 イ－1 ウ－2 エ－1 オ－2

問題 16 ★★ ➔5.7.4

次の記述は，海上移動業務における無線電話による試験電波の発射について述べたものである．無線局運用規則（第 14 条，第 18 条，第 39 条及び別表第 4 号）の規定に照らし，［　　］内に入れるべき最も適切な字句の組合せを下の 1 から 4 までのうちから一つ選べ．なお，同じ記号の［　　］内には，同じ字句が入るものとする．

① 無線局は，無線機器の試験又は調整のため電波の発射を必要とするときは，発射する前に，自局の発射しようとする［A］によって聴守し，他の無線局の通信に混信を与えないことを確かめた後，次の (1) から (3) までの事項を順次送信し，更に 1 分間聴守を行い，他の無線局から停止の請求がない場合に限り，「［B］」の連続及び自局の呼出名称 1 回を送信しなければならない．この場合において，「［B］」の連続及び自局の呼出名称の送信は，10 秒間を超えてはならない．

(1) ただいま試験中 3 回
(2) こちらは 1 回
(3) 自局の呼出名称 3 回

② ①の試験又は調整中は，しばしばその電波の周波数により聴守を行い，[C] を確かめなければならない.

	A	B	C
1	電波の周波数及びその他必要と認める周波数	試験電波発射中	他の無線局の通信に混信を与えないこと
2	電波の周波数	本日は晴天なり	他の無線局の通信に混信を与えないこと
3	電波の周波数	試験電波発射中	他の無線局から停止の要求がないかどうか
4	電波の周波数及びその他必要と認める周波数	本日は晴天なり	他の無線局から停止の要求がないかどうか

解説 無線局は，無線機器の試験又は調整のため電波の発射を必要とするときは，発射する前に自局の発射しようとする**電波の周波数及びその他必要と認める周波数**によって聴守し，他の通信に混信を与えないことを確かめた後，「ただいま試験中」，「こちらは」，「自局の呼出名称」を順次送信した後，更に1分間聴守を行い，他の無線局から停止の請求がない場合に限り，「**本日は晴天なり**」の連続及び自局の呼出符号1回を送信しなければなりません．なお，試験中又は調整中の際は，**他の無線局から停止の要求がないかどうか**を確認しなければなりません．

答え▶▶▶4

出題傾向 下線の部分を穴埋めにした問題も出題されています．

5.8 海上移動業務・海上移動衛星業務・海上無線航行業務の無線局の運用

5.8.1 船舶局の運用

電波法 第62条（船舶局の運用）

船舶局の運用は，その船舶の**航行中**に限る．ただし，**受信装置**のみを運用するとき，電波法第52条各号に掲げる通信（**遭難通信**，**緊急通信**，**安全通信**，**非常通信**，放送の受信，その他総務省令で定める通信）を行うとき，その他総務省令で定める場合は，この限りでない．

2 海岸局（船舶局と通信を行うため陸上に開設する無線局をいう.）は，船舶局から自局の運用に妨害を受けたときは，妨害している船舶局に対して，その妨害を除去するために必要な措置をとることを求めることができる.

3 船舶局は，海岸局と通信を行う場合において，通信の順序若しくは時刻又は使用電波の型式若しくは周波数について，海岸局から指示を受けたときは，その指示に従わなければならない.

無線局運用規則 第40条（入港中の船舶の船舶局の運用）

電波法第62条第1項ただし書の規定により入港中の船舶の船舶局を運用することができる場合は，次のとおりとする.

(1) 無線通信によらなければ他に陸上との連絡手段がない場合であって，急を要する通報を海岸局に送信する場合

(2) **総務大臣若しくは総合通信局長が行う無線局の検査に際してその運用を必要とする場合**

(3) **26.175 MHz を超え 470 MHz 以下**の周波数の電波により通信を行う場合

(4) その他別に告示する場合

電波法施行規則 第37条（免許状の目的等にかかわらず運用することができる通信）〈抜粋〉

(1) **無線機器の試験又は調整をするために行う通信**

(25) **法第74条第1項に規定する通信の訓練のために行う通信**

無線局運用規則 第40条の2（船舶自動識別装置等の常時動作）

電波法施行規則第28条第1項の規定により船舶自動識別装置を備えなければならない義務船舶局又は同条第6項に規定する船舶長距離識別追跡装置を備える無線局は，これらの無線局のある**船舶の航行中**常時，これらの装置を動作させなければならない．ただし，次の各号に掲げる場合は，この限りでない.

(1) 航行情報の保護を規定する**国際的な取決め，規則又は基準**がある場合

(2) **船舶の責任者**が当該船舶の安全の確保に関し，航行情報を秘匿する必要があると特に認める場合

2 前項（2）の規定により船舶長距離識別追跡装置の動作を停止する時間は，必要最小限でなければならない.

3　第1項（2）の規定により船舶長距離識別追跡装置の動作を停止した場合は，その装置を備える船舶の責任者は，遅滞なくその旨を海上保安庁に通報しなければならない．

5.8.2 海岸局等の運用

電波法　第63条（海岸局等の運用）

海岸局及び海岸地球局（陸上に開設する無線局であって，人工衛星局の中継により船舶地球局と無線通信を行うものをいう．）は，**常時**運用しなければならない．ただし，総務省令で定める海岸局及び海岸地球局については，この限りでない．

無線局運用規則　第45条（常時運用しない海岸局）第1項

電波法第63条ただし書の海岸局は，次の各号の1に該当するものであって，総務大臣がその**運用の時期及び運用義務時間**を指定した海岸局とする．

（1）電気通信業務を取り扱わない海岸局

（2）閉局中は隣接海岸局によってその業務が代行されることとなっている海岸局

（3）**季節的に運用**する海岸局

5.8.3 聴守義務

電波法　第65条（聴守義務）

次の表の左欄に掲げる無線局で総務省令で定めるものは，同表の1の項及び2の項に掲げる無線局にあっては常時，同表の3の項に掲げる無線局にあっては総務省令で定める時間中，同表の4の項に掲げる無線局にあってはその運用義務時間（無線局を運用しなければならない時間をいう．）中，その無線局に係る同表の右欄に掲げる周波数で聴守しなければならない．ただし，総務省令で定める場合は，この限りでない．

無線局	周波数
1　デジタル選択呼出装置を施設している船舶局及び海岸局（常時）	総務省令で定める周波数
2　船舶地球局及び海岸地球局（常時）	総務省令で定める周波数
3　船舶局（総務省令で定める時間中）	156.65 MHz，及び 156.8 MHz 及び総務省令で定める周波数
4　海岸局（**運用義務時間中**）	総務省令で定める周波数

無線局運用規則 第 42 条(聴守電波等)

電波法第 65 条本文の総務省令で定める無線局は次の各号に定めるとおりとする.

(1) デジタル選択呼出装置を施設している船舶局及び海岸局については,F1B 電波 **2 187.5 kHz**,4 207.5 kHz,6 312 kHz,8 414.5 kHz,12 577 kHz 若しくは 16 804.5 kHz 又は F2B 電波 156.525 MHz の指定をうけているもの

(2) 船舶地球局及び海岸地球局については,総務大臣が別に告示するもの

(3) 船舶局については,次に掲げるもの

① F3E 電波 156.65 MHz 又は 156.8 MHz の指定を受けている船舶局(旅客船又は総トン数 300 トン以上の船舶であって,国際航海に従事するものの船舶局に限る.)

② 電波法第 33 条の規定によりナブテックス受信機を備える船舶局

③ 電波法第 33 条の規定によりインマルサット高機能グループ呼出受信機を備える船舶局

(4) 海岸局については,F3E 電波 156.8 MHz の指定を受けているもの

無線局運用規則 第 43 条(聴守電波等)

電波法第 65 条の総務省令で定める時間は,次の各号に掲げるとおりとする.

(1) F3E 電波 156.65 MHz 及び 156.8 MHz の聴守については,その船舶が海上交通安全法第 1 条第 2 項の規定による同法を適用する海域及び港則法第 3 条第 2 項に規定する特定港の区域を航行中常時

(2) F1B 電波 518 kHz の聴守については,F1B 電波 518 kHz で海上安全情報を送信する無線局の通信圏の中にあるとき常時

(3) F1B 電波 424 kHz の聴守については,F1B 電波 424 kHz で海上安全情報を送信する無線局の通信圏として総務大臣が別に告示するものの中にあるとき常時

(4) G1D 電波 1 530 MHz から 1 545 MHz までの 5 kHz 間隔の周波数のうち,インマルサット高機能グループ呼出しの回線設定を行うための周波数の聴守については,常時

無線局運用規則 第 43 条の 2(聴守電波等)第 1 項

電波法第 65 条の表の 1 の項の総務省令で定める周波数は,次の各号に掲げる周波数のうち当該無線局が指定を受けているものとする.

(1) F1B 電波 2 187.5 kHz

(2) F1B 電波 8 414.5 kHz

(3) F1B 電波 4 207.5 kHz，6 312 kHz，12 577 kHz 及び 16 804.5 kHz（船舶局の場合にあっては，これらの電波のうち，時刻，季節，地理的位置等に応じ，適当な海岸局と通信を行うため適切な **1 の周波数**とする.

(4) F2B 電波 156.525 MHz

無線局運用規則 第 44 条（聴守電波等）

電波法第 65 条ただし書の総務省令で定める場合は，次の各号に掲げるとおりとする.

(1) 船舶地球局にあっては，**無線設備の緊急の修理**を行う場合又は**現に通信**を行っている場合であって，聴守することができないとき.

(2) 船舶局にあっては，次に掲げる場合

① **無線設備の緊急の修理**を行う場合又は**現に通信**を行っている場合であって，聴守することができないとき.

② 156.65 MHz 又は 156.8 MHz の聴守については，当該周波数の電波の**指定を受けていない**場合

(3) 海岸局については，**現に通信**を行っている場合

5.8.4 電波の使用制限

無線局運用規則 第 58 条（電波の使用制限）第 1 ～ 5 項

2 187.5 kHz，4 207.5 kHz，6 312 kHz，8 414.5 kHz，12 577 kHz 及び 16 804.5 kHz の周波数の電波の使用は，**デジタル選択呼出装置**を使用して**遭難通信**，**緊急通信又は安全通信**を行う場合に限る.

2 2 174.5 kHz，4 177.5 kHz，6 268 kHz，8 376.5 kHz，12 520 kHz 及び 16 695 kHz の周波数の電波の使用は，狭帯域直接印刷電信装置を使用して遭難通信，緊急通信又は安全通信を行う場合に限る.

3 27 524 kHz 及び 156.8 MHz の周波数の電波の使用は，次に掲げる場合に限る.

(1) 遭難通信，緊急通信（医事通報に係る係るものにあっては，156.8 MHz の周波数の電波については，緊急呼出しに限る.）又は安全呼出し（27 524 kHz の周波数の電波については，安全通信）を行う場合.

(2) 呼出し又は応答を行う場合

(3) **準備信号**（応答又は通報の送信の準備に必要な略符号であって，呼出事項又は応答事項に引き続いて送信されるものをいう.）を送信する場合

(4) 27 524 kHz の周波数の電波については，海上保安業務に関し急を要する通信その他船舶の航行の安全に関し急を要する通信（(1) に掲げる通信を除く.）を行う場合

4　500 kHz，2 182 kHz 及び 156.8 MHz の周波数の電波の使用は，できる限り短時間とし，かつ，1 分以上にわたってはならない．ただし，2 182 kHz の周波数の電波を使用して遭難通信，緊急通信又は安全通信を行う場合及び 156.8 MHz の周波数の電波を使用して遭難通信を行う場合は，この限りでない.

5　8 291 kHz の周波数の電波の使用は，無線電話を使用して遭難通信，緊急通信又は安全通信を行う場合に限る.

5.8.5 デジタル選択呼出通信

無線局運用規則　第 58 条の 5（呼出しの反復）

海岸局における呼出しは，45 秒間以上の間隔をおいて 2 回送信することができる.

2　船舶局における呼出しは，**5 分間**以上の間隔をおいて 2 回送信することができる．これに応答がないときは，少なくとも **15 分間の間隔**を置かなければ，呼び出しを再開してはならない.

無線局運用規則　第 58 条の 6（応答）〈抜粋〉

自局に対する呼出しを受信したときは，海岸局にあっては 5 秒以上 4 分半以内に，船舶局にあっては **5 分以内**に応答するものとする.

2　前項の応答は，次に掲げる事項を送信するものとする.

(1) **呼出しの種類**

(2) 相手局の識別信号

(3) 通報の種類

(4) **自局の識別信号**

(5) 通報の型式

(6) 通報の周波数等

(7) 終了信号

3　前項の送信に際して直ちに通報を受信することができないときは，その旨を通報の型式で明示するものとする.

4 第 2 項の送信に際して相手局の使用しようとする電波の周波数等によって通報を受信することができないときは，通報の周波数等に**自局の希望する代わりの電波の周波数等**を明示するものとする.

5.8.6 狭帯域直接印刷電信通信

無線局運用規則 第 58 条の 8（呼出し）

呼出しは，次に掲げる事項を送信するものとする.

(1) 呼出しの信号

(2) 呼出しの信号及び相手局の識別信号

(3) 呼出しの信号及び呼出事項

無線局運用規則 第 58 条の 9（応答）

応答は，次に掲げる事項を送信するものとする.

(1) 応答の信号

(2) 応答の信号及び自局の識別信号

(3) 応答の信号及び応答事項

関連知識 狭帯域直接印刷電信通信の呼出しと応答

狭帯域直接印刷電信通信において，呼出しの際は「呼出しの信号」「呼出しの信号及び相手局の識別信号」「呼出しの信号及び呼出事項」を（無線局運用規則第 58 条の 8），応答の際は，「応答の信号」「応答の信号及び自局の識別信号」「応答の信号及び応答事項」を（第 58 条の 9）送信することと規定されています.

問題 17 ★★★ ➡ 5.8.1

次の記述は，船舶局の運用について述べたものである．電波法（第 62 条）及び無線局運用規則（第 40 条）の規定に照らし，[　　]内に入れるべき最も適切な字句の組合せを下の 1 から 5 までのうちから一つ選べ.

① 船舶局の運用は，その船舶の[A]に限る．ただし，[B]のみを運用するとき，[C]，放送の受信，その他総務省令で定める通信を行うとき，その他総務省令で定める場合は，この限りでない.

② ①ただし書のその他総務省令で定める場合の入港中の船舶の船舶局を運用することができる場合は，次の（1）から（4）までに掲げるとおりとする.

(1) 無線通信によらなければ他に陸上との連絡手段がない場合であって，急を要する通報を海岸局に送信する場合

(2) 総務大臣又は総合通信局長（沖縄総合通信事務所長を含む.）が行う無線局の検査に際してその運用を必要とする場合

(3) D の周波数の電波により通信を行う場合

(4) その他別に告示する場合

	A	B	C	D
1	航行中	受信装置	遭難通信	470 MHz を超える
2	航行中	無線電話の送受信装置	遭難通信	26.175 MHz を超え 470 MHz 以下の
3	航行中及び航行の準備中	無線電話の送受信装置	遭難通信，緊急通信 安全通信，非常通信	470 MHz を超える
4	航行中	受信装置	遭難通信，緊急通信 安全通信，非常通信	26.175 MHz を超え 470 MHz 以下の
5	航行中及び航行の準備中	受信装置	遭難通信，緊急通信 安全通信，非常通信	470 MHz を超える

解説 船舶局の運用は，その船舶の**航行中**に限られていますが，**受信装置**のみの運用（送信をしない）や**遭難通信，緊急通信，安全通信，非常通信**は航行中以外でも認められています．このほかに，**26.175 MHz を超え 470 MHz 以下**の周波数の通信も認められています．

答え ▶▶▶ 4

問題 18 ★★ ➡ 5.8.1

入港中の船舶の船舶局を運用することができる場合に関する次の記述のうち，電波法施行規則（第 37 条）及び無線局運用規則（第 40 条）の規定に照らし，これらの規定に定めるところに適合しないものはどれか．下の 1 から 4 までのうちから一つ選べ．

1 無線機器の試験又は調整をするための通信を行う場合
2 総務大臣若しくは総合通信局長（沖縄総合通信事務所長を含む.）が行う無線局の検査に際してその運用を必要とする場合
3 電波法第 74 条（非常の場合の無線通信）第 1 項に規定する通信の訓練のための通信を中短波帯又は短波帯の周波数の電波により行う場合
4 26.175 MHz を超え 470 MHz 以下の周波数の電波により港務用の無線局との間で湾内における船舶の交通に関する通信を行う場合

解説 3「電波法第 74 条（非常の場合の無線通信）第 1 項に規定する通信の訓練のための通信を**中短波帯又は短波帯の周波数の電波により**行う場合」ではなく，正しくは「電波法第 74 条（非常の場合の無線通信）第 1 項に規定する通信の訓練のための通信を行う場合」です.

答え▶▶▶3

問題 19 ★★ ➡5.8.1

次の記述は，船舶自動識別装置の常時動作について述べたものである．無線局運用規則（第 40 条の 2）の規定に照らし，[ ]内に入れるべき最も適切な字句の組合せを下の 1 から 4 までのうちから一つ選べ.

船舶局（電波法施行規則第 28 条（義務船舶局の無線設備の機器）第 1 項の規定に基づき船舶自動識別装置を備えなければならない義務船舶局に限る.）は，当該[A]常時，船舶自動識別装置を動作させなければならない．ただし，次の（1）又は（2）のいずれかに掲げる場合は，この限りでない.

（1）航行情報の保護を規定する[B]がある場合
（2）[C]が当該船舶の安全の確保に関し，航行情報を秘匿する必要があると特に認める場合

	A	B	C
1	船舶局の運用許容時間中	国内法令	船舶の責任者
2	船舶局のある船舶の航行中	国際的な取決め，規則又は基準	船舶の責任者
3	船舶局のある船舶の航行中	国内法令	船舶を運行する者
4	船舶局の運用許容時間中	国際的な取決め，規則又は基準	船舶を運行する者

解説 船舶自動識別装置は**船舶局のある船舶の航行中**，常時動作しなくてはいけません．ただし，航行情報の保護を規定する**国際的な取決め，規則又は基準**がある場合や**船舶を運行する者**の安全確保のために必要な場合は例外として動作しなくてもよいこととなっています．

答え▶▶▶2

問題 20 ★★ ➡5.8.2

次の記述は，海岸局等の運用について述べたものである．電波法（第63条）及び無線局運用規則（第45条）の規定に照らし，［　　］内に入れるべき最も適切な字句の組合せを下の1から4までのうちから一つ選べ．

① 海岸局及び海岸地球局（陸上に開設する無線局であって，人工衛星局の中継により船舶地球局と無線通信を行うものをいう．以下同じ．）は，［ A ］運用しなければならない．ただし，総務省令で定める海岸局及び海岸地球局については，この限りでない．

② ①のただし書の海岸局は，次の（1）から（3）までのいずれかに該当するものであって，総務大臣がその［ B ］を指定した海岸局とする．

（1）電気通信業務を取り扱わない海岸局

（2）閉局中は隣接海岸局によってその業務が代行されることとなっている海岸局

（3）［ C ］する海岸局

	A	B	C
1	常時	運用義務時間	臨時に運用
2	常時	運用の時期及び運用義務時間	季節的に運用
3	運用許容時間中	運用の時期及び運用義務時間	臨時に運用
4	運用許容時間中	運用義務時間	季節的に運用

解説 海岸局及び海岸地球局は，常時運用しなければなりません．ただし，総務大臣がその**運用の時期及び運用義務時間**を指定した海岸局で**季節的に運用**するものは例外とされています．

答え▶▶▶2

問題 21 ★★ ➡5.8.3

次の記述は，海上移動業務の無線局の聴守義務について述べたものである．電波法（第65条）及び無線局運用規則（第42条及び第43条の2）の規定に照らし，［　　］内に入れるべき最も適切な字句の組合せを下の1から4までのうちから一つ選べ．なお，同じ記号の［　　］内には，同じ字句が入るものとする．

① デジタル選択呼出装置を施設している船舶局及び海岸局であって，F1B電波［A］，4 207.5 kHz，6 312 kHz，8 414.5 kHz，12 577 kHz若しくは16 804.5 kHz又はF2B電波156.525 MHzの指定をうけているものは，常時，次の（1）から（4）までに掲げる周波数のうち，その無線局が指定を受けているもので，聴守をしなければならない．

（1）F1B電波［A］

（2）F1B電波8 414.5 kHz

（3）F1B電波4 207.5 kHz，6 312 kHz，12 577 kHz及び16 804.5 kHz（船舶局の場合にあっては，これらの電波のうち，時刻，季節，地理的位置等に応じ，適当な海岸局と通信を行うため適切な［B］とする．）

（4）F2B電波156.525 MHz

② 海岸局にあっては，F3E電波156.8 MHzの指定を受けているものは，［C］，その周波数で聴守をしなければならない．

	A	B	C
1	2 182 kHz	二の周波数	その運用義務時間中
2	2 182 kHz	一の周波数	常時
3	2 187.5 kHz	二の周波数	常時
4	2 187.5 kHz	一の周波数	その運用義務時間中

解説 デジタル選択呼出装置を施設している船舶局及び海岸局は，F1B電波（**2 187.5 kHz**，4 207.5 kHz，6 312 kHz，8 414.5 kHz，12 577 kHz，16 804.5 kHz）又はF2B電波（156.525 MHz）の指定をうけている周波数を聴守しなくてはなりません．なお，船舶局の場合は，F1B電波（4 207.5 kHz，6 312 kHz，12 577 kHz，16 804.5 kHz）のうち**一の周波数**を聴守しなければなりません．また，F3E電波156.8 MHzの指定を受けている海岸局は，その**運用義務時間中**聴守しなければなりません．

「〇〇のうち一の周波数」とは「〇〇の周波数のうちどれか1つ」という意味です．

答え▶▶▶4

問題 22 ★★ ➡5.8.3

海上移動業務の無線局の聴守義務に関する次の記述のうち，電波法（第 65 条）及び無線局運用規則（第 42 条から第 44 条まで）の規定に照らし，この規定に定めるところに適合しないものはどれか．下の 1 から 4 までのうちから一つ選べ．

1 デジタル選択呼出装置を施設している船舶局及び海岸局であって，F1B 電波 2 187.5 MHz 及び F2B 電波 156.525 MHz の指定をうけているものは，常時，これらの周波数で聴守しなければならない(注).

注 次に掲げる場合にあっては，聴守することを要しない（以下 2，3 及び 4 において同じ.）.

(1) 船舶局にあっては，無線設備の緊急の修理を行う場合又は現に通信を行っている場合であって，聴守することができないとき.

(2) 海岸局については，現に通信を行っている場合

2 海岸局にあっては，F3E 電波 156.8 MHz の指定を受けているものは，その運用義務時間中，その周波数で聴守しなければならない.

3 F3E 電波 156.65 MHz 又は 156.8 MHz の指定を受けている船舶局（旅客船又は総トン数 300 トン以上の船舶であって，国際航海に従事するものの船舶局に限る.）は，航行中常時，そのいずれかの周波数で聴守をしなければならない.

4 船舶局であって電波法第 33 条（義務船舶局の無線設備の機器）の規定によりナブテックス受信機を備えるものは，F1B 電波 518 kHz の聴守については，その周波数で海上安全情報を送信する無線局の通信圏の中にあるとき常時，F1B 電波 424 kHz の聴守については，その周波数で海上安全情報を送信する無線局の通信圏として総務大臣が別に告示するものの中にあるとき常時，F1B 電波 424 kHz 又は 518 kHz で聴守しなければならない.

解説 「航行中常時」ではなく，正しくは「総務省令で定める時間中」です.

答え▶▶▶ 3

問題 23 ★★ ➡5.8.3

次の記述は，電波法第 65 条（聴守義務）ただし書の規定により船舶局，海岸局及び船舶地球局が聴守することを要しない場合について述べたものである．無線局運用規則（第 44 条）の規定に照らし，[　　]内に入れるべき最も適切な字句の組合せを下の 1 から 5 までのうちから一つ選べ．なお，同じ記号の[　　]内には，同じ字句が入るものとする.

① 船舶地球局にあっては，[A]を行う場合又は[B]を行っている場合であって，聴守することができないとき．

② 船舶局にあっては，次の（1）又は（2）に掲げる場合

（1）[A]を行う場合又は[B]を行っている場合であって，聴守することができないとき．

（2）156.65 MHz 又は 156.8 MHz の聴守については，当該周波数の電波の[C]場合

③ 海岸局については，[B]を行っている場合

	A	B	C
1	無線設備の機器の試験又は調整	現に通信	使用が制限されている
2	無線設備の緊急の修理	現に通信	指定を受けていない
3	無線設備の緊急の修理	遭難通信，緊急通信又は安全通信	使用が制限されている
4	無線設備の機器の試験又は調整	現に通信	指定を受けていない
5	無線設備の緊急の修理	遭難通信，緊急通信又は安全通信	指定を受けていない

解説　**無線設備の緊急の修理**を行っている船舶地球局や船舶局や**現に通信**を行っている船舶地球局，船舶局，海岸局は聴取義務の例外とされています．

また，船舶局で当該周波数の電波の**指定を受けていない**場合の 156.65 MHz 又は 156.8 MHz の聴守も聴取義務の例外とされています．

答え▶▶▶2

問題 24 ★★　➡5.8.4

次の記述は，海上移動業務における電波の使用制限について述べたものである．無線局運用規則（第 58 条）の規定に照らし，[　　]内に入れるべき最も適切な字句の組合せを下の 1 から 5 までのうちから一つ選べ．

① [A]，4 207.5 kHz，6 312 kHz，8 414.5 kHz，12 577 kHz 及び 16 804.5 kHz の周波数の電波の使用は，[B]を使用して[C]を行う場合に限る．

② 156.8 MHz の周波数の電波の使用は，次の（1）から（3）までに掲げる場合に限る．

（1）遭難通信，緊急通信（医事通報に係る係るものにあっては，緊急呼出しに限る.）又は安全呼出しを行う場合

（2）呼出し又は応答を行う場合

（3）[D] を送信する場合

	A	B	C	D
1	2 182 kHz	無線電話	遭難通信	準備信号
2	2 182 kHz	デジタル選択呼出装置	遭難通信	船舶の航行の安全に関し急を要する通報
3	2 182 kHz	デジタル選択呼出装置	遭難通信，緊急通信又は安全通信	準備信号
4	2 187.5 kHz	無線電話	遭難通信，緊急通信又は安全通信	船舶の航行の安全に関し急を要する通報
5	2 187.5 kHz	デジタル選択呼出装置	遭難通信	準備信号

解説　無線局運用規則第 58 条において，「**2 187.5kHz**，4 207.5 kHz，6 312 kHz，8 414.5 kHz，12 577 kHz 及び 16 804.5 kHz の周波数の電波の使用は，**デジタル選択呼出装置**を使用して**遭難通信，緊急通信又は安全通信**を行う場合に限る」とされています．また，156.8 MHz の周波数の電波は**準備信号**を送信する場合など，使用が限定されています．

答え ▶▶▶ 3

問題 25 ★★★　　➡5.8.5

次の記述は，海上移動業務におけるデジタル選択呼出通信[注]について述べたものである．無線局運用規則（第 58 条の 5 及び第 58 条の 6）の規定に照らし，[　　]内に入れるべき最も適切な字句の組合せを下の 1 から 4 までのうちから一つ選べ．

注　遭難通信，緊急通信及び安全通信を行う場合のものを除く．

① 海上移動業務におけるデジタル選択呼出通信による呼出しの反復は，次により行うものとする．

（1）海岸局における呼出しは，45 秒間以上の間隔を置いて 2 回送信することができる．

(2) 船舶局における呼出しは，5 分間以上の間隔を置いて 2 回送信することができる．これに応答がないときは，少なくとも [A] を置かなければ，呼出しを再開してはならない．

② 自局に対する呼出しを受信したときは，海岸局にあっては 5 秒以上 4 分半以内に，船舶局にあっては [B] に応答するものとする．

③ ②の応答は，次に掲げる事項を送信するものとする．

(1) 呼出しの種類 (2) 相手局の識別信号 (3) 通報の種類

(4) 自局の識別信号 (5) 通報の型式 (6) 通報の周波数等 (7) 終了信号

④ ③の送信に際して相手局の使用しようとする電波の周波数等によって通報を受信することができないときは，③の (6) の通報の周波数等に [C] を明示するものとする．

	A	B	C
1	15 分間の間隔	5 分以内	自局の希望する代わりの電波の周波数等
2	10 分間の間隔	5 分以内	その電波の周波数等では通報を受信することができない旨
3	10 分間の間隔	10 分以内	自局の希望する代わりの電波の周波数等
4	15 分間の間隔	10 分以内	その電波の周波数等では通報を受信することができない旨

解説 船舶局における呼出しは 5 分間以上の間隔を置いて 2 回送信し，応答がないときは少なくとも **15 分間の間隔**を置かなければ再開してはいけません．

自局に対する呼出しを受信したとき，船舶局は **5 分以内**に応答しなければなりません．相手局の使用しようとする電波の周波数等によって通報を受信することができないときは，通報の周波数等に**自局の希望する代わりの電波の周波数等**を明示しなくてはいけません．

答え▶▶▶ 1

5章

5.9 遭難通信

遭難通信は，「**船舶又は航空機が重大かつ急迫の危険に陥った場合に遭難信号を前置する方法その他総務省令で定める方法により行う無線通信である.**」と規定されています．船舶で遭難通信が行われる具体例として，衝突や座礁などで沈没の可能性があり，自力で人命の安全が担保できない場合などが想定されます.

関連知識　遭難通信と遭難通報の違い

「遭難通信」は，遭難呼出し，通報，遭難通信終了までのすべての通信を表すのに対し，「遭難通報」は，遭難の場所や救助を容易にする情報など，いわば電報本文のようなイメージで，遭難通信の一部を構成するものです.

5.9.1 遭難通信

電波法 第66条（遭難通信）

海岸局，海岸地球局，船舶局及び船舶地球局（以下「海岸局等」という.）は，遭難通信を受信したときは，他の一切の無線通信に優先して，直ちにこれに応答し，かつ，遭難している船舶又は航空機を救助するため最も便宜な位置にある無線局に対して通報する等総務省令で定めるところにより救助の通信に関し最善の措置をとらなければならない.

2　無線局は，遭難信号又は電波法第52条（1）の総務省令で定める方法により行われる無線通信を受信したときは，遭難通信を妨害するおそれのある電波の発射を直ちに中止しなければならない.

5.9.2 遭難通信で使用する電波等

無線局運用規則 第70条の2（使用電波）第1項

海上移動業務における遭難通信，緊急通信又は安全通信は，次の各号に掲げる場合にあっては，それぞれ当該各号に掲げる電波を使用して行うものとする．ただし，**遭難通信**を行う場合であって，これらの周波数を使用することができないか又は使用することが不適当であるときは，この限りでない.

（1）デジタル選択呼出装置を使用する場合

F1B電波　2 187.5 kHz，4 207.5 kHz，6 312 kHz，8 414.5 kHz，12 577 kHz若しくは16 804.5 kHz又はF2B電波 **156.525 MHz**

(2) デジタル選択呼出通信に引き続いて狭帯域直接印刷電信装置を使用する場合
F1B 電波　2 174.5 kHz，4 177.5 kHz，6 268 kHz，8 376.5 kHz，12 520 kHz 又は 16 695 kHz

(3) デジタル選択呼出通信に引き続いて無線電話を使用する場合
J3E 電波　**2 182 kHz**，4 125 kHz，6 215 kHz，8 291 kHz，12 290 kHz 若しくは 16 420 kHz 又は F3E 電波 156.8 MHz

(4) 船舶航空機間双方向無線電話を使用する場合（遭難通信及び緊急通信を行う場合に限る.）
A3E 電波 121.5 MHz

(5) 無線電話を使用する場合（(3) 及び（4）に掲げる場合を除く.）
A3E 電波 27 524 kHz 若しくは F3E 電波 156.8 MHz 又は通常使用する呼出電波

電波法施行規則　第 2 条（定義）(37 の 3)

「船舶航空機間双方向無線電話」とは，船舶局の無線電話であって，船舶が遭難した場合に当該船舶又は他の船舶と航空機との間で当該船舶の捜索及び人命の救助に係る双方向の通信を行うため使用するものをいう.

電波法施行規則第 28 条にて，義務船舶局には船舶航空機間双方向無線電話を 1 台備えなければならないと規定されています.

5.9.3　責任者の命令等

無線局運用規則　第 71 条（責任者の命令等）第 1 項

船舶局における**遭難警報若しくは遭難警報の中継の送信**，遭難呼出し，遭難通報の送信，無線局運用規則第 78 条の 2 第 1 項及び第 2 項（**G1B 電波 406.025 MHz，406.028 MHz，406.031 Hz，406.037 MHz，406.04 MHz 及び A3X 電波 121.5 MHz を同時に発射する遭難自動通報設備の通報**）に規定する通報の送信，**緊急通報の告知の送信又は緊急呼出し**は，その船舶の責任者の命令がなければ行うことができない. 船舶地球局における**遭難警報若しくは遭難警報の中継の送信**及び遭難自動通報局における遭難通報の送信又は，無線局運用規則第 78 条の 2 第 2 項に規定する通報の送信についても同様とする.

5.9.4 遭難警報の送信

無線局運用規則 第 75 条（遭難警報の送信）〈抜粋〉

船舶が遭難した場合に船舶局がデジタル選択呼出装置を使用して行う遭難警報は，電波法施行規則別図第 1 号 1（省略）に定める構成のものを送信して行うものとする．この場合において，この送信は，5 回連続して行うものとする．

3 船舶が遭難した場合に，衛星非常用位置指示無線標識を使用して行う遭難警報は，電波法施行規則別図第 5 号に定める構成のものを送信して行うものとする．

4 無線局は，誤って遭難警報を送信した場合は，直ちにその旨を**海上保安庁**へ通報しなければならない．

5 船舶局は，**デジタル選択呼出装置を使用して**誤った遭難警報を送信した場合は，当該遭難警報の周波数に関連する無線局運用規則第 70 条の 2 第 1 項（3）に規定する周波数の電波を使用して，無線電話により，次に掲げる事項を順次送信して遭難警報を取り消す旨の通報を行わなければならない．

（1）各局	3 回
（2）こちらは	1 回
（3）遭難警報を送信した船舶の船名	3 回
（4）自局の呼出符号又は呼出名称	1 回
（5）海上移動業務識別	1 回
（6）遭難警報取消し	1 回
（7）遭難警報を発射した時刻（協定世界時であること．）	1 回

6 船舶局は，前項に掲げる遭難警報の取消しを行ったときは，**当該取消しの通報を行った周波数によって聴守**しなければならない．

5.9.5 遭難呼出し及び遭難通報の送信

無線局運用規則 第 75 条の 2（遭難呼出し及び遭難通報の送信順序）

無線電話により遭難通報を送信しようとする場合には，次の各号の区別に従い，それぞれに掲げる事項を順次送信して行うものとする．ただし，特にその必要がないと認める場合又はそのいとまのない場合には，（1）の事項を省略することができる．

（1）警急信号
（2）遭難呼出し
（3）遭難通報

関連知識 警急信号

警急信号は次の（1），（2）に掲げる通信を行う場合に限って使用します．
（1）遭難呼出し又は遭難通報
（2）乗客又は乗組員が船外に転落した場合において，他の船舶に救助を求めるための緊急呼出し（緊急信号の送信のみでは目的が達せられないと認める場合に限る.）

無線電話による警急信号は，交互に送信する正弦波の 2 200 Hz と 1 300 Hz の二音から構成され，各音の長さは 250 ms です．自動機によるときは，最短 30 秒，最長 1 分間継続して送信するものとし，他の方法によるときは約 1 分間なるべく継続して送信するものとされています．

(1) 遭難呼出し

無線局運用規則 第 76 条（遭難呼出し）

遭難呼出しは，無線電話により，次の各号の区別に従い，それぞれに掲げる事項を順次送信して行うものとする．

（1）メーデー（又は「遭難」） 3 回
（2）こちらは 1 回
（3）遭難している船舶の船舶局（以下「遭難船舶局」という.）の呼出符号又は呼出名称 3 回

2 遭難呼出しは，特定の無線局にあててはならない．

(2) 遭難通報

無線局運用規則 第 77 条（遭難通報）

遭難呼出しを行なった無線局は，できる限りすみやかにその遭難呼出しに続いて，遭難通報を送信しなければならない．

2 遭難通報は，無線電話により，次の事項を順次送信して行うものとする．
（1）「メーデー」又は「遭難」
（2）遭難した船舶又は航空機の名称又は識別
（3）遭難した船舶又は航空機の位置，遭難の種類及び状況並びに必要とする救助の種類その他救助のため必要な事項

3 前項（3）の位置は，原則として経度及び緯度をもって表すものとする．ただし，著名な地理上の地点からの真方位及び海里で示す距離によって表すことができる．

(3) 遭難呼出し及び遭難通報の送信の反復

無線局運用規則　第 81 条（遭難呼出し及び遭難通報の送信の反復）

遭難呼出し及び遭難通報の送信は，無線局運用規則第 82 条の規定による応答があるまで，必要な間隔を置いて反復しなければならない．

5.9.6　他の無線局の遭難警報の中継の送信等

無線局運用規則　第 78 条（他の無線局の遭難警報の中継の送信等）〈抜粋〉

船舶又は航空機が遭難していることを知った船舶局，船舶地球局，海岸局又は海岸地球局は，次の各号に掲げる場合には，遭難警報の中継又は遭難通報を送信しなければならない．

(1) 遭難船舶局，遭難している船舶の船舶地球局は（以下「遭難船舶地球局」という.），遭難している航空機の航空機局（以下「遭難航空機局」という.）又は遭難している航空機の航空機地球局（以下「遭難航空機地球局」という.）が**自ら**遭難警報又は遭難通報を送信することができないとき．

(2) 船舶，海岸局又は海岸地球局の**責任者**が救助につき更に遭難警報の中継又は遭難通報を送信する必要があると認めたとき．

2　無線局運用規則第 83 条第 2 項から第 4 項までの規定により**宰領を行う**無線局は，遭難した船舶の救助につき遭難警報の中継又は遭難通報を送信する必要があると認めたときは，その送信をしなければならない．

「遭難通信の宰領」とは，自局が遭難通信に係る無線局に指示し，取りまとめを行うことをいいます．

5.9.7　遭難警報等を受信したときにとるべき措置

(1) 海岸局が受信した場合

無線局運用規則　第 81 条の 3（遭難警報等を受信した海岸局のとるべき措置）

海岸局は，船舶局がデジタル選択呼出装置を使用して送信した遭難警報又は遭難警報の中継を受信したときは，遅滞なく，これに応答し，かつ，その**遭難警報又は遭難警報の中継を海上保安庁その他の救助機関に通報**しなければならない．

2 海岸局は，前項に規定する場合においては，**当該遭難警報又は遭難警報の中継を受信した周波数と関連する**無線局運用規則第 70 条の 2 第 1 項（3）に規定する**周波数で聴守**を行わなければならない．

3 狭帯域直接印刷電信装置を施設する海岸局は，第 1 項に規定する場合において，当該遭難警報又は又は遭難警報の中継が狭帯域直接印刷電信装置の使用を指示しているときは，前項の規定にかかわらず，これを受信した周波数と関連する無線局運用規則第 70 条の 2 第 1 項（2）に規定する周波数で聴守を行わなければならない．この場合において，当該海岸局の無線設備において前項の規定による聴守を同時に行うことが可能なときは，これを行わなければならない．

(2) 海岸地球局が受信した場合

無線局運用規則 第 81 条の 4（遭難警報等を受信した海岸地球局のとるべき措置）

海岸地球局は，船舶地球局から送信された遭難警報又は遭難警報の中継を受信したときは，遅滞なく，これに応答し，かつ，その**遭難警報又は遭難警報の中継を海上保安庁その他の救助機関に通報**しなければならない．

2 海岸地球局は，無線局運用規則第 75 条第 3 項の規定により送信された遭難警報を受信したときは，遅滞なく，これを海上保安庁その他の救助機関に通報しなければならない．

(3) 船舶局が受信した場合

無線局運用規則 第 81 条の 5（遭難警報等を受信した船舶局のとるべき措置）〈抜粋〉

船舶局は，デジタル選択呼出装置を使用して送信された遭難警報若しくは遭難警報の中継又は電波法施行規則第 36 条の 2 第 1 項（4）に定める方法により送信された遭難警報の中継を受信したときは，直ちにこれをその船舶の責任者に通知しなければならない．

2 船舶局は，デジタル選択呼出装置を使用して短波帯以外の周波数の電波により送信された遭難警報を受信した場合において，当該遭難警報に使用された周波数の電波によっては海岸局と通信を行うことができない海域にあり，かつ，当該遭難警報が付近にある船舶からのものであることが明らかであるときは，**遅滞なく，これに応答し，かつ，当該遭難警報を適当な海岸局に通報**しなければならない．

3 船舶局は，前項の遭難警報を受信した場合において，当該遭難警報に使用された周波数の電波によって海岸局と通信を行うことができない海域にあるとき以外のとき，又は当該遭難警報が付近にある船舶からのものであることが明らかであるとき以外のときは，**当該遭難警報を受信した周波数で聴守**を行わなければならない．

4　船舶局は，前項の規定により聴守を行った場合であって，その聴守において，当該遭難警報に対して他のいずれの無線局の応答も認められないときは，これを適当な海岸局に通報し，かつ，当該遭難警報に対する他の無線局の応答があるまで引き続き聴守を行わなければならない．

5　船舶局は，デジタル選択呼出装置を使用して短波帯の周波数の電波により送信された遭難警報を受信したときは，**これに応答してはならない**．この場合において，当該船舶局は，当該遭難警報を受信した周波数で聴守を行わなければならない．

7　船舶局は，デジタル選択呼出装置を使用して送信された遭難警報又は遭難警報の中継を受信したときは，**当該遭難警報又は遭難警報の中継を受信した周波数と関連する**無線局運用規則第70条の2第1項（3）に規定する**周波数で聴守**を行わなければならない．

5.9.8　遭難警報等に対する応答等

無線局運用規則　第81条の8（遭難警報等に対する応答等）第1，2項

海岸局は，遭難警報又は遭難警報の中継を受信した場合において，これに応答するときは，当該遭難警報又は遭難警報の中継を受信した周波数の電波を使用して，**デジタル選択呼出装置**により，電波法施行規則別図第1号3（遭難警報の中継に対する応答にあっては，同規則別図第1号2）に定める構成のものを送信して行うものとする．この場合において，受信した遭難警報又は遭難警報の中継が**中短波帯又は短波帯**の周波数の電波を使用するものであるときは，**受信から1分以上2分45秒以下の間隔を置いて**送信するものとする．

2　船舶局は，遭難警報又は遭難警報の中継を受信した場合において，これに応答するときは，**当該遭難警報又は遭難警報の中継を受信した周波数と関連する無線局運用規則第70条の2第1項（3）に規定する周波数の電波**を使用して，無線電話により，次の各号に掲げるものを順次送信して行うものとする．

（1）メーデー（又は「遭難」）　1回
（2）**遭難警報**又は遭難警報の中継**を送信した無線局の識別信号**　3回
（3）こちらは　1回
（4）自局の識別信号　3回
（5）受信しました　1回
（6）メーデー（又は「遭難」）　1回

5.9.9 遭難通報等を受信したときにとるべき措置

無線局運用規則　第81条の7（遭難通報等を受信した海岸局及び船舶局のとるべき措置）〈抜粋〉

海岸局及び船舶局は，遭難呼出しを受信したときは，**これを受信した周波数**で聴守を行わなければならない．

2　海岸局は，遭難通報，携帯用位置指示無線標識の通報，衛星非常用位置指示無線標識の通報，捜索救助用レーダートランスポンダの通報，捜索救助用位置指示送信装置の通報又は航空機用救命無線機等の通報を受信したときは，遅滞なく，これを**海上保安庁その他の救助機関**に通報しなければならない．

3　船舶局は，遭難通報，携帯用位置指示無線標識の通報，衛星非常用位置指示無線標識の通報，捜索救助用レーダートランスポンダの通報，捜索救助用位置指示送信装置の通報又は航空機用救命無線機等の通報を受信したときは，直ちにこれをその**船舶の責任者**に通知しなければならない．

4　海岸局は，第1項の規定により聴守を行った場合であって，その聴守において，遭難通報を受信し，かつ，遭難している船舶又は航空機が自局の付近にあることが明らかであるときは，直ちにその遭難通報に対して応答しなければならない．

6　船舶局は，遭難通報を受信した場合において，その船舶が救助を行うことができず，かつ，その遭難通報に対し他のいずれの無線局も応答しないときは，**遭難通報を送信**しなければならない．

関連知識　遭難通報に対する応答等

無線局運用規則第82条において，海岸局又は船舶局は，遭難通報を受信した場合において，これに応答するときは，次の事項を順次送信することと規定されています．

(1) メーデー（又は「遭難」）	1回
(2) 遭難通報を送信した無線局の呼出名称	3回
(3) こちらは	1回
(4) 自局の呼出名称	3回
(5) 受信しました	1回
(6) メーデー（又は「遭難」）	1回

5.9.10 遭難通信の宰領

無線局運用規則　第83条（遭難通信の宰領）

遭難通信の宰領は，遭難船舶局，無線局運用規則第78条若しくは第81条の7第6項の規定により遭難通報を送信した無線局又はこれらの無線局から遭難通信の宰領を依頼された無線局が行うものとする．

2　遭難自動通報局の行う遭難通信の宰領は，前項の規定にかかわらず，次の無線局が行うものとする．

(1) **遭難自動通報局の通報を受信した海上保安庁の無線局**．ただし，海上保安庁の無線局が当該通報を受信しないと認められる場合においては，**当該通報を最初に受信したその他の無線局**とする．

(2) 前項の無線局から**遭難通信の宰領を依頼された無線局**

3　前項の規定は，遭難自動通報局以外の無線局の遭難自動通報設備による遭難通信を宰領する場合（第1項に規定する無線局が宰領する場合を除く．）に準用する．

4　遭難警報に係る遭難通信の宰領は，第3項の規定にかかわらず，海上保安庁の無線局又はこれから遭難通信の宰領を依頼された無線局が行うものとする．

無線局運用規則　第85条（通信停止の要求）

遭難船舶局及び遭難通信を宰領する無線局は，遭難通信を妨害し又は妨害するおそれのあるすべて通信の停止を要求することができる．この要求は，次の各号の区別に従い，それぞれに掲げる方法により行うものとする．

(1) 狭帯域直接印刷電信装置による場合

無線局運用規則第58条の8（1）及び（2）に掲げる事項（通信可能な範囲内にあるすべての無線局にあてる場合は，「相手局の識別信号」とあるのは，「CQ」とする．）の次に「SILENCE MAYDAY」を送信して行う方法

(2) 無線電話による場合

呼出事項又は無線局運用規則第59条第1項（1）から（3）までに掲げる事項（以下「各局あて呼出事項」という．）の次に「シーロンス メーデー」（又は「通信停止遭難」）を送信して行う方法

2　遭難している船舶又は航空機の付近にある海岸局又は船舶局は，必要と認めるときは，他の無線局に対し通信の停止を要求することができる．この要求は，無線電話により，呼出事項又は各局あて呼出事項の次に「シーロンス ディストレス」又は「通信停止遭難」の語及び自局の呼出符号又は呼出名称を送信して行うものとする．

3　「SILENCE MAYDAY」及び「シーロンス　メーデー」（又は「通信停止遭難」）の送信は，第1項の場合に限る．

関連知識　遭難通信が終了したとき

遭難通信が終了したときは，遭難通信を宰領した無線局は，遭難通信が行われた電波により，所定の手続きで関係の無線局にその旨を通知しなければなりません（無線局運用規則第89条第2項）．

5章

問題 26 ★★★ ➡ 5.9.1

遭難通信に関する次の記述のうち，電波法（第 52 条，第 66 条，第 80 条及び第 105 条）の規定に照らし，これらの規定に適合しないものはどれか．下の 1 から 5 までのうちから一つ選べ．

1 遭難通信とは，船舶又は航空機が重大かつ急迫の危険に陥った場合又は陥るおそれがある場合に遭難信号を前置する方法その他総務省令で定める方法により行う無線通信をいう．

2 無線局の免許人は，遭難通信を行ったときは，総務省令で定める手続により，総務大臣に報告しなければならない．

3 無線局は，遭難信号又は電波法第 52 条（目的外使用の禁止等）第 1 号の総務省令で定める方法により行われる無線通信を受信したときは，遭難通信を妨害するおそれのある電波の発射を直ちに中止しなければならない．

4 海岸局，海岸地球局，船舶局及び船舶地球局は，遭難通信を受信したときは，他の一切の無線通信に優先して，直ちにこれに応答し，かつ，遭難している船舶又は航空機を救助するため最も便宜な位置にある無線局に対して通報する等総務省令で定めるところにより救助の通信に関し最善の措置を執らなければならない．

5 無線通信の業務に従事する者が電波法第 66 条（遭難通信）第 1 項の規定による遭難通信の取扱いをしなかったとき，又これを遅延したときは，1 年以上の有期懲役に処する．

解説 1 遭難通信の定義には「又は陥るおそれがある場合」の文言はありません．

答え ▶▶▶ 1

問題 27 ★★ ➡ 5.9.2

次の記述は，海上移動業務における遭難通信，緊急通信又は安全通信において使用する電波について述べたものである．無線局運用規則（第 70 条の 2）の規定に照らし，[　　] 内に入れるべき最も適切な字句の組合せを下の 1 から 4 までのうちから一つ選べ．

海上移動業務における遭難通信，緊急通信又は安全通信は，次の（1）から（3）までに掲げる場合にあっては，それぞれに掲げる電波を使用して行うものとする．ただし，[A] を行う場合であって，これらの周波数を使用することができないか又は使用することが不適当であるときは，この限りでない．

(1) デジタル選択呼出装置を使用する場合

F1B 電波 2 187.5 kHz, 4 207.5 kHz, 6 312 kHz, 8 414.5 kHz, 12 577 kHz 若しくは 16 804.5 kHz 又は F2B 電波 [B]

(2) デジタル選択呼出通信に引き続いて無線電話を使用する場合

J3E 電波 [C], 4 125 kHz, 6 215 kHz, 8 291 kHz, 12 290 kHz 若しくは 16 420 kHz 又は F3E 電波 156.8 MHz

(3) 無線電話を使用する場合 ((2) に掲げる場合を除く.)

A3E 電波 27 524 kHz 若しくは F3E 電波 156.8 MHz 又は通常使用する呼出電波

	A	B	C
1	遭難通信	156.3 MHz	2 177 kHz
2	遭難通信又は緊急通信	156.3 MHz	2 182 kHz
3	遭難通信	156.525 MHz	2 182 kHz
4	遭難通信又は緊急通信	156.525 MHz	2 177 kHz

解説 海上移動業務における遭難通信, 緊急通信又は安全通信は使用する電波が規定されていますが, **遭難通信**を行う際にこれらの周波数が使用できないときは, 例外として規定外の電波の使用が認められています.

デジタル選択呼出装置を使用する場合の F2B 電波は **156.525 MHz**, デジタル選択呼出通信に引き続いて無線電話を使用する場合の J3E 電波は **2 182 kHz**, 4 125 kHz, 6 215 kHz, 8 291 kHz, 12 290 kHz, 16 420 kHz と規定されています.

答え▶▶▶ 3

問題 28 ★★ ➡ 5.9.2

船舶航空機間双方向無線電話に関する次に掲げる事項のうち, 電波法 (第 37 条) 及び電波法施行規則 (第 2 条, 第 11 条の 4, 第 12 条及び第 28 条) 及び無線局運用規則 (第 70 条の 2) の規定に照らし, これらの規定に定めるところに適合するものを 1, これらに適合しないものを 2 として解答せよ.

ア 「船舶航空機間双方向無線電話」とは, 船舶局の無線電話であって, 船舶が遭難した場合に当該船舶又は他の船舶と航空機との間で当該船舶の捜索及び人命の救助に係る双方向の通信を行うため使用するものをいう.

イ 船舶航空機間双方向無線電話を備える船舶局は, 当該無線設備において, A3E 電波 121.5 MHz 及び F3E 電波 156.8 MHz の電波を送り, 及び受けることができるものでなければならない.

ウ　海上移動業務において，船舶航空機間双方向無線電話を使用して遭難通信及び緊急通信を行う場合は，A3E 電波 121.5 MHz の電波を使用して行うものとする．ただし，遭難通信を行う場合であって，これらの周波数を使用することができないか又は使用することが不適当であるときは，この限りでない．

エ　船舶に施設する救命用の無線設備の機器であって，国際航海に従事する旅客船又は総トン数 300 トン以上の船舶に備える船舶航空機間双方向無線電話は，その型式について，総務大臣の行う検定に合格したものでなければ，施設してはならない．ただし，総務大臣が行う検定に相当する型式検定に合格している機器その他の機器であって総務省令で定めるものを施設する場合は，この限りでない．

オ　船舶航空機間双方向無線電話は，船舶（注1）及び航行区域の区分に応じて義務船舶局の無線設備に備えなければならない機器（注2）として，2 台を備えなければならない．

注 1　国際航海に従事する旅客船の義務船舶局に限る．

注 2　当該義務船舶局のある船舶の船体の構造その他の事情により当該機器を備えることが困難であると総合通信局長（沖縄総合通信事務所長を含む．）が認めるものについては，この限りでない．

解説　イ「A3E 電波 121.5 MHz **及び F3E 電波 156.8 MHz**」ではなく，正しくは「A3E 電波 121.5 MHz」です．

オ「**2** 台」ではなく，正しくは「**1** 台」です．

答え▶▶▶ア－1　イ－2　ウ－1　エ－1　オ－2

問題 29 ★★★　➡ 5.9.3

次の呼出し又は送信のうち，船舶局においてその船舶の責任者の命令がなければ行うことができない呼出し又は送信に該当しないものはどれか．無線局運用規則（第 71 条）の規定に照らし，下の 1 から 4 までのうちから一つ選べ．

1　緊急通報の告知の送信又は緊急呼出し

2　G1B 電波 406.025 MHz，406.028 MHz，406.031 Hz，406.037 MHz 又は 406.04 MHz 及び A3X 電波 121.5 MHz を同時に発射する遭難自動通報設備の通報の送信

3 船位通報（遭難船舶，遭難航空機又は遭難者の救助又は捜索に資するために国又は外国の行政機関が収集する船舶の位置に関する情報であって，当該行政機関と当該船舶との間に発受するもの）の送信
4 遭難警報又は遭難警報の中継の送信

解説 船位通報については，電波法施行規則第37条で「免許状の目的等にかかわらず運用することができる通信」とされています（責任者の命令は不要です）.

答え▶▶▶3

問題30 ★★ ➡5.9.4

次の記述は，誤って遭難警報を送信した場合の措置について述べたものである．無線局運用規則（第75条）の規定に照らし，□内に入れるべき最も適切な字句の組合せを下の1から4までのうちから一つ選べ.

① 無線局は，誤って遭難警報を送信した場合は，直ちにその旨を［A］へ通報しなければならない.

② 船舶局は，［B］誤った遭難警報を送信した場合は，当該遭難警報の周波数に関連する無線局運用規則第70条の2（使用電波）第1項第3号に規定する周波数の電波を使用して，無線電話により，次の（1）から（7）までに掲げる事項を順次送信して当該遭難警報を取り消す旨の通報を行わなければならない.

（1）各局	3回
（2）こちらは	1回
（3）遭難警報を送信した船舶の船名	3回
（4）自局の呼出符号又は呼出名称	1回
（5）海上移動業務識別	1回
（6）遭難警報取消し	1回
（7）遭難警報を発射した時刻（協定世界時であること.）	1回

③ 船舶局は，②に掲げる遭難警報の取消しを行ったときは，［C］しなければならない.

	A	B	C
1	適当な海岸局	無線電話により	当該取消しの通報を行った周波数によって聴守
2	海上保安庁	無線電話により	適当な間隔を置いてその通報を少なくとも 2 回反復
3	海上保安庁	デジタル選択呼出装置を使用して	当該取消しの通報を行った周波数によって聴守
4	適当な海岸局	デジタル選択呼出装置を使用して	適当な間隔を置いてその通報を少なくとも 2 回反復

5章

解説 無線局は，誤って遭難警報を送信した場合は直ちにその旨を**海上保安庁**へ通報しなければなりません．

船舶局が**デジタル選択呼出装置を使用して**誤った遭難警報を送信した場合は，無線電話によって規定の事項を送信して遭難警報を取り消す旨の通報を行い，**当該取消しの通報を行った周波数によって聴守**しなければなりません．

答え ▶▶▶ 3

問題 31 ★★ ➡ 5.9.6

次の記述は，海上移動業務における他の無線局の遭難警報の中継の送信等について述べたものである．無線局運用規則（第 78 条）の規定に照らし，[　　]内に入れるべき最も適切な字句の組合せを下の 1 から 4 までのうちから一つ選べ．

① 船舶又は航空機が遭難していることを知った船舶局，船舶地球局，海岸局又は海岸地球局は，次の（1）及び（2）に掲げる場合には，遭難警報の中継又は遭難通報を送信しなければならない．

（1）遭難船舶局，遭難している船舶の船舶地球局，遭難している航空機の航空機局又は遭難している航空機の航空機地球局が [A] 遭難警報又は遭難通報を送信することができないとき．

（2）船舶，海岸局又は海岸地球局の [B] が救助につき更に遭難警報の中継又は遭難通報を送信する必要があると認めたとき．

② 無線局運用規則第 83 条第 2 項から第 4 項までの規定により [C] 無線局は，遭難した船舶の救助につき遭難警報の中継又は遭難通報を送信する必要があると認めたときは，その送信をしなければならない．

	A	B	C
1	国際遭難周波数の電波で	責任者	遭難警報に応答した
2	国際遭難周波数の電波で	責任者又は遭難通信責任者	宰領を行う
3	自ら	責任者又は遭難通信責任者	遭難警報に応答した
4	自ら	責任者	宰領を行う

解説 遭難していることを知った船舶局，船舶地球局，海岸局，海岸地球局が

・遭難している船舶局や航空機局が**自ら**遭難警報又は遭難通報を送信することができないとき

・**責任者**が救助につき更に遭難警報の中継又は遭難通報を送信する必要があると認めたとき

は遭難警報の中継又は遭難通報を送信しなければなりません．

また，宰領を行う無線局が遭難した船舶の救助につき必要があると認めたときは遭難警報の中継又は遭難通報を送信しなければなりません．

答え▶▶▶4

問題 32 ★★ ➡5.9.7

遭難警報等を受信した船舶局の執るべき措置に関する次に掲げる記述のうち，無線局運用規則（第81条の5）の規定に照らし，この規定に定めるところに適合するものを1，この規定に定めるところに適合しないものを2として解答せよ．

ア　船舶局は，デジタル選択呼出装置を使用して送信された遭難警報又は遭難警報の中継を受信したときは，直ちにこれをその船舶の責任者に通知しなければならない．

イ　船舶局は，デジタル選択呼出装置を使用して短波帯以外の周波数の電波により送信された遭難警報を受信した場合において，当該遭難警報に使用された周波数の電波によっては海岸局と通信を行うことができない海域にあり，かつ，当該遭難警報が付近にある船舶からのものであることが明らかであるときは，遅滞なく，これに応答し，かつ，当該遭難警報を適当な海岸局に通報しなければならない．

ウ　船舶局は，デジタル選択呼出装置を使用して短波帯以外の周波数の電波により送信された遭難警報を受信した場合において，当該遭難警報に使用された周波数の電波によって海岸局と通信を行うことができない海域にあるとき以外の

とき，又は当該遭難警報が付近にある船舶からのものであることが明らかであるとき以外のときは，通信可能の範囲内にあるすべての船舶局に対して遭難警報の中継を行うとともに，当該遭難警報を適当な海岸局に通報しなければならない．

エ　船舶局は，デジタル選択呼出装置を使用して短波帯の周波数の電波により送信された遭難警報を受信し，当該遭難警報を受信した周波数で聴守を行った場合であって，その聴守において，当該遭難警報に対していずれの海岸局の応答も認められないときは，通信可能の範囲内にあるすべての船舶局に対して遭難警報の中継を行うとともに，当該遭難警報に対する応答があるまで引き続き聴守を行わなければならない．

オ　船舶局は，デジタル選択呼出装置を使用して送信された遭難警報又は遭難警報の中継を受信したときは，当該遭難警報又は遭難警報の中継を受信した周波数と関連する無線局運用規則第70条の2（使用電波）第1項第3号に規定する周波数で聴守を行わなければならない．

解説　ウ「**通信可能の範囲内にあるすべての船舶局に対して遭難警報の中継を行うとともに，当該遭難警報を適当な海岸局に通報し**なければならない」ではなく，正しくは「**当該遭難警報を受信した周波数で聴守を行わ**なければならない」です．

エ「**通信可能の範囲内にあるすべての船舶局に対して遭難警報の中継を行うとともに，当該遭難警報に対する**応答があるまで引き続き聴守を行わなければならない」ではなく「**これを適当な海岸局に通報し，かつ，当該遭難警報に対する他の無線局の**応答があるまで引き続き聴守を行わなければならない」です．

答え▶▶▶ア－1　イ－1　ウ－2　エ－2　オ－1

問題 33 ★★　➡5.9.7, 5.9.8

遭難警報等を受信した海岸局等の執るべき措置に関する次の記述のうち，無線局運用規則（第81条の3，第81条の4及び第81条の8）の規定に照らし，これらの規定に定めるところに適合するものを1，これらの規定に定めるところに適合しないものを2として解答せよ．

ア　海岸局は，船舶局がデジタル選択呼出装置を使用して送信した遭難警報又は遭難警報の中継を受信したときは，遅滞なく，これに応答し，かつ，その遭難警報又は遭難警報の中継を海上保安庁その他の救助機関に通報しなければならない．

イ 海岸局は，遭難警報又は又は遭難警報の中継を受信した場合において，これに応答するときは，当該遭難警報又は又は遭難警報の中継を受信した周波数と関連する無線局運用規則第70条の2（使用電波）第1項第3号に規定する周波数（注1）の電波を使用して，無線電話により，電波法施行規則別図第1号（遭難警報に対する応答）に定める構成のものを送信して行うものとする．

注1 デジタル選択呼出通信に引き続いて無線電話を使用する場合の電波の周波数をいう．

ウ 海岸局は，船舶局がデジタル選択呼出装置を使用して送信した遭難警報又は遭難警報の中継を受信した場合においては，当該遭難警報又は又は遭難警報の中継を受信した周波数と関連する無線局運用規則第70条の2（使用電波）第1項第3号に規定する周波数（注2）で聴守を行わなければならない．

注2 デジタル選択呼出通信に引き続いて無線電話を使用する場合の電波の周波数をいう．

エ 海岸地球局は，船舶地球局から送信された遭難警報又は遭難警報の中継を受信したときは，遅滞なく，これに応答し，かつ，その遭難警報又は遭難警報の中継を海上保安庁その他の救助機関に通報しなければならない．

オ 海岸地球局は，遭難警報を受信したときは，遅滞なく，遭難船舶の付近にある船舶地球局に対し，当該遭難警報の中継を送信しなければならない．

解説 イ **無線電話**ではなく，**デジタル選択呼出装置**によって送信します．

オ 「遅滞なく，**遭難船舶の付近にある船舶地球局に対し，当該遭難警報の中継を送信**」ではなく，正しくは「遅滞なく，**これに応答し，かつ，その遭難警報又は遭難警報の中継を海上保安庁その他の救助機関に通報**」です．

答え▶▶▶ア－1 イ－2 ウ－1 エ－1 オ－2

問題 34 ★★ ➡5.9.8

次の記述は，遭難警報に対する応答について述べたものである．無線局運用規則（第81条の8）の規定に照らし，[ ]内に入れるべき最も適切な字句を下の1から10までのうちからそれぞれ一つ選べ．

① 海岸局は，遭難警報を受信した場合において，これに応答するときは，当該遭難警報を受信した周波数の電波を使用して，[ア]により，電波法施行規則別図第1号3（遭難警報に対する応答）に定める構成のものを送信して行うものとする．この場合において，受信した遭難警報が[イ]の周波数の電波を使用するものであるときは，[ウ]送信するものとする．

② 船舶局は，遭難警報を受信した場合において，これに応答するときは，［ エ ］の電波を使用して，無線電話により次の（1）から（6）までに掲げるものを順次送信して行うものとする．

(1) メーデー（又は「遭難」） 1回
(2) ［ オ ］ 3回
(3) こちらは 1回
(4) 自局の識別信号 3回
(5) 受信しました 1回
(6) メーデー（又は「遭難」） 1回

1 デジタル選択呼出装置　2 デジタル選択呼出装置又は無線電話
3 中短波帯又は短波帯　4 超短波帯　5 できる限り，速やかに
6 受信から1分以上2分45秒以下の間隔を置いて
7 当該遭難警報を受信した周波数
8 当該遭難警報を受信した周波数と関連する無線局運用規則第70条の2（使用電波）第1項第3号に規定する周波数
9 各局　10 遭難警報を送信した無線局の識別信号

解説 海岸局が遭難警報を受信し，これに応答する場合は，**デジタル選択呼出装置**によって送信します．受信した遭難警報が**中短波帯又は短波帯**の周波数の電波を使用するものであるときは，**受信から1分以上2分45秒以下の間隔を置いて**送信しなければなりません．

船舶局が遭難警報を受信し，これに応答する場合は，**当該遭難警報又は遭難警報の中継を受信した周波数と関連する第70条の2第1項第3号に規定する電波**を使用して，無線電話によって規定の内容を送信します．

答え▶▶▶ア－1　イ－3　ウ－6　エ－8　オ－10

問題 35 ★★★ ➡5.9.9

次の記述は，遭難通報等を受信した海岸局及び船舶局の執るべき措置について述べたものである．無線局運用規則（第81条の7）の規定に照らし，［　　］内に入れるべき最も適切な字句の組合せを下の1から5のうちから一つ選べ．

(1) 海岸局及び船舶局は，遭難呼出しを受信したときは，［ A ］で聴守を行わなければならない．

5章

(2) 海岸局は，遭難通報，携帯用位置指示無線標識の通報，衛星非常用位置指示無線標識の通報，捜索救助用レーダートランスポンダの通報，捜索救助用位置指示送信装置の通報又は航空機用救命無線機等の通報を受信したときは，遅滞なく，これを［ B ］に通報しなければならない．

(3) 船舶局は，遭難通報，携帯用位置指示無線標識の通報，衛星非常用位置指示無線標識の通報，捜索救助用レーダートランスポンダの通報，捜索救助用位置指示送信装置の通報又は航空機用救命無線機等の通報を受信したときは，直ちにこれを［ C ］に通知しなければならない．

(4) 海岸局は，(1) により聴守を行った場合であって，その聴守において，遭難通報を受信し，かつ，遭難している船舶又は航空機が自局の付近にあることが明らかであるときは，直ちにその遭難通報に対して応答しなければならない．

(5) 船舶局は，遭難通報を受信した場合において，その船舶が救助を行うことができず，かつ，その遭難通報に対し他のいずれの無線局も応答しないときは，［ D ］しなければならない．

	A	B	C	D
1	無線局運用規則第70条の2に規定する遭難通信等に使用する電波の周波数	海上保安庁その他の救助機関	その船舶の責任者及び適当な海岸局	遭難通報を送信
2	無線局運用規則第70条の2に規定する遭難通信等に使用する電波の周波数	遭難に係る船舶又は航空機を運行する者	その船舶の責任者及び適当な海岸局	遭難通報を送信
3	無線局運用規則第70条の2に規定する遭難通信等に使用する電波の周波数	遭難に係る船舶又は航空機を運行する者	その船舶の責任者	その遭難通報に対して応答
4	これを受信した周波数	海上保安庁その他の救助機関	その船舶の責任者	遭難通報を送信
5	これを受信した周波数	海上保安庁その他の救助機関	その船舶の責任者及び適当な海岸局	その遭難通報に対して応答

解説 海岸局及び船舶局は，遭難呼出しを受信したときは，**これを受信した周波数**で聴守しなければなりません．

また，海岸局が遭難通報等を受信した場合は，**海上保安庁その他の救助機関**に通報し，船舶局が遭難通報等を受信した場合は**その船舶の責任者**に通知しなければなりません．

船舶局が遭難通報を受信した場合で，救助を行うことができず，かつ，その遭難通報に対し他のいずれの無線局も応答しないときは**遭難通報を送信**しなければなりません．

答え▶▶▶4

問題 36 ★★ ➡5.9.9

衛星非常用位置指示無線標識の通報等を受信した無線局のとるべき措置に関する次の記述のうち，無線局運用規則（第81条の7）の規定に照らし，この規定に定めるところに適合しないものはどれか．下の1から4のうちから一つ選べ．

1 海岸局及び船舶局は，遭難呼出しを受信したときは，これを受信した周波数で聴守を行わなければならない．

2 海岸局は，衛星非常用位置指示無線標識の通報，捜索救助用レーダートランスポンダの通報又は航空機用救命無線機等の通報を受信したときは，遅滞なく，これを海上保安庁その他の救助機関に通報しなければならない．

3 船舶局は，衛星非常用位置指示無線標識の通報，捜索救助用レーダートランスポンダの通報又は航空機用救命無線機等の通報を受信したときは，直ちにこれを自局の付近にある海岸局に通知しなければならない．

4 海岸局は，遭難呼出しを受信した周波数で聴守を行った場合であって，その聴守において，遭難通報を受信し，かつ，遭難している船舶又は航空機が自局の付近にあることが明らかであるときは，直ちにその遭難通報に対して応答しなければならない．

解説 3「直ちにこれを**自局の付近にある海岸局**に通知」ではなく，正しくは「直ちにこれをその**船舶の責任者**に通知」です．

答え▶▶▶3

問題 37 ★★★ ➡5.9.10

遭難通信の宰領に関する次の記述のうち，無線局運用規則（第 83 条及び第 85 条）の規定に照らし，これらの規定に定めるところに適合しないものはどれか．下の 1 から 4 までのうちから一つ選べ．

1　遭難自動通報局の行う遭難通信の宰領は，無線局運用規則第 83 条（遭難通信の宰領）第 1 項の規定にかかわらず，当該遭難自動通報局の通報を最初に受信した無線局又はこの無線局から遭難通信の宰領を依頼された無線局が行うものとする．

2　遭難通信の宰領は，遭難船舶局，無線局運用規則第 78 条（他の無線局の遭難警報の中継の送信等）若しくは第 81 条の 7（遭難通報等を受信した海岸局及び船舶局のとるべき措置）第 6 項の規定により遭難通報を送信した無線局又はこれらの無線局から遭難通信の宰領を依頼された無線局が行うものとする．

3　遭難警報に係る遭難通信の宰領は，無線局運用規則第 83 条（遭難通信の宰領）第 1 項から第 3 項までの規定にかかわらず，海上保安庁の無線局又は遭難通信の宰領を依頼された無線局が行うものとする．

4　遭難船舶局及び遭難通信を宰領する無線局は，遭難通信を妨害し又は妨害するおそれのあるすべて通信の停止を要求することができる．この要求は，無線電話による場合には呼出事項又は各局あて呼出事項の次に，「シーロンス　メーデー」（又は「通信停止遭難」）を送信して行うものとする．

解説　遭難自動通報局の行う遭難通信の宰領は，**遭難自動通報局の通報を受信した海上保安庁の無線局**もしくは**この無線局に遭難通信の宰領を依頼された無線局**が行います．海上保安庁の無線局が通報を受信していない場合に限り，最初に受信した無線局が宰領を行います．

答え▶▶▶ 1

5.10 緊急通信

緊急通信は，「船舶又は航空機が重大かつ**急迫の危険に陥るおそれがある場合**その他緊急の事態が発生した場合に緊急信号を前置する方法その他総務省令で定める方法により行う無線通信」と規定されています．緊急通信が行われる具体例として，船舶が機関故障で漂流し始めた場合，乗客や乗組員が海中に転落して捜索を依頼する場合，急病人の発生などが想定されます．

5.10.1　緊急通信

電波法　第 67 条（緊急通信）

海岸局等は，遭難通信に次ぐ優先順位をもって，緊急通信を取り扱わなければならない．

2　海岸局等は，緊急信号又は電波法第 52 条（2）の総務省令で定める方法により行われる無線通信を受信したときは，遭難通信を行う場合を除き，その通信が**自局に関係のないことを確認するまでの間**（総務省令で定める場合には，少なくとも 3 分間）継続してその緊急通信を受信しなければならない．

総務省令で定める場合とは，無線局運用規則第 93 条第 1 項のことで，「モールス無線電信又は無線電話による緊急信号を受信した場合」のことをいいます．

5.10.2　デジタル選択呼出装置による緊急通報の告知等

無線局運用規則　第 90 条の 3（デジタル選択呼出装置による緊急通報の告知等）

デジタル選択呼出装置を施設している海岸局又は船舶局が緊急通報を送信しようとするときは，当該装置を使用して緊急通報の告知を行うものとする．

2　緊急通報の告知は，電波法施行規則第 36 条の 2（遭難通信等）第 2 項（1）に定める方法により行うものとする．

3　第 1 項の規定により緊急通報の告知を行った無線局は，これに引き続いて，次に掲げる緊急信号を前置して緊急通報を送信するものとする．

（1）狭帯域直接印刷電信装置による場合にあっては，「PAN　PAN」

（2）無線電話による場合にあっては，「パン　パン」又は「緊急」の 3 回の反復

4　狭帯域直接印刷電信装置により緊急通報を送信するときは，前項（1）の緊急信号の次に自局の識別表示を前置しなければならない．

5.10.3　緊急呼出し等

無線局運用規則　第 91 条（緊急呼出し等）

緊急呼出しは，無線電話により，呼出事項又は無線局運用規則第 67 条第 1 項各号に掲げる事項の前に「**パン　パン**」又は「緊急」を 3 回送信して行うものとする．

2　緊急通報には，原則として普通語を使用しなければならない．

無線局運用規則 第92条（各局あて緊急呼出し）

緊急通報を送信するため通信可能の範囲内にある未知の無線局を無線電話により呼び出そうとするときは，それぞれに掲げる事項を順次送信して行うものとする.

(1)「パン　パン」（又は「緊急」）	3回
(2) 各局	3回以下
(3) こちらは	1回
(4) 自局の呼出符号又は呼出名称	3回以下
(5) どうぞ	1回

5.10.4 緊急通信を受信した場合の措置

無線局運用規則 第93条（緊急通信を受信した場合の措置）

電波法第67条第2項の総務省令で定める場合は，モールス無線電信又は無線電話による緊急信号を受信した場合とする.

2 **モールス無線電信又は無線電話**による緊急信号を受信した海岸局，船舶局又は船舶地球局は，緊急通信が行われないか又は緊急通信が終了したことを確かめた上でなければ再び通信を開始してはならない.

3 前項の緊急通信が自局に対して行われるものでないときは，海岸局，船舶局又は船舶地球局は，前項の規定にかかわらず緊急通信に使用している周波数以外の周波数の電波による通信を行うことができる.

4 海岸局，海岸地球局又は船舶局若しくは船舶地球局は，自局に関係のある緊急通報を受信したときは，直ちにその海岸局，海岸地球局又は船舶の責任者に通報する等必要な措置をしなければならない.

問題 38 ★★ ➡5.2, 5.10.1

海上移動業務の無線局の緊急通信の取扱いに関する次の記述のうち，電波法（第52条，第53及び第67条）の規定に照らし，これらの規定に定めるところに適合しないものはどれか．下の1から4までのうちから一つ選べ.

1 緊急通信を行う場合は，識別信号は，免許状に記載されたところによらなければならない.

2 緊急通信を行う場合は，電波の型式及び周波数は，免許状に記載されたところによらなければならない.

3 緊急通信を行う場合は，免許状に記載された通信の相手方及び通信事項の範囲を超えて運用してはならない.

4 海岸局，海岸地球局，船舶局及び船舶地球局は，緊急信号又は電波法第 52 条第 2 号の総務省令で定める方法により行われる無線通信を受信したときは，遭難通信を行う場合を除き，その通信が自局に関係のないことを確認するまでの間（総務省令で定める場合には，少なくとも 3 分間）継続してその緊急通信を受信しなければならない．

解説 電波法第 52 条に「無線局は，免許状に記載された目的又は通信の相手方若しくは通信事項の範囲を超えて運用してはならない」とありますが，ただし書として「遭難通信，**緊急通信**，安全通信，非常通信，放送の受信，その他総務省令で定める通信は**除く**」とありますので，**3** は誤りです．

電波法第 53 条にて「無線局を運用する場合においては，無線設備の設置場所，**識別信号**，**電波の型式及び周波数**は，その無線局の免許状等に記載されたところによらなければならない」と規定されています（5.2 節参照）ので，**1** と **2** は正しいです．また，**4** は電波法第 67 条に規定されています．

答え▶▶▶3

5章

問題 39 ★★★ ➡5.10.4

次の記述は，緊急通信について述べたものである．電波法（第 52 条及び第 67 条）及び無線局運用規則（第 93 条）の規定に照らし，［　　］内に入れるべき最も適切な字句の組合せを下の 1 から 4 までのうちから一つ選べ．なお，同じ記号の［　　］内には，同じ字句が入るものとする．

① 緊急通信とは，船舶又は航空機が重大かつ急迫の危険に［ A ］その他緊急の事態が発生した場合に緊急信号を前置する方法その他総務省令で定める方法により行う無線通信をいう．

② 海岸局等（注）は，緊急信号又は電波法第 52 条（目的外使用の禁止等）第 2 号の総務省令で定める方法により行われる無線通信を受信したときは，遭難通信を行う場合を除き，その通信が［ B ］までの間（［ C ］による緊急信号を受信した場合には，少なくとも 3 分間）継続してその緊急通信を受信しなければならない．

注 海岸局，海岸地球局，船舶局及び船舶地球局をいう．

③ ［ C ］による緊急信号を受信した海岸局，船舶局又は船舶地球局は，緊急通信が行われないか又は緊急通信が終了したことを確かめた上でなければ再び通信を開始してはならない．

④ ③の緊急通信が自局に対して行われるものでないときは，海岸局，船舶局又は船舶地球局は，③の規定にかかわらず緊急通信に使用している周波数以外の周波数の電波により通信を行うことができる．

	A	B	C
1	陥った場合又は陥るおそれがある場合	終了する	モールス無線電信又は無線電話
2	陥った場合又は陥るおそれがある場合	自局に関係のないことを確認する	デジタル選択呼出装置
3	陥るおそれがある場合	終了する	デジタル選択呼出装置
4	陥るおそれがある場合	自局に関係のないことを確認する	モールス無線電信又は無線電話

解説 緊急通信とは，電波法第52条で「船舶又は航空機が重大かつ急迫の危険に**陥るおそれがある場合**その他緊急の事態が発生した場合に緊急信号を前置する方法その他総務省令で定める方法により行う無線通信」と規定されています．

海岸局等が緊急通信を受信した場合，遭難通信を行う場合を除き，その通信が**自局に関係のないことを確認するまでの間**（**モールス無線電信又は無線電話**による緊急信号を受信したには，少なくとも3分間）継続してその緊急通信を受信しなければなりません．また，**モールス無線電信又は無線電話**による緊急信号を受信した場合は，緊急通信が行われないか，または緊急通信が終了したかを確かめた上でなければ再び送信を開始してはいけません．

答え▶▶▶4

5.11 安全通信

安全通信は，「船舶又は航空機の航行に対する重大な危険を予防するために安全信号を前置する方法その他総務省令で定める方法により行う無線通信」と規定されています．

具体例として，船舶が航行する上で障害になるもの，例えば，沈没船の位置などを知らせる航行警報や台風の接近情報などを知らせる気象警報などが想定されます．

電波法 第 68 条（安全通信）

海岸局等は，速やかに，かつ，確実に安全通信を取り扱わなければならない．

2 海岸局等は，安全信号又は電波法第 52 条（3）の総務省令で定める方法により行われる無線通信を受信したときは，その通信が自局に関係のないことを確認するまでその安全通信を受信しなければならない．

無線局運用規則 第 94 条の 2（デジタル選択呼出装置による安全通報の告知等）

デジタル選択呼出装置を施設している海岸局又は船舶局が安全通報を送信しようとするときは，当該装置を使用して**安全通報の告知**を行うものとする．

2 **安全通報の告知**は，電波法施行規則第 36 条の 2（遭難通信等）第 3 項（1）に定める方法により行うものとする．

3 第 1 項の規定により**安全通報の告知**を行った無線局は，これに引き続いて，次に掲げる安全信号を前置して安全通報を送信するものとする．

（1）狭帯域直接印刷電信装置による場合にあっては，**「SECURITE」**

（2）無線電話による場合にあっては，**「セキュリテ」**又は「警報」の 3 回の反復

4 狭帯域直接印刷電信装置により安全通報を送信するときは，前項（1）の安全信号の次に**自局の識別表示**を前置しなければならない．

無線局運用規則 第 99 条（安全通報の再送信等）

海岸局，海岸地球局又は船舶局若しくは船舶地球局において安全信号又は電波法施行規則第 36 条の 2 第 3 項に規定する方法により行われた通信を受信したときは，遭難通信及び緊急通信を行う場合を除くほか，これに混信を与える一切の通信を中止して直ちにその安全通信を受信し，必要に応じてその要旨をその海岸局，海岸地球局又は船舶の責任者に通知しなければならない．

問題 40 ★★ ➡5.2, 5.11

安全通信を行う場合の船舶局の運用に関する次の記述のうち，電波法（第 52 条，第 53 条及び第 68 条）及び無線局運用規則（第 55 条）の規定に照らし，これらの規定に定めるところに適合しないものはどれか．下の 1 から 4 までのうちから一つ選べ．

1 船舶局は，緊急通信に次ぐ優先順位をもって，安全通信を取り扱わなければならない．

2 船舶局は，安全通信を行う場合には，電波の型式及び周波数は，その無線局の免許状に記載されたものの範囲を超えて運用することができる．

3 船舶局は，安全通信を行う場合には，免許状に記載された目的又は通信の相手方若しくは通信事項の範囲を超えて運用することができる．

4 船舶局は，安全信号又は電波法第 52 条（目的外使用の禁止等）第 3 号の総務省令で定める方法により行われる無線通信を受信したときは，その通信が自局に関係のないことを確認するまでその安全通信を受信しなければならない．

解説 1 無線局運用規則第 55 条において，海上移動業務の通信の優先順位は「**遭難通信**」，「**緊急通信**」，「安全通信」，「その他の通信」と規定されていますので正しいです．

2 電波法第 53 条にて「無線局を運用する場合においては，無線設備の設置場所，識別信号，**電波の型式及び周波数**は，その無線局の免許状等に記載されたところによらなければならない」と規定されています（5.2 節参照）ので，誤りです．

3 電波法第 52 条に「無線局は，免許状に記載された目的又は通信の相手方若しくは通信事項の範囲を超えて運用してはならない」とありますが，ただし書として「遭難通信，緊急通信，**安全通信**，非常通信，放送の受信，その他総務省令で定める通信**は除く**」とありますので，正しいです．

4 電波法第 68 条第 2 号に規定されているので正しいです．

答え▶▶▶ 2

問題 41 ★★ ➡5.11

次の記述は，安全通報の送信について述べたものである．無線局運用規則（第94条の2）の規定に照らし，［　　］内に入れるべき最も適切な字句の組合せを下の1から5までのうちから一つ選べ．なお，同じ記号の［　　］内には，同じ字句が入るものとする．

① デジタル選択呼出装置を施設している海岸局又は船舶局が安全通報を送信しようするときはときは，当該装置を使用して［ A ］を行うものとする．

② ［ A ］は，電波法施行規則第36条の2（遭難通信等）第3項第1号に定める方法により行うものとする．

③ ①の規定により［ A ］を行った無線局は，これに引き続いて，次の（1）又は（2）に掲げる安全信号を前置して安全通報を送信するものとする．

（1）狭帯域直接印刷電信装置による場合にあっては，「［ B ］」

（2）無線電話による場合にあっては，「［ C ］」又は「警報」の3回の反復

④ 狭帯域直接印刷電信装置により安全通報を送信するときは，③の（1）の安全信号の次に［ D ］を前置しなければならない．

	A	B	C	D
1	安全通報の告知	PAN PAN	パン パン	通報の種類
2	安全通報の告知	SECURITE	セキュリテ	自局の識別表示
3	安全呼出	SECURITE	パン パン	通報の種類
4	安全呼出	PAN PAN	パン パン	自局の識別表示
5	安全呼出	PAN PAN	セキュリテ	通報の種類

解説 デジタル選択呼出装置を施設している海岸局又は船舶局が安全通報を送信しようするときは，「当該装置を使用して**安全通報の告知**を行う」と規定されています．

狭帯域直接印刷電信装置を使用する場合は安全信号「**SECURITE**」を前置した後に**自局の識別表示**を，無線電話を使用する場合は「**セキュリテ**」又は「警報」を3回反復した後に送信しなければなりません．

答え▶▶▶2

問題 42 ★ ➡5.11

海岸局等(注)の安全通信の取扱いに関する次の記述のうち，電波法（第 68 条）及び無線局運用規則（第 99 条）の規定に照らし，これらの規定に定めるところに適合しないものはどれか．下の 1 から 4 までのうちから一つ選べ．

注　海岸局，海岸地球局，船舶局及び船舶地球局をいう．

1　海岸局等は，安全信号又は安全通信を受信したときは，必要に応じてその要旨をその海岸局，海岸地球局，船舶局又は船舶地球局の責任者に通知するとともに海上保安庁にその旨通報しなければならない．

2　海岸局等は，安全信号又は電波法第 52 条（目的外使用の禁止等）第 3 号の総務省令で定める方法により行われる無線通信を受信したときは，その通信が自局に関係のないことを確認するまでその安全通信を受信しなければならない．

3　海岸局等において安全信号又は電波法施行規則第 36 条の 2（遭難通信等）第 3 項に規定する方法により行われた通信を受信したときは，遭難通信及び緊急通信を行う場合を除くほか，これに混信を与える一切の通信を中止して直ちにその安全通信を受信し，必要に応じてその要旨をその海岸局，海岸地球局又は船舶の責任者に通知しなければならない．

4　海岸局等は，速やかに，かつ，確実に安全通信を取り扱わなければならない．

解説　1　海上保安庁への通報は不要です．

答え▶▶▶ 1

Column　海上無線通信士の成り立ち

船舶に無線装置が設備されるきっかけになったのは，1912 年 4 月の 46 000 トンの豪華客船「タイタニック号」の遭難事故で 1 517 名が亡くなったことです．以後，船舶に無線電信装置の搭載が義務づけられ，商船等においては，長年，3 人の通信士により 24 時間体制で無線設備を運用し，緊急時に備え，主に手送りのモールス無線電信で電報や入出圏通知などの送受信を行っていました．その後，遭難信号を自動受信できるオートアラームなどの機器が搭載されはじめ，通信士の定員は削減されてきました．

1999 年 2 月から，デジタル技術を活用した世界的な海上における遭難安全システムの GMDSS（Global Maritime Distress and Safety System）の完全実施に伴い，モールス無線電信を必要としない資格，すなわち，第一級～第三級海上無線通信士の資格が新しく設けられました．船長や航海士がこれらの海上無線通信士の資格を取得することで通信士を兼任するようになりました．

6章 業務書類等

この章から 1 問出題

船舶の無線局には，「無線局免許状」「免許申請書の写し」「船舶局の局名録及び海上移動業務識別の割当表」「無線業務日誌」などの書類や「正確な時計」などの備付けが必要です．本章では無線局に備え付ける必要がある業務書類等について学びます．

6.1 備付けを要する業務書類等

無線局には，正確な時計と免許状，無線業務日誌など所定の書類を備え付けなければなりません．

電波法 第 60 条（時計，業務書類等の備付け）

無線局には，正確な時計及び無線業務日誌その他総務省令で定める書類を備え付けておかなければならない．ただし，総務省令で定める無線局については，これらの全部又は一部の備付けを省略することができる．

6.1.1 時　計

通信や放送においては，正確な時刻を知ること，報知することは大変重要なことです．そのため，無線局には正確に時を刻む時計を備え付けておかねばなりません．そこで，無線局運用規則第 3 条では，「時計は毎日 1 回以上中央標準時または協定世界時に照合しておかなくてはならない」とされています．なお，国際航海に従事する船舶局，船舶地球局の時刻は協定世界時によると規定されています．

関連知識　協定世界時と中央標準時

時刻の定義として，以前は地球の自転から定義された世界時（UT：Universal Time）を使用していました．しかしながら，世界時は地球のさまざまな影響をうけるため，科学技術の発達につれて不便になってきました．その後，原子時計の開発により，1967 年に世界時よりも正確な量子力学的な定義（セシウム 133 原子の基底状態の 2 つの超微細構造間の遷移における放射の 9 192 631 770 周期の継続時間）に改定されました．原子を用いた原子時は世界時と比較すると非常に正確です．この原子時にうるう秒を挿入して，日常生活に用いるようにしたのが，協定世界時（UTC：Coordinated Universal Time）です．なお，略語の UTC はフランス語の語順からきているため，英語の文字の順番と一致しません．

中央標準時（JCST：Japan Central Standard Time）は，協定世界時から 9 時間進めた時間（東経 135 度分の時差）で，一般的に日本標準時（JST：Japan Standard Time）ともいわれます．

6.1.2　業務書類

電波法第60条の規定により備え付けておかねばならない書類は，電波法施行規則第38条で定められています．無線局の種別毎に違いがありますが，船舶局及び船舶地球局は，次のような書類を備え付けなければなりません．

電波法施行規則　第38条第1項（備付けを要する業務書類）〈抜粋〉

電波法第60条の規定により，船舶局及び船舶地球局が備え付けておかねばならない書類は，次の通りとする．

(1) 免許状
(2) 無線局の免許の申請書の添付書類の写し
(3) 無線局の変更の申請（届）書の添付書類の写し
(4) 第43条第1項の届出書に添付した書類の写し（船舶局の場合に限る．）
(5) 無線従事者選解任届の写し
(6) 船舶局の局名録及び海上移動業務識別の割当表（義務船舶局等の場合に限る．）
(7) 海岸局及び特別業務の局の局名録（国際航海に従事する船舶の義務船舶局等の場合に限る．）
(8) 海上移動業務及び海上移動衛星業務で使用する便覧（国際通信を行う船舶局及び船舶地球局の場合に限る．）

電波法施行規則　第28条の3（義務船舶局等の無線設備の条件等）

義務船舶局等には，**遭難通信**の通信方法に関する事項で**総務大臣が告示するもの**を記載した表を備え付け，**その無線設備の通信操作を行う位置**から容易にその記載事項を見ることができる箇所に掲げておかなければならない．

問題 1 ★★★　➡6.1.2

次の記述は，義務船舶局等(注)に備え付けておかなければならない表について述べたものである．電波法施行規則（第28条の3）の規定に照らし，[　　]内に入れるべき最も適切な字句の組合せを下の1から4までのうちから一つ選べ．

注　義務船舶局及び義務船舶局のある船舶に開設する総務省令で定める船舶地球局をいう．

義務船舶局等には，[　A　]の通信方法に関する事項で[　B　]を記載した表を備え付け，[　C　]から容易にその記載事項を見ることができる箇所に掲げておかなければならない．

	A	B	C
1	遭難通信	主任無線従事者が行うべきもの	通常操船する場所
2	緊急通信	総務大臣が告示するもの	通常操船する場所
3	遭難通信	総務大臣が告示するもの	その無線設備の通信操作を行う位置
4	緊急通信	主任無線従事者が行うべきもの	その無線設備の通信操作を行う位置

解説 電波法施行規則第28条の3において，「義務船舶局等には，**遭難通信**の通信方法に関する事項で**総務大臣が告示するもの**を記載した表を備え付け，**その無線設備の通信操作を行う位置**から容易にその記載事項を見ることができる箇所に掲げておかなければならない.」と規定されています.

答え▶▶▶3

6章

6.2 無線業務日誌

6.2.1 無線業務日誌の記載事項

電波法施行規則 第40条（無線業務日誌）〈抜粋〉

電波法第60条に規定する無線業務日誌には，毎日次に掲げる事項を記載しなければならない．ただし，総務大臣又は総合通信局長において特に必要がないと認めた場合は，記載事項の一部を省略することができる．

(1) 海上移動業務若しくは無線標識業務を行う無線局又は海上移動衛星業務を行う無線局

① 無線従事者（主任無線従事者の監督を受けて無線設備の操作を行う者を含む.）の氏名，資格及び服務方法（変更のあったときに限る.）

② 通信のたびごとに次の事項（船舶局，船舶地球局にあっては，遭難通信，緊急通信，安全通信その他無線局の運用上重要な通信に関するものに限る.）

(一) 通信の開始及び終了の時刻

(二) 相手局の識別信号（国籍，無線局の名称又は機器の装置場所等を併せて記載することができる.）

(三) 自局及び相手局の使用電波の型式及び周波数

(四) 使用した空中線電力（正確な電力の測定が困難なときは，推定の電力を記載すること.）

（五）通信事項の区別及び通信事項別通信時間（通数のあるものについては，その通数を併せて記載すること．）

（六）相手局から通知を受けた事項の概要

（七）遭難通信，緊急通信，安全通信及び電波法第 74 条第 1 項に規定する通信の概要（遭難通信については，その全文）並びにこれに対する措置の内容

（八）**空電，混信，受信感度の減退等の通信状態**

③　発射電波の周波数の偏差を測定したときは，その結果及び許容偏差を超える偏差があるときは，その措置の内容

④　機器の故障の事実，原因及びこれに対する措置の内容

⑤　電波の規正について指示を受けたときは，その事実及び措置の内容

⑥　**電波法又は電波法に基づく命令の規定に違反して運用した無線局を認めた場合は，その事実**

⑦　その他参考となる事項

2　次の無線局の無線業務日誌には，第 1 項に掲げる事項のほか，それぞれ当該各号に掲げる事項を併せて記載しなければならない．ただし，総務大臣又は総合通信局長において特に必要がないと認めた場合は，記載事項の一部を省略することができる．

(1) 海岸局

①　時計を標準時に合わせたときは，その事実及び時計の遅速

②　船舶の位置，方向その他船舶の安全に関する事項の通信であって船舶局から受信したものの概要

以下省略

(2) 船舶局

①　海岸局の①に掲げる事項

②　**船舶の位置，方向，気象状況その他船舶の安全に関する事項の通信の概要**

③　**自局の船舶の航程**（発着又は寄港その他の立ち寄り先の時刻及び地名等を記載すること．）

④　自局の船舶の航行中正午及び午後 8 時におけるその船舶の位置

⑤　**無線局運用規則第 6 条に規定する義務船舶局等の無線設備の機能試験及び同規則第 7 条に規定する双方向無線電話の機能試験を行ったとき**は，その結果の詳細

⑥ **無線局が外国において，あらかじめ総務大臣が告示した以外の運用の制限をされたときは，その事実及び措置の内容**

⑦ 送受信装置の電源用蓄電池の維持及び試験の結果の詳細

⑧ **レーダーの維持の概要及びその機能上又は操作上に現れた特異現象の詳細**

6.2.2 無線業務日誌の時刻

電波法施行規則 第40条（無線業務日誌）〈抜粋〉

3 時刻は，次に掲げる区別によるものとする．

(1) 船舶局，船舶地球局においては協定世界時（国際航海に従事しない船舶の船舶局若しくは船舶地球局であって，協定世界時によることが不便であるものにおいては，中央標準時によるものとし，その旨表示すること）

(2) (1) 以外の無線局においては，中央標準時

6.2.3 無線業務日誌の保存期間

電波法施行規則 第40条（無線業務日誌）〈抜粋〉

4 使用を終わった無線業務日誌は，使用を終わった日から**2年間**保存しなければならない．

問題 2 ★★ ➡6.2.1

義務船舶局の無線業務日誌に記載しなければならない事項に関する次の記述のうち，電波法施行規則（第40条）の規定に照らし，この規定に定めるところに適合しないものはどれか．下の1から4までのうちから一つ選べ．

1 無線局運用規則第6条に規定する義務船舶局等の無線設備の機能試験及び同規則第7条に規定する双方向無線電話の機能試験を行ったときは，その結果の詳細

2 無線局の検査を受け，検査の結果について総務大臣から指示を受け相当な措置をしたときは，その事実及び措置の内容

3 電波法又は電波法に基づく命令の規定に違反して運用した無線局を認めた場合は，その事実

4 船舶の位置，方向，気象状況その他船舶の安全に関する事項の通信の概要

解説　2の内容について無線業務日誌に記載する必要はありません．なお，無線局の検査の結果について総務大臣又は総合通信局長から指示を受け相当な措置をしたときは，速やかにその措置の内容を総務大臣又は総合通信局長に報告しなければなりません（電波法施行規則第39条）．

答え▶▶▶2

出題傾向　船舶局の無線業務日誌に記載しなければならない事項に関しては，電波法施行規則第40条の太字で示した項目が繰り返し出題されています．

問題 3 ★★★　➡6.2.1

次の事項のうち，電波法施行規則（第40条）の規定に照らし，義務船舶局の無線業務日誌に記載しなければならない事項に該当しないものはどれか．下の1から4までのうちから一つ選べ．

1　空電，混信，受信感度の減退等の通信状態（遭難通信，緊急通信，安全通信その他無線局の運用上重要な通信に関するものに限る.）

2　無線局が外国において，あらかじめ総務大臣が告示した以外の運用の制限をされたときは，その事実及び措置の内容

3　無線局が外国において，当該外国の主管庁の検査を受け，その結果について指示を受け相当な措置をしたときは，その事実及び措置の内容

4　無線局運用規則第6条に規定する義務船舶局等の無線設備の機能試験及び同規則第7条に規定する双方向無線電話の機能試験を行ったときは，その結果の詳細

解説　電波法施行規則第40条には選択肢3の規定はありません．

答え▶▶▶3

問題 4 ★★★ ➡6.2.1

次に掲げる事項のうち，電波法施行規則（第40条）の規定に照らし，国際航海に従事する船舶の義務船舶局の無線業務日誌に記載しなければならない事項に該当するものを1，これに該当しないものを2として解答せよ．

ア　電波法の規定に違反して運用した無線局を認めた場合は，その事実

イ　無線局の検査の結果について総合通信局長（沖縄総合通信事務所長を含む．）から指示を受け相当な措置をしたときは，その措置の内容

ウ　自局の船舶の航程

エ　レーダーの維持の概要及びその機能上又は操作上に現れた特異現象の詳細

オ　通信のたびごとに次の事項

(1) 通信の開始及び終了の時刻　　(2) 相手局の識別信号

(3) 使用電波の型式及び周波数　　(4) 使用した空中線電力

(5) 相手局から受けた通信の概要　　(6) その他参考となる事項

解説　イ　無線業務日誌の掲載は不要です．ただし，措置をしたときは，速やかにその措置の内容を総務大臣又は総合通信局長に報告しなければなりません．

オ 「(5) 相手局から**受けた通信**の概要」ではなく，正しくは「(5) 相手局から**通知を受けた事項**の概要」です．

答え▶▶▶ア－1　イ－2　ウ－1　エ－1　オ－2

問題 5 ★★ ➡6.2.1, 6.2.3

次に掲げる記述のうち，船舶局又は船舶地球局の無線業務日誌に関するものに適合するものはどれか．電波法施行規則（第40条）の規定に照らし，下の1から4までのうちから一つ選べ．

1　船舶局又は船舶地球局は，検査の結果について，総務大臣から指示を受け相当な措置をしたときは，その事実及び措置の概要を無線業務日誌に記載しなければならない．

2　電波法又は電波法に基づく命令の規定に違反して運用した無線局を認めたときは，その事実を無線業務日誌に記載しなければならない．

3　国際航海に従事する船舶の船舶局又は船舶地球局の無線業務日誌には，通信のたびごとに次の（1）から（4）までに掲げる事項を記載しなければならない．

（1）通信の開始及び終了の時刻　　（2）相手局の識別信号

（3）使用電波の型式及び周波数　　（4）相手局から通知を受けた事項の概要

4　使用を終わった無線業務日誌は，次の定期検査（電波法第73条第1項の検査をいう．）まで保存しなければならない．

解説　1　無線業務日誌への記載は**不要**です．ただし，総務大臣又は総合通信局長への報告が必要です．

3「**国際航海に従事する船舶の**船舶局又は船舶地球局」ではなく，正しくは「船舶局又は船舶地球局」です．

4　無線業務日誌は使用後**2年間**保存しなければなりません．

答え▶▶▶2

問題 6 ★★★ ➡6.2.1, 6.2.3

海上移動業務の無線局の無線業務日誌に関する次に掲げる事項のうち，電波法施行規則（第40条）の規定に照らし，この規定に定めるところに適合するものを1，これに適合しないものを2として解答せよ．

ア　電波法又は電波法に基づく命令に違反して運用した無線局を認めたときは，その事実を無線業務日誌に記載する．

イ　無線業務日誌に記載する時刻は，国際航海に従事する船舶の船舶局又は船舶地球局においては，協定世界時とする．

ウ　国際航海に従事する船舶の船舶局の無線業務日誌には，通信のたびごとに次の事項を記載しなければならない．

(1) 通信の開始及び終了の時刻
(2) 相手局の識別信号
(3) 自局及び相手局の使用電波の型式及び周波数
(4) 使用した空中線電力
(5) 通信事項の区別及び通信事項別時間
(6) 相手局から通知を受けた事項の概要
(7) その他参考となる事項

エ 免許人は，検査の結果について総合通信局長（沖縄総合通信事務所長を含む．）から指示を受け相当な措置をしたときは，その措置の内容を無線業務日誌の記載欄に記載するとともに総合通信局長に報告しなければならない．

オ 免許人は，使用を終わった無線業務日誌は，使用を終わった日から5年間保存しなければならない．

解説 ウ 「**国際航海に従事する船舶の**船舶局」ではなく，正しくは「船舶局」です．

エ 無線業務日誌への記載は**不要**です．

オ 「**5**年間」ではなく，正しくは「**2**年間」です．

答え▶▶▶ア－1 イ－1 ウ－2 エ－2 オ－2

関連知識 時計及び無線業務日誌の備付けの省略

時計及び無線業務日誌の備付けを省略することのできる無線局は次のとおりです．

(1) 時計の備付けを省略することのできる無線局は次に掲げる無線局以外の無線局です．

地上基幹放送局，地上基幹放送試験局，海岸局，船舶局，航空局，航空機局，無線航行陸上局，無線標識局，海岸地球局，航空地球局，船舶地球局，航空機地球局，衛星基幹放送局，衛星基幹放送試験局，非常局，基幹放送を行う実用化試験局，標準周波数局，特別業務の局

(2) 無線業務日誌の備付けを省略することのできる無線局は次に掲げる無線局以外の無線局です．

地上基幹放送局，地上基幹放送試験局，海岸局，船舶局，航空局，航空機局，無線航行陸上局，無線標識局，海岸地球局，航空地球局，船舶地球局，航空機地球局，衛星基幹放送局，衛星基幹放送試験局，非常局，基幹放送を行う実用化試験局

7章 監　督

この章から **1** 問出題

監督には，「公益上必要な監督」「不適法運用等の監督」「一般的な監督」の3種類があります．電波法令違反者に対して，その違反の内容により罰則が定められています．本章では無線局を運用する場合に留意にしなければならない事柄も学びます．

本章でいう監督は，国が電波法令に掲載されている事項を達成するために，電波の規整，検査や点検，違法行為の予防，摘発，排除及び制裁などの権限を有するもので，免許人や無線従事者はこれらの命令に従わなければなりません．

監督には**表 7.1** に示すような，「公益上必要な監督」，「不適法運用等の監督」，「一般的な監督」の3種類があります．

■表 7.1　監督の種類

	監督の種類	内　容
①	公益上必要な監督	電波の利用秩序の維持など公益上必要がある場合，「周波数若しくは空中線電力又は人工衛星局の無線設備の設置場所」の変更を命じる．非常の場合の無線通信を行わせる．（電波の規整）
②	不適法運用等の監督	「技術基準適合命令」，「臨時の電波発射停止」，「無線局の免許内容制限，運用停止及び免許取消し」，「無線従事者免許の取消し又は従事停止」「免許を要しない無線局及び受信設備に対する電波障害除去の措置命令」などを行う．（電波の規正）
③	一般的な監督（電波法令の施行を確保するための監督）	無線局の検査，報告，電波監視などを実施する．

※上記①は免許人の責任となる事由のない場合，②は免許人の責任となる事由がある場合です．

7.1 公益上必要な監督

電波法　71 条（周波数等の変更）〈抜粋〉

総務大臣は，**電波の規整その他公益上**必要があるときは，無線局の目的の遂行に支障を及ぼさない範囲内に限り，当該無線局（登録局を除く．）の**周波数若しくは空中線電力**の指定を変更し，又は登録局の**周波数若しくは空中線電力若しくは人工衛星局の無線設備の設置場所**の変更を命ずることができる．

「電波の型式」「識別信号」「運用許容時間」などは，総務大臣の変更命令によって変更することは許されていません．

問題 1 ★★ ➡7.1

次の記述は，総務大臣による周波数等の変更命令について述べたものである．電波法（第 71 条）の規定に照らし，[　　　]内に入れるべき最も適切な字句の組合せを下の 1 から 5 までのうちから一つ選べ．なお，同じ記号の[　　　]内には，同じ字句が入るものとする．

① 総務大臣は，[　A　]必要があるときは，無線局の目的の遂行に支障を及ぼさない範囲内に限り，当該無線局（登録局を除く．）の[　B　]の指定を変更し，又は登録局の[　B　]若しくは[　C　]の変更を命ずることができる．

② ①により[　C　]の変更の命令を受けた免許人は，その命令に係る措置を講じたときは，速やかに，その旨を[　D　]．

	A	B	C	D
1	混信の除去その他特に	電波の型式，周波数若しくは空中線電力	無線局の無線設備の設置場所	総務大臣に報告しなければならない
2	混信の除去その他特に	周波数若しくは空中線電力	無線局の無線設備の設置場所	無線業務日誌に記載しなければならない
3	混信の除去その他特に	電波の型式，周波数若しくは空中線電力	人工衛星局の無線設備の設置場所	無線業務日誌に記載しなければならない
4	電波の規整その他公益上	電波の型式，周波数若しくは空中線電力	無線局の無線設備の設置場所	無線業務日誌に記載しなければならない
5	電波の規整その他公益上	周波数若しくは空中線電力	人工衛星局の無線設備の設置場所	総務大臣に報告しなければならない

解説 電波法第71条に「総務大臣は，**電波の規整その他公益上**必要があるときは，無線局の目的の遂行に支障を及ぼさない範囲内に限り，当該無線局の**周波数若しくは空中線電力**の指定を変更し，又は登録局の**周波数若しくは空中線電力**若しくは**人工衛星局の無線設備の設置場所**の変更を命ずることができる」と規定されています．

答え▶▶▶5

7.2 不適法運用等の監督

不適法な運用を是正するため，総務大臣は，「技術基準適合命令」，「臨時の電波発射停止」，「無線局の免許内容制限，運用停止及び免許取消し」，「無線従事者免許取消し」「免許を要しない無線局及び受信設備に対する電波障害除去の措置命令」などを行うことができます．

7.2.1 臨時の電波の発射の停止

電波法 第72条（電波の発射の停止）

総務大臣は，無線局の発射する**電波の質**が電波法第28条の総務省令で定めるものに適合していないと認めるときは，当該無線局に対して**臨時に電波の発射の停止**を命ずることができる．

電波の質は，「周波数の偏差及び幅，高調波の強度等」をいいます．

2 総務大臣は，前項の命令を受けた無線局からその発射する**電波の質**が電波法第28条の総務省令の定めるものに適合するに至った旨の申出を受けたときは，その無線局に**電波を試験的に発射**させなければならない．

3 総務大臣は，前項の規定により発射する電波の質が電波法第28条の総務省令で定めるものに適合しているときは，**直ちに第1項の停止を解除**しなければならない．

※電波法第28条：送信設備に使用する電波の周波数の偏差及び幅，高調波の強度等電波の質は，総務省令で定めるところに適合するものでなければならない．

電波法 第73条（検査）〈抜粋〉

5　総務大臣は，電波法第71条の5（技術基準適合命令）の無線設備の修理その他の必要な措置をとるべきことを命じたとき，電波法第72条第1項の電波の発射の停止を命じたとき，第72条第2項の申出があったとき，無線局のある船舶又は航空機が外国へ出港しようとするとき，その他この法律の施行を確保するため特に必要があるときは，その職員を無線局に派遣し，**その無線設備等を検査**させることができる．

7.2.2 無線局の免許の取消し等

電波法 第76条（無線局の免許の取消し等）第1項

総務大臣は，免許人等が電波法，放送法若しくはこれらの法律に基づく命令又はこれらに基づく処分に違反したときは，3月以内の期間を定めて**無線局の運用の停止**を命じ，又は期間を定めて運用許容時間，周波数若しくは空中線電力を制限することができる．

電波法 第76条（無線局の免許の取消し等））第4項〈抜粋〉

4　総務大臣は，免許人（包括免許人を除く．）が次の（1）から（4）のいずれかに該当するときは，その免許を取り消すことができる．

（1）正当な理由がないのに，無線局の運用を引き続き6月以上休止したとき．

周波数は有限で貴重なものですので，能率的な利用が求められます．無線局の免許を得ても長く運用を休止しているということは，その無線局自体が不要であり，貴重な周波数の無駄使いと認定され免許の取消しの対象になっても当然といえます．

（2）不正な手段により無線局の免許若しくは電波法第17条の許可（無線局の目的，通信の相手方，通信事項，無線設備の設置場所の変更等若しくは無線設備の変更の工事の許可）を受け，又は電波法第19条の規定による指定の変更（識別信号，電波の型式，周波数，空中線電力若しくは運用許容時間の指定の変更）を行わせたとき．

（3）電波法第76条第1項の規定による命令又は制限に従わないとき．

（4）免許人が電波法又は放送法に規定する罪を犯し罰金以上の刑に処せられ，その執行を終わり，又はその執行を受けることがなくなった日から2年を経過しない者に該当するに至ったとき．

7.2.3 無線従事者の免許の取消し等

無線従事者は総務大臣の免許を受けた者ですので，電波法令を遵守しなければなりません．また，主任無線従事者に選任されている場合は，無資格者に無線設備の操作をさせせることになりますので，より一層電波法令の遵守が求められます．そのため，無線従事者に法令違反があった場合は罰則の規定があります．

電波法 第79条（無線従事者の免許の取消し等）〈抜粋〉

総務大臣は無線従事者が下記の（1）から（3）の一に該当するときは，無線従事者の免許を取り消し，又は3箇月以内の期間を定めてその業務に従事することを停止することができる．

（1）電波法若しくは電波法に基づく命令又はこれらに基づく処分に違反したとき．

（2）不正な手段により免許を受けたとき．

（3）著しく心身に欠陥があって無線従事者たるに適しない者．

問題 2 ★★ ➡7.2.1

次の記述は，無線局の発射する電波が総務省令で定めるものに適合しないと認めるときに総務大臣が免許人に対して行う処分等について述べたものである．電波法（第72条及び第73条）の規定に照らし，[　　]内に入れるべき最も適切な字句を下の1から10までのうちからそれぞれ一つ選べ．なお，同じ記号の[　　]内には，同じ字句が入るものとする．

① 総務大臣は，無線局の発射する[ア]が電波法第28条の総務省令で定めるものに適合していないと認めるときは，当該無線局に対して[イ]を命ずることができる．

② 総務大臣は，①の命令を受けた無線局からその発射する[ア]が電波法第28条の総務省令の定めるものに適合するに至った旨の申出を受けたときは，その無線局に[ウ]なければならない．

③ 総務大臣は，②の規定により発射する[ア]が電波法第28条の総務省令で定めるものに適合しているときは，[エ]しなければならない．

④ 総務大臣は，①の[イ]を命じたとき，②の申出があったとき，その他電波法の施行を確保するために特に必要があるときは，[オ]ことができる．

1	電波の周波数の安定度	2	電波の質
3	臨時に電波の発射の停止	4	期間を定めて無線局の運用の停止
5	電波を試験的に発射させ	6	電波の質の測定結果を報告させ
7	直ちに①の電波の発射の停止を解除		
8	直ちに①の運用の停止を解除		
9	免許人に対し，文書で報告を求める		
10	その職員を無線局に派遣し，その無線設備等を検査させる		

解説 無線局の発射する**電波の質**が総務省令で定めるものに適合していない場合，総務大臣は，当該無線局に対して**臨時に電波の発射の停止**を命ずることができます（このとき，当該無線局の申し出があったときや必要と認められたときは，**その職員を無線局に派遣し，その無線設備等を検査**させることができます）．

その後，命令を受けた無線局からその発射する**電波の質**が総務省令の定めるものに適合した旨の申出を受けたときは，その無線局に**電波を試験的に発射**させ，適合していれば**直ちに電波の発射の停止を解除**しなければなりません．

答え▶▶▶ア－2　イ－3　ウ－5　エ－7　オ－10

7.3 一般的監督（無線局の検査）

無線局に対する検査には，「新設検査」，「変更検査」，「定期検査」，「臨時検査」の他に「免許を要しない無線局の検査」があります．「新設検査」と「変更検査」は2章の無線局の免許に関することに該当しますので省略し，「定期検査」と「臨時検査」について述べることにします．

7.3.1 定期検査

定期検査の目的は，無線局が免許を受けたときに検査された条件が，その後も維持されているかを点検することです．平成16年から，検査は民間の事業者の能力も活用されるようになりました．

電波法 第73条（検査）〈抜粋・一部改変〉

総務大臣は，総務省令で定める時期ごとに，あらかじめ通知する期日に，その職員を無線局（総務省令で定めるものを除く．）に派遣し，その無線設備等を検査させる．ただし，当該無線局の発射する電波の質又は空中線電力に係る無線設備の事項以外の事項の検査を行う必要がないと認める無線局については，その無線局に電波の発射を命じて，その発射する電波の質又は空中線電力の検査を行う．

2　前項の検査は，当該無線局についてその検査を同項の総務省令で定める時期に行う必要がないと認める場合及び当該無線局のある船舶又は航空機が当該時期に**外国地間を航行中**の場合においては，同項の規定にかかわらず，その時期を延期し，又は省略することができる．

3　第1項の検査は，当該無線局（人の生命又は身体の安全の確保のためその適正な運用の確保が必要な無線局として総務省令で定めるものを除く．）の免許人から，第1項の規定により総務大臣が通知した期日の**1月前**までに，当該無線局の無線設備等について登録検査等事業者（無線設備等の点検の事業のみを行う者を除く．）が，総務省令で定めるところにより，当該登録に係る検査を行い，当該無線局の無線設備がその工事設計に合致しており，かつ，その無線従事者の資格及び員数並びに時計及び書類が第60条の規定にそれぞれ違反していない旨を記載した証明書（検査結果証明書）の提出があったときは，第1項の規定にかかわらず，省略することができる．

4　第1項の検査は，当該無線局の免許人から，同項の規定により総務大臣が通知した期日の1箇月前までに，当該無線局の無線設備等について登録検査等事業者又は登録外国点検事業者により総務省令で定めるところにより行った当該登録に係る点検の結果を記載した書類（点検結果通知書）の提出があったときは，第1項の規定にかかわらず，その一部を省略することができる．

免許人から提出された「無線設備等の点検実施報告書」（「点検結果通知書」を添付）が適正な場合，点検を行った日から3箇月以内に提出された場合，検査の一部が省略されます．

電波法施行規則　第41条の4（定期検査の実施時期）

電波法第73条第1項の総務省令で定める時期は，無線局ごとに定める期間を経過した日の**前後3月**を超えない時期とする．ただし，免許人の申出により，その時期以外の時期に定期検査を行うことが適当であると認めて，総務大臣又は総合通信局長が定期検査を行う時期を別に定めたときは，この限りでない．

関連知識 検査に関わる用語の定義

■表 7.2

用 語	定 義
点検	測定器を利用して無線局の電気的特性等の確認を行うこと
判定	点検の結果が法令の規定に適合しているか確認を行うこと
検査	無線局の点検と判定を含めたもの
登録点検事業者	登録検査等事業者のうち，点検の事業のみを行う事業者
登録検査事業者	登録検査等事業者のうち，点検の事業のみを行う事業者を除いた事業者

（総務省ホームページより）

「点検」は測定器を利用して無線局の電気的特性等の確認を行うことです.「検査」は無線局の点検と判定（点検の結果が法令の規定に適合しているかを確認すること）を含めたものをいいます.

船舶局及び船舶地球局の定期検査の実施時期は電波法施行規則第 41 条の 4 で規定されており，以下の内容が出題されています.

（10）船舶局

① 義務船舶局であって旅客船又は国際航海に従事する船舶（旅客船を除く.）に開設するもの. 〔**1 年**〕

②～④ 略

（23）船舶地球局

① 電波法施行規則第 28 条の 2（義務船舶局等の無線設備の条件等）第 1 項の船舶地球局であって，旅客船又は国際航海に従事する船舶（旅客船を除く.）に開設するもの 〔**1 年**〕

②～③ 略

7.3.2 臨時検査

定期検査は一定の時期毎に行われる検査ですが，その他に理由がある場合には臨時に検査が行われることがあります.

臨時に検査が行われるのは次のような場合です.

電波法 第73条（検査）〈抜粋〉

5 総務大臣は，電波法第71条の5の**無線設備の修理**その他の必要な措置をとるべきことを命じたとき，電波法第72条第1項の**電波の発射の停止**を命じたとき，同条第2項の申出があったとき，無線局のある船舶又は航空機が外国へ出港しようとするとき，その他この法律の施行を確保するため特に必要があるときは，その職員を無線局に派遣し，その無線設備等を検査させることができる.

6 総務大臣は，無線局のある船舶又は航空機が外国へ出港しようとする場合その他この法律の施行を確保するため特に必要がある場合において，当該無線局の発射する電波の質又は空中線電力に係る無線設備の事項のみについて検査を行う必要があると認めるときは，その無線局に電波の発射を命じて，その発射する電波の質又は空中線電力の検査を行うことができる.

電波法 第111条（罰則）〈抜粋・一部改変〉

次の各号のいずれかに該当する者は，**6月以下の懲役又は30万円以下の罰金**に処する.

2 **第73条**第1項，**第5項**，第6項又は第82条（免許を要しない無線局及び受信設備に対する監督）第2項の規定による検査を拒み，妨げ，又は忌避した者

7.3.3 報 告

遭難通信，緊急通信，安全通信又は非常通信を行ったとき，電波法令に違反して運用している無線局を認めた場合など，できる限り速やかに文書で総務大臣に報告しなければなりません．電波法令に違反して運用している無線局を認めた場合は免許人等の協力により電波行政の目的達成度合いを向上させようとするものです.

電波法 第80条（報告等）

無線局の免許人等は，次に掲げる場合は，総務省令で定める手続により，総務大臣に報告しなければならない.

(1) **遭難通信，緊急通信，安全通信又は非常通信**を行ったとき.

(2) 電波法又は電波法に基づく命令の規定に違反して運用した無線局を認めたとき.

(3) 無線局が外国において，**あらかじめ総務大臣が告示した以外の運用の制限をされたとき.**

電波法 第81条（報告等）

総務大臣は，**無線通信の秩序の維持**その他無線局の適正な運用を確保するため必要があると認めるときは，**免許人等**に対し，無線局に関し報告を求めることができる．

電波法 第81条の2（報告等）第1項

総務大臣は，電波法を施行するため必要があると認めるときは，船舶局無線従事者証明を受けている者に対し，船舶局無線従事者証明に関し報告を求めることができる．

電波法施行規則 第42条の4（報告）

免許人等は，電波法第80条各号の場合は，できる限りすみやかに，文書によって，総務大臣又は総合通信局長に報告しなければならない．この場合において，遭難通信及び緊急通信にあっては，**当該通報を発信したとき又は遭難通信を宰領したとき**に限り，安全通信にあっては，総務大臣が別に告示する簡易な手続により，当該通報の発信に関し，報告するものとする．

問題 3 ★★ ➡7.3.1

次の記述は，義務船舶局等（注1）の定期検査について述べたものである．電波法（第73条）及び電波法施行規則（第41条の4）の規定に照らし，［　　］内に入れるべき最も適切な字句の組合せを下の1から4までのうちから一つ選べ．なお，同じ記号の［　　］内には，同じ字句が入るものとする．

注1　義務船舶局及び義務船舶局のある船舶に開設する総務省令で定める船舶地球局をいう．

① 総務大臣は，総務省令で定める時期ごとに，あらかじめ通知する期日に，その職員を義務船舶局等に派遣し，その無線設備等（注2）を検査させる．

注2　無線設備，無線従事者の資格（主任無線従事者の要件，船舶局無線従事者証明及び遭難通信責任者の要件に係るものを含む．）及び員数並びに時計及び書類をいう．③において同じ．

② ①の検査は，当該義務船舶局等についてその検査を①の総務省令で定める時期に行う必要がないと認める場合及び当該義務船舶局等のある船舶が当該時期に［ A ］の場合においては，①の規定にかかわらず，その時期を延期し，又は省略することができる．

③ ①の検査は，当該義務船舶局等の免許人から，①の規定により総務大臣が通知した期日の[B]までに，当該義務船舶局等の無線設備等について電波法第24条の2（検査等事業者の登録）第1項の登録を受けた者（無線設備等の点検の事業のみを行う者を除く.）が，総務省令で定めるところにより，当該登録に係る検査を行い，当該義務船舶局等の無線設備がその工事設計に合致しており，かつ，その無線従事者の資格及び員数が電波法第39条，第40条及び第50条の規定に，その時計及び書類が電波法第60条の規定にそれぞれ違反していない旨を記載した証明書の提出があったときは，①の規定にかかわらず，省略することができる.

④ ①の総務省令で定める時期は，次の（1）及び（2）に定める期間を経過した日の[C]を超えない時期とする．ただし，免許人の申出により，その時期以外の時期に定期検査を行うことが適当であると認めて，総務大臣又は総合通信局長が定期検査を行う時期を別に定めたときは，この限りでない.

（1）義務船舶局であって旅客船又は国際航海に従事する船舶（旅客船を除く.）に開設するもの[D]

（2）電波法施行規則第28条の2（義務船舶局等の無線設備の条件等）第1項の船舶地球局であって，旅客船又は国際航海に従事する船舶（旅客船を除く.）に開設するもの[D]

	A	B	C	D
1	外国地間を航行中	1月前	前後3月	1年
2	修繕中又は係船中	1月前	前後1月	3年
3	外国地間を航行中	3月前	前後3月	3年
4	修繕中又は係船中	3月前	前後1月	1年

解説 総務省令で定める時期ごとに職員を派遣し定期検査を行います．検査の時期は，期間を経過した**前後3月**とされており，その期間は，義務船舶局又は船舶地球局である旅客船又は国際航海に従事する船舶（旅客船を除く.）は**1年**とされています.

外国地間を航行中の場合には定期検査の時期を延期もしくは省略でき，通知された期日の**1月前**までに所定の検査を受け証明書を提出すれば定期検査を省略できます.

答え▶▶▶ 1

問題 4 ★★★ ➡7.3.2

次の記述は，無線局の臨時検査（注）について述べたものである．電波法（第 73 条及び第 111 条）の規定に照らし，［　　］内に入れるべき最も適切な字句の組合せを下の 1 から 5 までのうちから一つ選べ．なお，同じ記号の［　　］内には，同じ字句が入るものとする．

注　電波法第 73 条第 5 項の検査をいう．

① 総務大臣は，次の（1）から（5）までに掲げる場合には，その職員を無線局に派遣して，その無線設備，無線従事者の資格及び員数並びに時計及び書類を検査させることができる．

（1）無線設備が電波法第 3 章（無線設備）に定める技術基準に適合していないと認め，当該無線設備を使用する無線局の免許人に対し，その技術基準に適合するように［ A ］その他の必要な措置を執るべきことを命じたとき．

（2）無線局の発射する［ B ］に適合していないと認め，当該無線局に対して［ C ］を命じたとき．

（3）［ C ］の命令を受けた無線局からその発射する［ B ］に適合するに至った旨の申出があったとき．

（4）無線局のある船舶又は航空機が外国へ出港しようとするとき．

（5）その他電波法の施行を確保するため特に必要があるとき．

② ①の検査を拒み，妨げ，又は忌避した者は，［ D ］の罰金に処する．

	A	B	C	D
1	当該無線設備の修理	電波の型式，周波数又は空中線電力がその免許状に記載されたもの	期間を定めて無線局の運用の停止	1 年以下の懲役又は 50 万円以下
2	当該無線設備の修理	電波の質が総務省令で定めるもの	臨時に電波の発射の停止	6 月以下の懲役又は 30 万円以下
3	当該無線設備の取替え	電波の質が総務省令で定めるもの	期間を定めて無線局の運用の停止	1 年以下の懲役又は 50 万円以下
4	当該無線設備の取替え	電波の型式，周波数又は空中線電力がその免許状に記載されたもの	臨時に電波の発射の停止	6 月以下の懲役又は 30 万円以下
5	当該無線設備の修理	電波の質が総務省令で定めるもの	期間を定めて無線局の運用の停止	6 月以下の懲役又は 30 万円以下

解説 総務大臣が臨時に無線局の検査を行う場合として

- **当該無線設備の修理**その他の必要な措置を執るべきことを命じたとき
- 無線局の発射する**電波の質が総務省令で定めるもの**に適合していないと認め，当該無線局に対して**臨時に電波の発射の停止**を命じたとき
- **臨時に電波の発射の停止**の命令を受けた無線局からその発射する**電波の質が総務省令で定めるもの**に適合するに至った旨の申出があったとき．

などがあります．この検査を拒み，妨げ，又は忌避した者は**6月以下の懲役又は30万円以下の罰金**に処されます．

答え ▶▶▶ 2

問題 5 ★★ ➡ 7.3.3

総務大臣に対する報告に関する次の記述のうち，電波法（第80条，第81条及び第81条の2）の規定に照らし，これらの規定に定めるところに適合しないものはどれか．下の1から5までのうちから一つ選べ．

1 無線局の免許人は，電波法又は電波法に基づく命令の規定に違反して運用した無線局を認めたときは，総務省令で定める手続により，総務大臣に報告しなければならない．

2 総務大臣は，無線通信の秩序の維持その他無線局の適正な運用を確保するため必要があると認めるときは，免許人に対し，無線局に関し報告を求めることができる．

3 無線局の免許人は，無線局が外国において当該外国の主管庁による検査を受け，検査の結果について指示を受けたときは，総務省令で定める手続により，その事実及び措置の内容を総務大臣に報告しなければならない．

4 総務大臣は，電波法を施行するため必要があると認めるときは，船舶局無線従事者証明を受けている者に対し，船舶局無線従事者証明に関し報告を求めることができる．

5 遭難通信，緊急通信，安全通信又は非常通信を行ったときは，総務省令で定める手続きにより，総務大臣に報告しなければならない．

解説 選択肢3の規定はありません．

答え ▶▶▶ 3

問題 6 ★★★ ➡7.3.3

次の記述は，総務大臣に対する報告について述べたものである．電波法（第 80 条及び第 81 条）及び電波法施行規則（第 42 条の 4）の規定に照らし，［　　］内に入れるべき最も適切な字句を下の 1 から 10 までのうちからそれぞれ一つ選べ．

① 無線局の免許人は，次の（1）から（3）までに掲げる場合は，総務省令で定める手続により総務大臣に報告しなければならない．

（1）［ア］を行ったとき．

（2）電波法又は電波法に基づく命令の規定に違反して運用した無線局を認めたとき．

（3）無線局が外国において，［イ］とき．

② 総務大臣は，［ウ］その他無線局の適正な運用を確保するため必要があると認めるときは，［エ］に対し，無線局に関し報告を求めることができる．

③ 免許人は，①の場合は，できる限り速やかに，文書によって，総務大臣又は総合通信局長（沖縄総合通信事務所長を含む．）に報告しなければならない．この場合において，遭難通信及び緊急通信にあっては，［オ］ときに限り，安全通信にあっては，総務大臣が別に告示する簡易な手続により，当該通報の発信に関し，報告するものとする．

1 遭難通信，緊急通信，安全通信又は非常通信
2 遭難通信，緊急通信又は安全通信
3 当該外国の主管庁による無線局の検査を受け，検査の結果について指示を受け相当な措置をした
4 あらかじめ総務大臣が告示した以外の運用の制限をされた
5 無線通信の円滑な疎通　　6 無線通信の秩序の維持
7 免許人　　8 免許人又は無線従事者
9 当該通報を発信したとき又は遭難通信を宰領した
10 当該通報を発信した

解説 総務大臣に報告しなければいけない例として，
- **遭難通信，緊急通信，安全通信又は非常通信**を行ったとき
- 無線局が外国において，**あらかじめ総務大臣が告示した以外の運用の制限をされた**とき
- 総務大臣が**無線通信の秩序の維持**その他無線局の適正な運用を確保するため必要があると認めるとき

などがあります．

また，問題文①の（1）～（3）の場合はできる限り速やかに，文書によって報告しなければなりませんが，遭難通信及び緊急通信にあっては，**当該通報を発信したとき又は遭難通信を宰領したとき**に限り当該通報の発信に関し，報告するものとされています．

答え▶▶▶ア－1　イ－4　ウ－6　エ－7　オ－9

7.4 電波利用料

各種の無線局が適正に管理運用されるためには，無線局に関する情報が行政当局に把握されていると共に，不法無線局や違法な運用をする無線局の取締りが必要となります．これらを実現するためには経費が必要で，この経費を「電波利用共益費用」と呼んでいます．「電波利用共益費用」を無線局の免許人等が負担することになっています．これが，「電波利用料」です．我々が使用している携帯電話も無線局ですので，「電波利用料」の支払いが必要です．

電波利用料の使用用途には，

（1）電波の監視及び規正並びに不法に開設された無線局の探査
（2）総合無線局管理ファイルの作成及び管理
（3）電波の有効利用技術に関する研究開発など
（4）電波の人体等への影響に関する調査
（5）特定周波数変更対策業務
（6）特定周波数終了対策業務

などがあり，身近なものでは，電波時計の時刻自動修正に使える「標準電波の発射」も含まれています．

電波法 第 103 条の 2（電波利用料の徴収等）第 1 項

免許人等は，電波利用料として，無線局の免許等の日から起算して 30 日以内及びその後毎年その免許等の日に応当する日（応当する日がない場合は，その翌日．以下この条において「応当日」という．）から起算して 30 日以内に，当該無線局の免許等の日又は応当日（以下この項において「起算日」という．）から始まる各 1 年の期間（無線局の免許等の日が 2 月 29 日である場合においてその期間がうるう年の前年の 3 月 1 日から始まるときは翌年の 2 月 28 日までの期間とし，起算日から当該免許等の有効期間の満了の日までの期間が 1 年に満たない場合にはその期間とする．）について，無線局の区分に従い所定の金額を国に納めなければならない．

電波利用料については前納制度があります．免許人は，第 1 項の規定により，電波利用料を納めるときには，その翌年の応当日以降の期間に係る電波利用料を前納できます．

Column 電波利用料の金額の例（2021 年 6 月現在）

空中線電力 10 kW 以上のテレビジョン基幹放送局：569,208,300 円
船舶局：400 円
実験等無線局及びアマチュア無線局：300 円

7.5 罰 則

電波法上の罰則は，「懲役」「禁錮」「罰金」の 3 種類があり，その他に秩序罰としての「過料」があります（過料は刑ではありません）．

「懲役」「禁錮」「罰金」が科せられる場合のいくつかを**表 7.3** に示します．

「過料」の例を挙げると，免許状の返納違反（電波法第 24 条）については 30 万円以下の過料（電波法第 116 条（2））などがあります．

■表 7.3 罰則の具体例

根拠条文	罰則に該当する行為	法定刑
105 条	・無線通信の業務に従事する者が**遭難通信の取扱をしなかったとき，又はこれを遅延させたとき**（遭難通信の取扱を妨害した者も同様）	1 年以上の有期懲役
106 条	・自己若しくは他人に利益を与え，又は他人に損害を加える目的で，無線設備又は高周波利用設備の通信設備によって**虚偽の通信**を発した者	3 年以下の懲役又は 150 万円以下の罰金
	・船舶遭難又は**航空機遭難の事実がないのに，無線設備によって遭難通信を発した者**	3 月以上 10 年以下の懲役
107 条	・無線設備又は高周波利用設備の通信設備によって日本国憲法又はその下に成立した政府を**暴力で破壊することを主張する通信**を発した者	5 年以下の懲役又は禁固
108 条	・無線設備又は高周波利用設備の通信設備によって**わいせつな通信**を発した者	2 年以下の懲役又は 100 万円以下の罰金
108 条の 2	・電気通信業務又は放送の業務の用に供する無線局の無線設備又は人命若しくは財産の保護，治安の維持，気象業務，電気事業に係る電気の供給の業務若しくは鉄道事業に係る列車の運行の業務の用に供する無線設備を損壊し，又はこれに物品を接触し，その他その無線設備の機能に障害を与えて無線通信を妨害した者（未遂罪は，罰せられる）	5 年以下の懲役又は 250 万円以下の罰金
109 条	・無線局の取扱中に係る**無線通信の秘密を漏らし，又は窃用**した者	1 年以下の懲役又は 50 万円以下の罰金
	・**無線通信の業務に従事する者**がその業務に関し知り得た前項の秘密を漏らし，又は窃用したとき	2 年以下の懲役又は 100 万円以下の罰金
110 条	・免許又は登録がないのに，無線局を開設した者	1 年以下の懲役又は 100 万円以下の罰金
	・免許状の記載事項違反	
113 条	・無線従事者が業務に従事することを停止されたのに，無線設備の操作を行った場合	30 万円以下の罰金

問題 7 ★★ ➡ 7.5

次の記述は，遭難通信の不取扱い等に関する罰則について述べたものである．電波法（第 105 条及び第 106 条）の規定に照らし，[　　]内に入れるべき最も適切な字句の組合せを下の 1 から 4 までのうちから一つ選べ．

① [A] が電波法第 66 条（遭難通信）第 1 項の規定による遭難通信の取扱いをしなかったとき，又はこれを遅延させたときは，[B] に処する．

② 船舶遭難又は航空機遭難の事実がないのに，無線設備によって [C] は，3 月以上 10 年以下の懲役に処する．

	A	B	C
1	無線通信の業務に従事する者	2 月以上 10 年以下の懲役	救助を求める通信を発した者
2	無線通信の業務に従事する者	1 年以上の有期懲役	遭難通信を発した者
3	無線従事者	1 年以上の有期懲役	救助を求める通信を発した者
4	無線従事者	2 月以上 10 年以下の懲役	遭難通信を発した者

解説 **無線通信の業務に従事する者**が遭難通信の取扱いをしなかったとき，又はこれを遅延させたときは，**1 年以上の有期懲役**に処され，船舶遭難又は航空機遭難の事実がないのに，無線設備によって**遭難通信を発した者**は，3 月以上 10 年以下の懲役に処されます．

遭難通信は優先順位が一番高く，重要であることから，ほかの通信よりも重い罰則となっています．

答え ▶▶▶ 2

Column 「罰金」と「科料」と「過料」

罰金：財産を強制的に徴収するもので，その金額は 10,000 円以上です．刑事罰で前科になります．駐車違反などで徴収される反則金は罰金ではありません．

科料：財産を強制的に徴収するもので，その金額は 1,000 円以上，10,000 円未満です．罰金同様，刑事罰で前科になります．軽犯罪法違反など，軽い罪について科料の定めがあります．

過料：行政上の金銭的な制裁で刑罰ではありません．「タバコのポイ捨て禁止条例」などに違反したような場合に過料が課されることがあります．

8章 国際法規

この章から **3** 問出題

三海通の国際法規は，国際電気通信連合憲章及び附属書，国際電気通信連合条約，無線通信規則から出題されていますが，出題範囲は限られています．「国際電気通信連合憲章第 37 条，第 45 条～第 47 条，附属書 1003」，「国際電気通信連合条約第 40 条」，「無線通信規則第 15 条，第 17 条～第 18 条，第 31 条～第 32 条，第 46 条，第 49 条」，「SOLAS 条約附属書第 4 章第 2 規則，第 4 規則，第 6 規則，第 12 規則，第 16 規則」，「STCW 条約附属書第 4 章第 4-2 規則」に関する問題が多くを占めています．

8.1 国際電気通信連合憲章と附属書

電気通信に関する事柄を扱う国際機関が，国際電気通信連合です．その基本文書に，「国際電気通信連合憲章」があり，それを補足するのが「国際電気通信連合条約」です．これらは，国際電気通信の基本事項を規定しています．詳細は，業務規則である「国際電気通信規則」と「無線通信規則」で規定しています．無線通信規則は，陸上，海上，航空，宇宙，放送分野における無線通信業務（周波数の分配と割当て，無線設備の技術基準，無線従事者の資格証明など）を詳細に規定しています．

8.1.1 国際電気通信連合憲章

国際電気通信連合の組織及びその運営並びに通常は改正の対象にならない電気通信に係る基本的事項を規定する文書です．

国際電気通信連合憲章　第 37 条（電気通信の秘密）

1　構成国は，国際通信の秘密を確保するため，使用される電気通信の**システムに適合するすべての可能な措置**をとることを約束する．

2　もっとも，構成国は，**国内法令の適用又は自国が締約国である国際条約の実施**を確保するため，国際通信に関し，権限のある当局に通報する権利を留保する．

国際電気通信連合憲章　第 45 条（有害な混信）

1　すべての局は，その目的のいかんを問わず，他の構成国，認められた事業体その他正当に許可を得て，かつ，無線通信規則に従って無線通信業務を行う事業体の無線通信又は無線業務に有害な混信を生じさせないように設置し及び運用しなければならない．

2　各構成国は，認められた事業体その他正当に許可を得て無線通信業務を行う事業体に第 1 項の規定を遵守させることを約束する.

3　構成国は，また，すべての種類の電気機器及び電気設備の運用が第 1 項の無線通信又は無線業務に有害な混信を生じさせることを防ぐため，実行可能な措置をとることの必要性を認める.

国際電気通信連合憲章　第 46 条（遭難の呼出し及び通報）

無線通信の局は，遭難の呼出し及び通報を，いずれから発せられたかを問わず，絶対的優先順位において受信し，同様にこの通報に応答し，及び直ちに必要な措置をとる義務を負う.

国際電気通信連合憲章　第 47 条（虚偽の遭難信号，緊急信号，安全信号又は識別信号）

構成国は，虚偽の遭難信号，緊急信号，安全信号又は識別信号の伝送又は流布を防ぐために有用な措置をとること並びにこれらの信号を発射する自国の管轄の下にある局を探知し及び識別するために協力することを約束する.

8章

8.1.2　附属書

国際電気通信連合憲章，国際電気通信連合条約及び業務規則で使用される用語の定義が書かれています.

国際電気通信連合憲章　附属書 1003（有害な混信）

無線航行業務その他の安全業務の運用を妨害し，又は無線通信規則に従って行う無線通信業務の運用に重大な悪影響を与え，若しくはこれを反復的に中断し若しくは妨害する混信

8.1.3　国際電気通信連合条約

国際電気通信連合条約　第 40 条（暗語）

1　官用電報及び業務用電報は，すべての関係において暗語により記載することが**できる**.

2　暗語による私報は，すべての構成国の間において認められる．ただし，私報に対して暗語を認めないことを事務総局長を経由してあらかじめ通告した構成国については，この限りでない.

3　構成国は，暗語による私報の自国の領域における発着を認めない場合においても，憲章第35条に規定する業務の停止のときを除くほか，暗語による私報の中継を認めなければならない.

問題 1 ★★ ➡8.1

有害な混信，遭難の呼出し及び通報等に関する次の記述のうち，国際電気通信連合憲章（第45条から第47条まで及び附属書）の規定に照らし，これらの規定に定めるところに適合しないものはどれか．下の1から4までのうちから一つ選べ.

1 「有害な混信」とは，国際電気通信業務の運用を妨害し，又は無線通信規則に従って行う無線通信業務の運用に影響を与える「許容し得る混信」の程度を超える混信をいう.

2　すべての局は，その目的のいかんを問わず，他の構成国，認められた事業体その他正当に許可を得て，かつ，無線通信規則に従って無線通信業務を行う事業体の無線通信又は無線業務に有害な混信を生じさせないように設置し及び運用しなければならない.

3　無線通信の局は，遭難の呼出し及び通報を，いずれから発せられたかを問わず，絶対的優先順位において受信し，同様にこの通報に応答し，及び直ちに必要な措置を執る義務を負う.

4　構成国は，虚偽の遭難信号，緊急信号，安全信号又は識別信号の伝送又は流布を防ぐために有用な措置を執ること並びにこれらの信号を発射する自国の管轄の下にある局を探知し及び識別するために協力することを約束する.

解説　1 「有害な混信」とは，「無線航行業務その他の安全業務の運用を妨害し，又は無線通信規則に従って行う無線通信業務の運用に重大な悪影響を与え，若しくはこれを反覆的に中断し若しくは妨害する混信」です（国際電気通信連合憲章附属書1003）.

答え▶▶▶ 1

問題 2 ★★ ➡8.1.3

暗語の使用に関する次の記述のうち，国際電気通信連合条約（第40条）の規定に照らし，この規定に定めるところに適合しないものはどれか．下の1から4までのうちから一つ選べ.

1 官用電報は，すべての関係において暗語により記載することができる.
2 業務用電報は，すべての関係において暗語により記載することができない.
3 暗語による私報は，すべての構成国の間において認められる．ただし，私報に対して暗語を認めないことを事務総局長を経由してあらかじめ通告した構成国については，この限りでない.
4 構成国は，暗語による私報の自国の領域における発着を認めない場合においても，国際電気通信連合憲章第35条（業務の停止）に規定する業務の停止のときを除くほか，暗語による私報の中継を認めなければならない.

解説 2「暗語により記載することが**できない**」ではなく，正しくは「暗語により記載することが**できる**」です.

答え▶▶▶2

8.2 無線通信規則

「無線通信に関する用語の定義」「周波数の分配，割当て」「混信の防止」「無線設備の技術基準」「無線局の管理」「無線局の運用」「無線従事者の資格証明」などを規定する文書が「無線通信規則」です.

8.2.1 用語及び定義

無線通信規則 第1条（用語及び定義）〈抜粋〉

・主管庁：国際電気通信連合憲章，国際電気通信連合条約及び業務規則の義務を履行するため執るべき措置について責任を有する政府の機関（日本は総務省です).
・海上移動業務：海岸局と船舶局との間，船舶局相互間又は関係船上通信局相互間の移動業務．救命浮機局及び非常用位置指示無線標識局も，この業務に参加することができる.
・海上移動衛星業務：移動地球局が船舶上にあるときの移動衛星業務．救命浮機局及び非常用位置指示無線標識局も，この業務に参加することができる.
・海上無線航行業務：船舶局及びその運航の安全のための無線航行業務.
・海上無線航行衛星業務：地球局が船舶上にあるときの無線航行衛星業務.

8.2.2　周波数の分配

無線通信規則　第5条（周波数の分配）〈抜粋〉

・周波数の分配のため，世界を3の地域に区分する.

日本は第3地域に所属しています.

8.2.3　混　信

無線通信規則　第15条（混信）〈抜粋〉

A　無線局からの混信

1　すべての局は，**不要な伝送**，過剰な信号の伝送，虚偽の又はまぎらわしい信号の伝送，識別表示のない信号の伝送を禁止する.

2　送信局は，業務を満足に行うために**必要な最小限の電力**で輻《ふく》射する.

3　混信を避けるために

(1) 送信局の位置及び業務の性質上可能な場合には，受信局の位置は，特に注意して選定しなければならない.

(2) 不要な方向への輻射又は不要な方向からの受信は，業務の性質上可能な場合には，指向性アンテナの利点をできる限り利用して，最小にしなければならない.

(3) 送信機及び受信機の選択及び使用は，第3条の規定に従わなければならない.

8　遭難周波数及び安全周波数，第31条（海上における遭難及び安全に関する世界的な制度（GMDSS）のための周波数）に定める遭難及び安全に関わる周波数並びに付録第27号に定められている飛行の安全及び定時性に関わる周波数に対する混信を回避するために，特別の考慮を払わなければならない.

B　試験

14　各主管庁は，局の試験及び実験を許可する前に，有害な混信を避けるため，周波数及び時間の選定，輻射の低減又は可能なすべての場合には輻射の抑制その他の実行可能なすべての注意を払うことを命ずる．試験及び実験によって生ずる有害な混信は，遅滞なく除去しなければならない.

17　試験又は調整のための信号は，この規則又は国際信号書に定める特別の意義をもつ信号，略語等との混同が生じないように選定しなければならない.

C 違反の通告

19 憲章，条約又は無線通信規則の違反は，これを認めた管理機関，局又は検査官から各自の主管庁に報告する．

20 局が行った重大な違反に関する申入れは，これを認めた主管庁からこの局を管轄する国の主管庁に行わなければならない．

21 主管庁は，その権限が及ぶ局によって条約又は無線通信規則の違反が行われたことを知った場合には，事実を確認して責任を定め，必要な措置を執る．

8.2.4 秘 密

無線通信規則 第17条（秘密）

主管庁は，憲章及び条約の関連規定を適用するに当たり，次の事項を禁止し，及び防止するために必要な措置を執ることを約束する．

(a) 公衆の一般的利用を目的としていない無線通信を**許可なく**傍受すること．

(b) (a) にいう無線通信の傍受によって得られた**すべての種類の情報**について，**許可なく**，その内容若しくは単にその存在を漏らし，又はそれを**公表若しくは利用**すること．

8.2.5 許可書

無線通信規則 第18条（許可書）〈抜粋〉

1 送信局は，その属する国の政府が適当な様式で，かつ，この規則に従って発給する許可書がなければ，個人又はいかなる団体においても，設置し，又は運用することができない．ただし，無線通信規則に定める例外の場合を除く．

4 許可書を有する者は，国際電気通信連合憲章及び国際電気通信連合条約の関連規定に従い，電気通信の秘密を守ることを要する．さらに許可書には，局が受信機を有する場合には，**受信することを許可された無線通信以外の通信の傍受を禁止**すること及びこのような通信を偶然に受信した場合には，これを再生し，第三者に通知し，又はいかなる目的にも使用してはならず，その存在さえも漏らしてはならないことを明示又は参照の方法により記載していなければならない．

5 移動局及び移動地球局に発給された許可書の検査を容易にするため，自国語で記載された本文には，必要に応じ，国際電気通信連合の業務用語の**一による訳文を付加**する．

8.2.6　局の識別

無線通信規則　第19条（局の識別）〈抜粋〉

1　すべての伝送は，識別信号その他の手段によって識別され得るものでなければならない．

2　虚偽の又はまぎらわしい識別表示を使用する伝送は，全て禁止する．

17　識別信号を伴う伝送については，局が容易に識別されるため，各局は，その伝送（試験，調整又は実験のために行うものを含む．）中にできる限りしばしばその識別信号を伝送しなければならない．もっとも，この伝送中，識別信号は，少なくとも1時間ごとに，なるべく毎時（UTC）の5分前から5分後までの間に伝送しなければならない．ただし，通信の不当な中断を生じさせる場合は，この限りでなく，この場合には，識別表示は，伝送の始めと終わりに示さなければならない．

8.2.7　聴　守

無線通信規則　第31条（聴守）〈抜粋〉

6　GMDSSにおいて聴守の責任を負う海岸局は，海岸局及び特別業務の局の局名録で公表された情報の中に示された周波数及び時間中，デジタル選択呼出しによる自動の聴守を行う．

7　GMDSSにおいて聴守の責任を負う海岸地球局は，宇宙局が中継する遭難警報のために無休の自動の聴守を行う．

8　(1) 船舶局は，そのための機器を搭載している場合，海上に位置する間，その船舶局が運用している周波数帯の適当な遭難及び安全のための呼出周波数で，デジタル選択呼出しの自動聴守を継続する．船舶局は，また，そのための機器を搭載している場合，船舶向けの気象警報，航行警報及び他の緊急情報の自動受信のための適当な周波数の聴守を継続する．

(2) この章の規定に適合する船舶局は，実行可能なときは，航行の安全に関する通信のために周波数**156.8 MHz（VHFチャネル16）**の聴守を継続する．

9　この章の規定に適合する船舶地球局は，海上にある間，運用中のチャネルで通信している場合を除いて，聴守を継続する．

8.2.8 遭難警報及び遭難呼出し

無線通信規則 第32条（遭難警報及び遭難呼出し）〈抜粋〉

7 (1) 遭難警報又は遭難呼出しの送信は，移動体又は人が**重大かつ急迫な危険**にさらされており，即時の救助を求めていることを示す．

(2) 遭難警報は，遭難局の識別及びその位置を知らせる．

9 (1) 船舶から船舶向けの遭難警報は，遭難船舶の付近にいる他の船舶に警報するために使用するものであり，かつ，VHF 及び MF の周波数帯における**デジタル選択呼出し**の使用によって行う．さらに，HF の周波数を使用することができる．

(2) デジタル選択呼出手順を行う機器を備えた船舶局は，できるだけ多くの船舶局の注意を引くために，遭難警報に続いて直ちに遭難呼出し及び遭難通報を送信する．

19 (1) 遭難警報又は遭難呼出しを受信した船舶局又は船舶地球局は，できる限り速やかに，**船舶の指揮者又は責任者**にその遭難通報の内容を通報する．

8.2.9 指揮者の権限

無線通信規則 第46条（指揮者の権限）〈抜粋〉

指揮者又は責任者及び無線電報の文若しくは単にその存在又は無線通信業務によって得たすべての情報を知ることができる者は，通信の秘密を守り，漏れないようにする義務を負う．

8.2.10 局の検査

無線通信規則 第49条（局の検査）〈抜粋〉

1 (1) 船舶局又は船舶地球局が寄航する国の政府又は権限のある主管庁は，検査のため，許可書の提示を要求することができる．**局の通信士又は責任者**は，この検査が容易となるようにしなければならない．許可書は，要求に際して提示することができるように保管していなければならない．許可書又はこれを発給した当局が認証したその謄本は，できる限り，常に局内に掲示しておくものとする．

(2) 検査職員は，権限のある当局が交付した**証票又は記章**を所持しなければならず，船舶局若しくは船舶地球局を有する船舶又は他の移動体の指揮者又は責任者の請求があるときは，これを提示しなければならない．

(3) 許可書が**提示されないとき又は明白な違反が認められるとき**は，政府又は主管庁は，無線設備がこの規則によって課される条件に適合していることを自ら確認するため，その設備を検査することができる．

(4) なお，検査職員は，通信士の証明書の提示を請求する権限を有する．ただし，職務上の**知識**の証明を要求することはできない．

問題 3 ★★★ ➡8.2.3

無線局からの混信の防止に関する次の記述のうち，無線通信規則（第 15 条）の規定に照らし，この規定に定めるところに適合するものを 1，この規定に定めるところに適合しないものを 2 として解答せよ．

ア　すべての局は，長時間の伝送，無線通信規則に定めのない略語の伝送，過剰な信号の伝送，虚偽の若しくは紛らわしい信号の伝送又は識別表示のない信号の伝送を行ってはならない（無線通信規則第 19 条（局の識別）に定める場合を除く．）．

イ　送信局は，業務を満足に行うため十分な電力で輻《ふく》射しなければならない．

ウ　混信を避けるために，送信局の位置及び，業務の性質上可能な場合には，受信局の位置は，特に注意して選定しなければならない．

エ　混信を避けるために，不要な方向への輻《ふく》射及び不要な方向からの受信は，業務の性質上可能な場合には，指向性のアンテナの利点をできる限り利用して，最小にしなければならない．

オ　遭難及び安全のための周波数，無線通信規則第 31 条（海上における遭難及び安全に関する世界的な制度（GMDSS）のための周波数）で特定される遭難及び安全に関連する周波数並びに同規則付録第 27 号で特定される安全及び正常な飛行に関連する周波数に対する混信の回避には，特別の考慮を払わなければならない．

解説　ア「**長時間の**伝送」ではなく，正しくは「**不要な**伝送」です．
イ「**十分**な電力」ではなく，正しくは「**必要な最小限**の電力」です．

答え▶▶▶ア－2　イ－2　ウ－1　エ－1　オ－1

問題 4 ★ ➡8.1.1, 8.2.4

次の記述は，電気通信の秘密について述べたものである．国際電気通信連合憲章（第 37 条）及び無線通信規則（第 17 条）の規定に照らし，[　　]内に入れるべき最も適切な字句を下の 1 から 10 までのうちからそれぞれ一つ選べ．なお，同じ記号の[　　]内には，同じ字句が入るものとする．

① 構成国は，国際通信の秘密を確保するため，使用される電気通信の[ア]措置を執ることを約束する．

② もっとも，構成国は，[イ]を確保するため，国際通信に関し，権限のある当局に通報する権利を留保する．

③ 主管庁は，国際電気通信連合憲章及び国際電気通信連合条約の関連規定を適用するに当たり，次の事項を禁止し，及び防止するために必要な措置を執ることを約束する．

(1) 公衆の一般的利用を目的としていない無線通信を[ウ]傍受すること．

(2) (1) にいう無線通信の傍受によって得られた[エ]について，[ウ]，その内容若しくは単にその存在を漏らし，又はそれを[オ]すること．

1 システムに適合するすべての可能な
2 システムを改善する
3 自国が締約国である国際条約の実施
4 国内法令の適用又は自国が締約国である国際条約の実施
5 密かに　6 許可なく　7 すべての種類の情報
8 特定の情報　9 窃用　10 公表若しくは利用

解説 国際電気通信連合憲章第 37 条において，「構成国は，国際通信の秘密を確保するため，使用される電気通信の**システムに適合するすべての可能な**措置を執ることを約束する．」「もっとも，構成国は，**国内法令の適用又は自国が締約国である国際条約の実施**を確保するため，国際通信に関し，権限のある当局に通報する権利を留保する．」と規定されています．

無線通信規則第 17 条において，「公衆の一般的利用を目的としていない無線通信を**許可なく**傍受すること」「傍受によって得られた**すべての種類の情報**について，**許可なく**，その内容若しくは単にその存在を漏らし，又はそれを**公表若しくは利用**すること」は禁止されています．

答え▶▶▶ア－1　イ－4　ウ－6　エ－7　オ－10

問題 5 ★★★ ➡ 8.2.5

送信局の許可書に関する次の記述のうち，無線通信規則（第18条）の規定に照らし，この規定に定めるところに適合しないものはどれか．下の1から4までのうちから一つ選べ．

1　許可書を有する者は，国際電気通信連合憲章及び国際電気通信連合条約の関連規定の定めるところにより，電気通信の秘密を守ることを要する．

2　送信局は，その属する国の政府が適当な様式で，かつ，無線通信規則に従って発給する許可書がなければ，個人又はいかなる団体においても，設置し，又は運用することができない（ただし，無線通信規則に別に定める規定を参照）．

3　移動局及び移動地球局に発給された許可書の検査を容易にするため，許可書の本文は，自国語及び国際電気通信連合の業務用語の一によって記載されたものでなければならない．

4　許可書には，局が受信機を有する場合には，受信することを許可された無線通信以外の通信の傍受を禁止すること及びこのような通信を偶然に受信した場合には，これを再生し，第三者に通知し，又はいかなる目的にも使用してはならず，かつ，その存在さえも漏らしてはならないことを明示又は参照の方法により記載していなければならない．

解説　3　許可書の本文は「国際電気通信連合の業務用語の**一によって記載**」ではなく，正しくは「国際電気通信連合の業務用語の**一による訳文を必要に応じて付加**」です．

答え▶▶▶3

問題 6 ★ ➡ 8.2.4, 8.2.5, 8.2.9

無線通信の秘密に関する次の記述のうち，無線通信規則（第17条，第18条及び第46条）の規定に照らし，これらの規定に定めるところに適合しないものはどれか．下の1から4までのうちから一つ選べ．

1　主管庁は，国際電気通信連合憲章及び国際電気通信連合条約の関連規定を適用するに当たり，公衆の一般的利用を目的としていない無線通信を許可なく傍受することを禁止し，及び防止するために必要な措置を執ることを約束する．

2　主管庁は，国際電気通信連合憲章及び国際電気通信連合条約の関連規定を適用するに当たり，公衆の一般的利用を目的としていない無線通信を傍受することによって得られたすべての種類の情報について，許可なく，その内容若しくは単にその存在を漏らし，又はそれを公表し，若しくは利用することを禁止し，及び防止するために必要な措置を執ることを約束する．

3 船舶局を有する船舶又は他の移動体の指揮者又は責任者及び無線電報の文若しくは単にその存在又は無線通信業務によって得たすべての情報を知ることができる者は，通信の秘密を守り，漏れないようにする義務を負う．

4 局の許可書を有する者は，国際電気通信連合憲章及び国際電気通信連合条約の関連規定に従い，電気通信の秘密を守ることを要する．さらに許可書には，局が受信機を有する場合には，いかなる場合においてもすべての無線通信の傍受を禁止すること及び傍受したいかなる通信も，これを再生し，第三者に通知し，又はいかなる目的にも使用してはならず，その存在さえも漏らしてはならないことを明示の方法により記載していなければならない．

解説 4「**いかなる場合においてもすべての無線通信**の傍受を禁止」ではなく，正しくは「**受信することを許可された無線通信以外の通信**の傍受を禁止」です．

答え▶▶▶4

問題 7 ★★ ➡8.2.7

GMDSS（注）における海岸局，船舶局等の聴守に関する次の記述のうち，無線通信規則（第31条）の規定に照らし，この規定に定めるところに適合しないものはどれか．下の1から5までのうちから一つ選べ．

注 海上における遭難及び安全に関する世界的な制度

1 GMDSSにおいて聴守の責任を有する海岸局は，海岸局及び特別業務の局の局名録において公表された情報に示す周波数で，及びこれに示す時間中自動のデジタル選択呼出しの聴守を維持しなければならない．

2 GMDSSにおいて聴守の責任を負う海岸地球局は，宇宙局が中継する遭難警報のために無休の自動の聴守を行わなければならない．

3 船舶局は，海上にある間，その設備を有する場合には，その船舶が運用している周波数帯の適切な遭難及び安全のための呼出周波数で自動のデジタル選択呼出しの聴守を維持しなければならない．また，船舶局は，その設備を有する場合には，船舶向けの気象警報，航行警報その他の緊急な情報の送信を自動受信のため適切な周波数で聴守を維持しなければならない．

4 無線通信規則第7章（遭難通信及び安全通信）の規定に適合する船舶局は，海上にある間常時，周波数156.8 MHz（VHFチャネル16）及び156.65 MHzで聴守を維持しなければならない．

5　無線通信規則第7章（遭難通信及び安全通信）の規定に適合する船舶地球局は，海上にある間，通信チャネルで通信している場合を除いて，聴守を維持しなければならない．

解説　「56.8 MHz（VHF チャネル 16）**及び 156.65 MHz**」ではなく，正しくは「56.8 MHz（VHF チャネル 16）」です．

答え ▶▶▶ 4

問題 8 ★　➡ 8.2.8

次の記述は，遭難警報について述べたものである．無線通信規則（第32条）の規定に照らし，[　　]内に入れるべき最も適切な字句の組合せを下の1から4までのうちから一つ選べ．

(1) 遭難警報又は遭難呼出しの送信は，移動体又は人が[A]にさらされており，かつ即時の救助を求めていることを示す．

(2) 船舶から船舶向けの遭難警報は，遭難船舶の付近にいる他の船舶に警報するために使用するものであり，かつ，VHF 及び MF の周波数帯における[B]の使用を基本とする．さらに，HF の周波数を使用することができる．

(3) 遭難警報又は遭難呼出しを受信した船舶局又は船舶地球局は，できる限り速やかに，[C]にその遭難警報の内容を通報しなければならない．

	A	B	C
1	重大かつ急迫な危険	直接印刷電信	船舶の指揮者又は責任者及び救助調整本部
2	重大かつ急迫な危険	デジタル選択呼出し	船舶の指揮者又は責任者
3	何らかの危険	直接印刷電信	船舶の指揮者又は責任者
4	何らかの危険	デジタル選択呼出し	船舶の指揮者又は責任者及び救助調整本部

解説　遭難警報又は遭難呼出しの送信は，移動体又は人が**重大かつ急迫な危険**にさらされており，かつ即時の救助を求めていることを示します．船舶から船舶向けの遭難警報は VHF 及び MF の周波数帯における**デジタル選択呼出し**を使用することが基本となっています．遭難警報又は遭難呼出しを受信した場合はできる限り速やかに，**船舶の指揮者又は責任者**にその遭難警報の内容を通報しなければなりません．

答え ▶▶▶ 2

問題 9 ★★ ➡ 8.2.10

次の記述は，局の検査について述べたものである．無線通信規則（第 49 条）の規定に照らし，[　　　]内に入れるべき最も適切な字句の組合せを下の 1 から 5 までのうちから一つ選べ．

(1) 船舶局又は船舶地球局が寄航する国の政府又は権限のある主管庁は，検査のため，許可書の提示を要求することができる．[A]は，この検査が容易となるようにしなければならない．許可書は，要求に際して提示することができるように保留していなければならない．許可書又はこれを発給した当局の証明が付された副本を，できる限り，常に局内に掲示しておくものとする．

(2) 検査職員は，権限のある当局が交付した[B]を所持しなければならず，船舶局若しくは船舶地球局を有する船舶，その他移動体の指揮者又は責任者の請求があるときは，これを提示しなければならない．

(3) 許可書が[C]は，政府又は主管庁は，無線設備がこの規則によって課される条件に適合していることを自ら確認するため，その設備を検査することができる．

(4) さらに，検査職員は，通信士の証明書の提示を請求する権限を有する．ただし，職務上の[D]の証明を要求することはできない．

	A	B	C	D
1	局の責任者	証票又は記章	提示されないとき又は明白な違反が認められるとき	知識
2	局の責任者	証票	提示されないとき又は明白な違反が認められるとき	技能
3	局の通信士又は責任者	証票又は記章	提示されないとき	知識
4	局の通信士又は責任者	証票	提示されないとき	技能
5	局の通信士又は責任者	証票又は記章	提示されないとき又は明白な違反が認められるとき	知識

解説 **局の通信士又は責任者**は検査が容易になるようにしなければなりません．検査の際，政府又は主管庁は許可書の提示を要求することができ，**提示されないとき又は明白な違反が認められるとき**はその設備を検査することができます．検査職員は**証票又は記章**を所持しなければならず，通信士の証明書の提示を請求できますが，**知識**の証明を要求することはできません．

答え▶▶▶5

8.3 SOLAS 条約

SOLAS（international convention for the Safety Of Life At Sea）条約（海上における人命の安全のための国際条約）は，国際航海に従事する船舶等の航海の安全，乗船者の安全を確保することが目的の条約です．船舶に対する無線設備の強制及び設備の条件，安全措置の実施を確保するために行う検査及び証書の発給などについて規定しています．附属書の第4章で無線通信に関する事項が規定されています．

注）「この条約」というときは，附属書も含まれます．

1　第2規則（用語及び定義）〈抜粋〉

(12)「A1 海域」とは，デジタル選択呼出しの警報を継続して利用し得る少なくとも1の VHF 海岸局の無線電話の通信圏内の区域であって締約政府が定めるものをいう．

(13)「A2 海域」とは，デジタル選択呼出しの警報を継続して利用し得る少なくとも1の MF 海岸局の無線電話の通信圏内の区域（A1 海域を除く.）であって締約政府が定めるものをいう．

(14)「A3 海域」とは，警報を継続して利用し得るインマルサット静止衛星の通信圏内の区域（A1 海域及び A2 海域を除く.）をいう．

(15)「A4 海域」とは，A1 海域，A2 海域及び A3 海域以外の区域をいう．

2　第4規則（機能要件）

船舶は，海上にある間，次の能力を有する．

(1) 第4章第8規則（無線設備（A1 海域））1（1）及び第10規則（無線設備（A1 海域，A2 海域及び A3 海域））1（4）（4.3）に定める場合を除くほか，異なる無線通信業務を使用する少なくとも2の**分離し，かつ独立した**設備により，船舶から陸上への遭難警報を送信すること．

(2) **陸上から船舶への遭難警報**を受信すること．

(3) 船舶間の遭難警報を送信し及び受信すること．

(4) 捜索及び救助のための調整に関する通信を送信し及び受信すること．

(5) 現場の通信を送信し及び受信すること．

(6) **位置の探知のための**信号を送信し並びに第5章（航行の安全）第19規則（航海装置及び航海機器の搭載条件）の規定に従ってその信号を受信すること．

(7) **海上安全情報**を送信し及び受信すること.
(8) 第4章第15規則(保守要件)8の規定に従うことを条件として,陸上の無線体制又は無線通信網への一般無線通信を送信し及び当該無線体制又は無線通信網から一般無線通信を受信すること.
(9) 船舶間通信を送信し及び受信すること.

3 第6規則(無線設備)〈抜粋〉

2 無線設備は,次の要件を満たすものでなければならない.
(1) その適正な使用に対し機械的,電気的その他の原因による妨害を受けない位置並びに他の設備及び装置と電磁的に両立し及び有害な相互作用が生じないことを確保するような位置に設けること.
(2) できる限り高度の安全性及び運用の利用可能性を確保するような位置に設けること.
(3) 水又は極端な高温若しくは低温及び他の害を与える環境上の条件による影響から保護すること.
(4) 無線設備を操作するための装置を十分に照明するような照明であって,**主電源及び非常電源から独立した,確実に機能しかつ恒久的に取り付けられたもの**を備えること.
(5) 無線設備の使用に適用する呼出符号,船舶局識別その他の符号を明確に表示すること.
3 航行の安全のために要求されるVHF無線電話の通信路の制御器は,操舵を指揮する場所に近い船橋内の位置において直ちに使用することができるようにしておくものとし,また,必要な場合には,船橋の両翼から無線通信を行うことを可能にする設備を設ける.持ち運び式VHF装置は,当該設備に代えて使用することができる.

4 第12規則(聴守)〈抜粋〉

1 船舶は,海上にある間,次に定めるところにより**無休聴守**をする.
(1) 船舶が第4章(無線通信)第7規則(無線設備)1(2)の規定によりVHF無線設備を備える場合には,デジタル選択呼出しを用いる**VHF第70チャネル**
(2) 船舶が第4章(無線通信)第9規則(無線設備(A1海域及びA2海域))1(2)又は第10規則(無線設備(A1海域,A2海域及びA3海域))1(3)の規定によりMF無線設備を備える場合には,デジタル選択呼出しの遭難安全

周波数 2 187.5 kHz

(3) 船舶が第4章（無線通信）第10規則（無線設備（A1海域，A2海域及びA3海域））2（2）又は第11規則（無線設備（A1海域，A2海域，A3海域及びA4海域））1の規定によりMF無線設備及びHF無線設備を備える場合には，デジタル選択呼出しの遭難安全周波数 2 187.5 kHz 及び 8 414.5 kHz 並びにデジタル選択呼出しの遭難安全周波数 4 207.5 kHz，6 312 kHz，12 577 kHz 又は 16 804.5 kHz のうち，時間及び船舶の地理上の位置に適した**少なくとも1の周波数**．この無休聴守は，走査受信機により行うことができる．

(4) 船舶が第4章（無線通信）第10規則（無線設備（A1海域，A2海域及びA3海域））1（1）の規定によりインマルサット船舶地球局を備える場合には，衛星を経由する陸上から船舶への遭難警報

5 第16規則（無線通信要員）〈抜粋〉

船舶は，主管庁が認めるところにより，**遭難及び安全**に関する無線通信について資格を有する要員を乗り組ませる．当該要員は，**無線通信規則に定める**証明書を有し，場合に応じ，そのうちの一人は，遭難した際，**無線通信について第一の責任を有する者**として指名される．

問題 10 ★

➡8.3

次の記述は，SOLAS条約（改正含む．）(注) 附属書第4章（無線通信）第2規則（用語及び定義）について述べたものである．［　　］内に入れるべき最も適切な字句を下の1から10までのうちからそれぞれ一つ選べ．なお，同じ記号の［　　］内には，同じ字句が入るものとする．

注　海上人命安全条約

(1)「A1海域」とは，［ア］の警報を継続して利用し得る少なくとも1の［イ］海岸局の無線電話の通信圏内の区域であって締約政府が定めるものをいう．

(2)「A2海域」とは，［ア］の警報を継続して利用し得る少なくとも1の［ウ］海岸局の無線電話の通信圏内の区域（A1海域を除く．）であって締約政府が定めるものをいう．

(3)「A3海域」とは，警報を継続して利用し得る［エ］の通信圏内の区域（A1海域及びA2海域を除く．）をいう．

(4)「A4海域」とは，［オ］の区域をいう．

1 デジタル選択呼出し	2 狭帯域直接印刷電信	3 UHF
4 VHF	5 MF	6 HF
7 インマルサット静止衛星	8 海岸地球局	9 すべての海域
10 A1 海域，A2 海域及び A3 海域以外		

解説 A1 海域は，**デジタル選択呼出し**を利用する **VHF** 海岸局の通信範囲です．A2 海域は，**デジタル選択呼出し**を利用する **MF** 海岸局の通信範囲です．A3 海域は，A1 と A2 海域を除いた**インマルサット静止衛星**の通信範囲です．A4 海域は **A1，A2，A3 海域以外**の海域です．

答え▶▶▶ア－1　イ－4　ウ－5　エ－7　オ－10

問題 11 ★ ➡8.3

次の記述は，SOLAS 条約（改正含む．）(注) 第 4 章（無線通信）が適用になる船舶の機能要件について述べたものである．同条約附属書第 4 章第 4 規則（機能要件）の規定に照らし，［　　］内に入れるべき最も適切な字句の組合せを下の 1 から 4 までのうちから一つ選べ．

注　海上人命安全条約

船舶は，海上にある間，次の（1）から（7）までに掲げる能力を有するものとする．

(1) 第 4 章第 8 規則（無線設備（A1 海域））1.1 及び第 10 規則（無線設備（A1 海域，A2 海域及び A3 海域））1.4.4.3 に定める場合を除くほか，異なる無線通信業務を使用する少なくとも二の［ A ］設備により，船舶から陸上への遭難警報を送信すること．
(2) ［ B ］を受信すること．
(3) 船舶間の遭難警報を送信し及び受信すること．
(4) 捜索及び救助のための調整に関する通信を送信し及び受信すること並びに現場の通信を送信し及び受信すること．
(5) ［ C ］信号を送信し並びに第 5 章（航行の安全）第 19 規則（航海装置及び航海機器の搭載条件）2.3.2 の規定に従ってその信号を受信すること．
(6) ［ D ］を送信し及び受信すること．
(7) 第 4 章第 15 規則（保守要件）8 の規定に従うことを条件として，陸上の無線体制又は無線通信網への一般無線通信を送信し及び当該無線体制又は無線通信網から一般無線通信を受信すること並びに船舶間通信を送信し及び受信すること．

	A	B	C	D
1	互換性を有する	陸上から船舶への遭難警報	救助を求めるための	気象情報
2	分離し，かつ独立した	デジタル選択呼出装置による遭難警報	救助を求めるための	海上安全情報
3	分離し，かつ独立した	陸上から船舶への遭難警報	位置の探知のための	海上安全情報
4	分離し，かつ独立した	デジタル選択呼出装置による遭難警報	救助を求めるための	気象情報
5	互換性を有する	デジタル選択呼出装置による遭難警報	位置の探知のための	海上安全情報

解説 SOLAS条約が適用になる船舶の機能要件として

・異なる無線通信業務を使用する少なくとも2つの**分離し，かつ独立した**設備によって，船舶から陸上への遭難警報を送信することができる
・**陸上から船舶への遭難警報**を受信できる
・**位置の探知のための**信号の送受信ができる
・**海上安全情報**の送受信ができる

などがあります．

答え▶▶▶3

問題 12 ★ ➡8.3

次の記述は，SOLAS条約（改正含む．）(注) 附属書第4章（無線通信）の規定が適用になる船舶に備える無線設備が満たすべき要件等について述べたものである．同条約附属書第4章第6規則（無線設備）の規定に照らし，この規定に定めるところに適合しないものはどれか．下の1から4までのうちから一つ選べ．

注 海上人命安全条約

1 無線設備は，その適正な使用に対し機械的，電気的その他の原因による妨害を受けない位置並びに他の設備及び装置と電磁的に両立し及び有害な相互作用が生じないことを確保するような位置に設けること．

2 無線設備は，できる限り高度の安全性及び運用の利用可能性を確保するような位置に設けること．

3　無線設備を操作するための装置を十分に照明するような照明であって，非常電源に接続され，確実に機能し，必要に応じ取り外して使用できるものを備えること．

4　航行の安全のために要求される VHF 無線電話の通信路の制御器は，操舵《そうだ》を指揮する場所に近い船橋内の位置において直ちに使用することができるようにしておくものとし，また，必要な場合には，船橋の両翼から無線通信を行うことを可能にする設備を設ける．

解説　「**非常電源に接続され**，確実に機能し，**必要に応じ取り外して使用できる**もの」ではなく，正しくは「**主電源及び非常電源から独立した**，確実に機能し**かつ恒久的に取り付けられた**もの」です．

答え▶▶▶3

問題 13 ★　➡8.3

次の記述は，海上における人命の安全のための国際条約（以下「条約」という．）第 4 章（無線通信）が適用になる船舶の聴守について述べたものである．同条約附属書第 4 章第 12 規則（聴守）の規定に照らし，[　　]内に入れるべき最も適切な字句の組合せを下の 1 から 4 までのうちから一つ選べ．

船舶は，海上にある間，次に定めるところにより[A]をする．

(1) 船舶が条約第 4 章（無線通信）第 7 規則（無線設備（総則））1.2 の規定により VHF 無線設備を備える場合には，デジタル選択呼出しを用いる[B]

(2) 船舶が条約第 4 章（無線通信）第 9 規則（無線設備（A1 海域及び A2 海域））1.2 又は第 10 規則（無線設備（A1 海域，A2 海域及び A3 海域））1.3 の規定により MF 無線設備を備える場合には，デジタル選択呼出しの遭難安全周波数 2 187.5 kHz

(3) 船舶が条約第 4 章（無線通信）第 10 規則（無線設備（A1 海域，A2 海域及び A3 海域））2.2 又は第 11 規則（無線設備（A1 海域，A2 海域，A3 海域及び A4 海域））1 の規定により MF 無線設備及び HF 無線設備を備える場合には，デジタル選択呼出しの遭難安全周波数 2 187.5 kHz 及び 8 414.5 kHz 並びにデジタル選択呼出しの遭難安全周波数 4 207.5 kHz，6 312 kHz，12 577 kHz 又は 16 804.5 kHz のうち，時間及び船舶の地理上の位置に適した[C]

(4) 船舶が条約第 4 章（無線通信）第 10 規則（無線設備（A1 海域，A2 海域及び A3 海域））1.1 の規定によりインマルサット船舶地球局を備える場合には，衛星を経由する陸上から船舶への遭難警報

	A	B	C
1	無休聴守	VHF 第 16 チャネル	少なくとも二の周波数
2	無休聴守	VHF 第 70 チャネル	少なくとも一の周波数
3	実行可能な場合は無休聴守	VHF 第 16 チャネル	少なくとも一の周波数
4	実行可能な場合は無休聴守	VHF 第 70 チャネル	少なくとも二の周波数

解説　船舶は，海上にある間，**無休聴守**することとされており，

- VHF 無線設備を備える場合には，デジタル選択呼出しを用いる **VHF 第 70 チャネル**
- 第 4 章第 10 規則 2.2 又は第 11 規則 1 の規定により MF 無線設備及び HF 無線設備を備える場合には，デジタル選択呼出しの遭難安全周波数 2 187.5 kHz 及び 8 414.5 kHz 並びにデジタル選択呼出しの遭難安全周波数 4 207.5 kHz，6 312 kHz，12 577 kHz 又は 16 804.5 kHz のうち，時間及び船舶の地理上の位置に適した**少なくとも一の周波数**

などが定められています．

答え▶▶▶ 2

問題 14 ★★　　➡ 8.3

次の記述は，海上における人命の安全のための国際条約附属書第 4 章（無線通信）の規定が適用になる船舶に乗り組ませる無線通信要員について述べたものである．同条約附属書第 4 章第 16 規則（無線通信要員）の規定に照らし，[　　]内に入れるべき最も適切な字句の組合せを下の 1 から 5 までのうちから一つ選べ．

船舶は，主管庁が認めるところにより，[A]に関する無線通信について資格を有する要員を乗り組ませる．当該要員は，[B]証明書を有し，場合に応じ，そのうち一人は，遭難した際，[C]として指名される．

	A	B	C
1	遭難及び安全	無線通信規則に定める	専ら無線通信業務を行う者
2	海上航行業務	主管庁の定める	無線通信について第一の責任を有する者
3	海上航行業務	無線通信規則に定める	専ら無線通信業務を行う者
4	遭難及び安全	主管庁の定める	専ら無線通信業務を行う者
5	遭難及び安全	無線通信規則に定める	無線通信について第一の責任を有する者

解説 国際条約附属書第 4 章第 16 規則において，「船舶は，主管庁が認めるところにより，**遭難及び安全**に関する無線通信について資格を有する要員を乗り組ませる．当該要員は，**無線通信規則に定める**証明書を有し，場合に応じ，そのうちの一人は，遭難した際，**無線通信について第一の責任を有する者**として指名される．」と規定されています．

答え▶▶▶5

出題傾向 下線の部分を穴埋めにした問題も出題されています．

8.4 STCW 条約

STCW（international convention on Standards of Training Certification and Watchkeeping for seafares）条約（船員の訓練及び資格証明並びに当直の基準に関する国際条約）は，英仏海峡の座礁事故がきっかけとなり，船舶の航行の安全を確保するための船員の技能について国際的基準の必要性が認識され，1978 年に採択されました．STCW 条約は，本文，附属書，STCW コード A 部及び B 部から構成されています．本文は船員に対する資格証明書の発給・港における船舶の監督など，附属書は船舶における当直の基準・船員に対する資格証明のための要件など，STCW コード A 部は附属書の規定に関する強制基準，B 部は附属書の規定に関する勧告指針が規定されています．附属書第 4 章で無線部に関する規定が書かれています．我が国においては，1982 年（昭和 57 年）に「船舶局無線従事者証明」が制度化されました．

附属書 第 4-2 規則（GMDSS の下で無線通信士の資格証明のための最小限の要件）

(1) 全世界的な海上遭難安全制度（GMDSS）に参加することを要求される船舶において無線通信の任務を担当し又は遂行する者は，**無線通信規則に基づき主管庁**の発給し又は承認した GMDSS に関する適当な証明書を受有しなければならない．

(2) 1974 年の海上における人命の安全のための国際条約（注）（改正含む．）により**無線設備**を備えることが要求される船舶において業務を行うため，この第 4-2 規則の規定に基づき資格証明を得ようとする者は，更に次の要件を満たさなければならない．

① 18歳以上であること.

② 承認された**教育及び訓練を修了**し，かつ，STCWコードA部第4-2節に規定する能力の基準を満たすこと.

注　海上における人命の安全のための国際条約はSOLAS※条約のこと.

※ international convention for the Safety Of Life At Sea

STCWコード　GMDSSの無線通信士の資格証明のための最小限の要件（能力の基準）〈抜粋〉

(1) GMDSSの無線通信士の資格証明のために最小限要求される知識，理解及び技能は，**無線通信士が自己の無線通信の任務を行うのに十分なもの**でなければならない．**無線通信規則**に定める各証明書を得るために要求される知識は，当該規則に基づくものでなければならない．さらに，資格証明を得ようとする者は，表A-Ⅳ/2第1欄（省略）に掲げる業務，任務及び責任を遂行する能力を証明しなければならない.

問題 15 ★　➡8.4

GMDSS(注1)の下での無線通信士の資格証明のための最小限の要件等に関する次に掲げる記述のうち，STCW条約（改正含む.）(注2)の附属書第4章の第4-2規則（GMDSSの下での無線通信士の資格証明のための最小限の要件）及びコードA部（STCW条約の附属書の規定に関する強制基準）の第4章（無線通信士に関する基準）の規定に照らし，これらの規定に定めるところに適合するものを1，これらの規定に定めるところに適合しないものを2として解答せよ.

注1　海上における遭難及び安全に関する世界的な制度

注2　船員の訓練及び資格証明並びに当直の基準に関する国際条約

ア　GMDSSに参加することを要求される船舶において無線通信の任務を担当し，又は遂行する者は，無線通信規則に基づき主管庁が発給し，又は承認したGMDSSに係る適当な証明書を受有しなければならない.

イ　SOLAS条約（改正含む.）(注3)により無線設備を備えることが要求される船舶において業務を行うため，STCW条約の附属書第4章第4-2規則の規定に基づき資格証明を得ようとする者は，更に次の要件を満たさなければならない.

(1) 18歳以上であること.

(2) 承認された教育及び訓練を修了し，かつ，STCWコードA部第4-2節に規定する能力の基準を満たすこと.

注3　海上人命安全条約

ウ　GMDSS に参加することを要求される船舶において遭難通信，緊急通信及び安全通信の任務を担当し，又は遂行する者に最小限要求される知識，理解及び技能は，承認された海上履歴に基づくものでなければならない.

エ　無線通信規則に定める各証明書を得るために要求される知識は，STCW コード A 部第 4-2 節に基づくものでなければならない.

オ　GMDSS の下での無線通信士の資格証明書のために最小限要求される知識，理解及び技能は，無線通信士が自己の無線通信の任務を行うのに十分なものでなければならない.

解説　ウ「**承認された海上履歴に基づく**もの」ではなく，正しくは「**無線通信士が自己の無線通信の任務を行うのに十分な**もの」です.

エ「**STCW コード A 部第 4-2 節**に基づくもの」ではなく，正しくは「**無線通信規則**に基づくもの」です.

答え▶▶▶ア－1　イ－1　ウ－2　エ－2　オ－1

問題 16 ★★ ➡8.4

次の記述は，GMDSS(注1)の下での無線通信士の資格証明のための最小限の要件について述べたものである．STCW条約（改正を含む.）(注2)の附属書第4章第4-2規則の規定に照らし，[　　]内に入れるべき最も適切な字句の組合せを下の1から4までのうちから一つ選べ．

注1　海上における遭難及び安全に関する全世界的な制度
注2　船員の訓練及び資格証明並びに当直の基準に関する国際条約

① GMDSSに参加することを要求される船舶において無線通信の任務を担当し，又は遂行する者は，[A]が発給し，又は承認したGMDSSに係る適当な証明書を受有しなければならない．

② SOLAS条約（改正を含む.）(注3)により[B]を備えることが要求される船舶において業務を行うため，この第4-2規則の規定に基づき資格証明を得ようとする者は，更に次の（1）及び（2）の要件を満たさなければならない．

（1）18歳以上であること．

（2）承認された[C]，かつ，STCWコードA部第4-2節に規定する能力の基準を満たすこと．

注3　海上人命安全条約

	A	B	C
1	無線通信規則に基づき主管庁	救難設備	実務経歴を有し
2	自国の法令に基づき所管官庁	救難設備	教育及び訓練を修了し
3	無線通信規則に基づき主管庁	無線設備	教育及び訓練を修了し
4	自国の法令に基づき所管官庁	無線設備	実務経歴を有し

解説　GMDSSに関する証明書は**無線通信規則に基づき主管庁**が発給します．

SOLAS条約により**無線設備**を備えることが要求される船舶で業務を行うのに必要な資格証明を得るためには，18歳以上で承認された**教育及び訓練を修了し**，STCWコードに規定する能力の基準を満たす必要があります．

答え▶▶▶3

付　　録

INDEX

1章　英　語

この章から**5**問出題

英語の試験は「筆記試験」と「英会話試験」です．筆記試験は5問構成で，第1問～第2問は英文和訳，第3問～第5問は和文英訳が出題されます．英会話試験は試験会場で流される英文の問題文と設問文を聴いて，解答をマークシートに記入する型式で7問出題されます．内容は，理工系の一般的な内容が3問と海上通信関係の内容が4問で，英会話試験の合格には最低3問の正解が必要です．

1.1　英語の試験内容と出題傾向

1.1.1　英語の試験内容

英語の試験は，「筆記試験」と「英会話試験（リスニング）」で構成され，それらの内容は，無線従事者規則で，次のように規定されています．

(1) 文書を十分に理解するために必要な英文和訳

(2) 文書により十分に意思を表明するために必要な和文英訳

(3) 口頭により十分に意思を表明するに足りる英会話

1.1.2　出題内容と配点

筆記試験は5問出題され，問題ごとの内容は概ね**表1.1**のようになっています．

■表1.1　出題内容と配点

区分	内容	出題数	解答方法	配点	合計	合格点
筆記試験	長文の英文和訳（一般的な内容）	5問（A1～A5）	三者択一	4点×5	20点	60点※
	短文の英文和訳（海上移動業務に関する国際文書の内容）	4問（A6～A9）	三者択一	5点×4	20点	
	和文英訳（理工系の一般的な内容）	10問（B1～B2）	10個の選択肢から5箇所の穴埋めを選ぶ	2点×10	20点	
	和文英訳（海上通信に関する内容）	5問（B3）	10個の選択肢から5箇所の穴埋めを選ぶ	2点×5	10点	
英会話	一般的な内容	3問（Q1～Q3）	四者択一	5点×3	35点	
	船舶及び海上通信に関する内容	4問（Q4～Q7）	四者択一	5点×4		

105点

※英会話が15点未満の場合は不合格

1.2 船舶及び海上通信に関する用語

英語の「筆記試験」及び「英会話試験」で過去に出題された用語や必要と思われる船舶及び海上通信関係の用語を次に示します.

1.2.1 国際機関等に関する用語

英　語	日本語
administration	主管庁
agreement	協定，合意
annex	附属書
arrangement	協定，規定
assignment	割り当て，配分
authority	当局，権限
body	機関
certificate	証明書
conference	会議
constitution	憲章
Constitution of the International Telecommunication Union	国際電気通信連合憲章
consult	協議する
contracting government	締約政府間
convention	条約
examination	審議
flag state	旗国
IMO（International Maritme Organization）	国際海事機関
in accordance with—	～に従う
international agreements	国際協定
Convention of the International Telecommunication Union	国際電気通信連合条約
ITU（International Telecommunication Union）	国際電気通信連合
nationality paper	国籍証書

英　語	日本語
notification	通告
port regulations	港湾法
radio regulations	無線通信規則
regulation	規則
relevant international agreement	関係の国際協定
relevant regulations	関連規則
SOLAS（international convention for the Safety Of Life At Sea）	海上における人命の安全のための国際条約
STCW（international convention Standards of Training Certificate and Watch keeping for seafarers）	船員の訓練及び資格証明並びに当直の基準に関する条約
UTC（Universal Coodinated Time）	協定世界時
vessel check certificate	船舶検査証書

1.2.2　操船及び船舶各部の名称等に関する用語

英　語	日本語
abandon ship	退船
abnormal tides	異常潮汐
aft side	船尾
air draught (air drift)	水面上高さ
alone side	横付けで
anchor	投錨する
anchor ball	球形形象物
anchor light	停泊灯
anchorage	錨地
approaching	接近する
barometer	気圧計
berth	停泊場所、接岸する
berthing	着桟
bow	船首
buoy	ブイ
cable	錨鎖
capacity	搭載人員
cargo	積荷（個々の積荷は good）

英　語	日本語
cargo ship	貨物船
chart	海図
clockwise	時計方向に（右回り）に
collision	衝突
course	針路
crew	乗組員
cross	横切る
crude oil	原油
cruise	クルーズ船
danger of listing and capsizing	傾斜及び転覆の危険
deck	甲板
disabled	航行不能
draft aft	船尾喫水
draft forward	船首喫水
dragging	走錨する
draught（英），draft（米）	喫水
drift	漂流

英　語	日本語
drifting objects	漂流物
equator	赤道
evacuate	退船する
explosion	爆発
fairway	航路
ferry	フェリー
fire	火災
fishing boat	漁船
flag state	旗国
flooding	浸水
fore side	船首
free board	乾舷
going to anchor	投錨
ground speed	対地速度
grounding	座礁
hampered vessel	操縦性能制限船
high seas	公海
ice breaker	砕氷船
IMO ship identification number	IMO 船舶識別番号
knot	ノット
lifejacket	救命胴衣
light house	灯台
local time	現地時間
log	航海日誌
log speed	対水速度
manoeuvre (maneuver)	操船する
mark	物標
maximum permitted draft	最大許容喫水
merchant ship	商船
MMSI (Maritime Mobile Service Identity)	海上移動業務識別コード

英　語	日本語
moor	係留する
motor vessel	汽船
nautical mile	海里
on board	船上の
parent ship	本船
pass	通過する
passenger ship	客船
patrol ship	巡視船
personnel	職員
pilot boat	パイロットボート
port	右舷の
port of destination	目的港
port regulations	港湾法
position	位置
precautionary area	警戒水域
rescue quoits	浮輪
rescue ship	救助船
roll call	点呼
rudder	舵
sea state	海面状態
sinking	沈没
star board	左舷の
tanker	タンカー
territorial seas	領海
tidal current	潮流
towing line	曳船索
track	航跡
traffic lane	通航路
tug boat	タグボート
unberthing	離桟
under keel clearance	余裕水深
underway	航行中の
vessel identification	船舶識別番号
vessel, ship	船

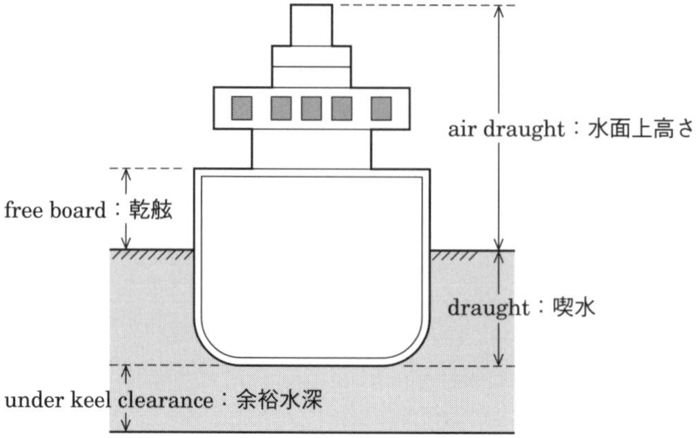

図 1.1　船舶の名称

1.2.3　海上通信全般に関する用語

英　語	日本語
acknowledgement	確認，受信証
AIS（Automatic Identification System）	船舶自動識別装置
alarm signal	警急信号
apparatus	機器，設備
battery	蓄電池
call sign	呼出符号（呼出名称）
calling station	呼出局
carrier frequency	搬送周波数
certification	証明書
coast station	海岸局
confirm	確認する
communications for navigation	船舶の航行に関する通信
distress call	遭難呼出し
distress frequency	遭難周波数
distress message	遭難通報
distress signal	遭難信号
DSC（Digital Selective Calling）	デジタル選択呼出し

英　語	日本語
distress communication	遭難通信
EPIRB (Emergency Position Indicating Radio Beacon)	非常用位置指示無線標識
forecast	予報
frequency	周波数
geostationary satellite	静止衛星
GMDSS（Global Maritime Distress and Safety System）	全世界的海上遭難安全システム
GPS（Global Positioning System）	全地球測位システム
HF（High Frequency）	短波
hydrographic information	水路情報
list of ship stations	船舶局局名録
meteorological information	気象情報
meteorological warning	気象警報
navigational assistance service	航行支援業務
navigational information	航行情報
navigational warning	航行警報
NAVTEX（NAVigation TEleX）	海上安全情報自動受信装置
NBDP（Narrow Band Direct Printing）	狭帯域直接印刷電信
port communication	港湾通信
radio equipment	無線設備，無線装置
radio installations	無線設備
radio log	無線業務日誌
radio operator	無線通信士
radio telephone	無線電話
radiotelegram	無線電報
radiotelephone ship station	船舶無線電話局
RCC（Rescue Coordination Center）	救助調整センター
routing information	航路情報
safety call	安全呼出し
safety communication	安全通信
safety message	安全通報

英 語	日本語
safety signal	安全信号
SART	捜索救助用レーダートランスポンダ
ship earth station	船舶地球局
ship station	船舶局
signal strength	感度
synoptic	概況
traffic frequency	通信周波数
traffic information	交通情報
two-way communications	双方向通信
UHF（Ultra High Frequency）	極超短波
urgency call	緊急呼出し
urgency communication	緊急通信
urgency message	緊急通報
urgency signal	緊急信号
UTC（Universal Coordinated Time）	協定世界時
VHF（Very High Frequency）	超短波
warning	警報
watchkeeping	聴守

1.2.4 船舶乗組員及び無線通信士資格に関する用語

英 語	日本語
船長	captain, master
一等航海士	chief officer, chief mate
二等航海士	second officer, second mate
三等航海士	third officer, third mate
機関長	chief engineer
一等機関士	first engineer
二等機関士	second engineer
三等機関士	third engineer

英　語	日本語
通信長	chief radio operator
通信士	radio operator
事務長	purser
船医	doctor
甲板長	boatswain
甲板員	sailor
操舵手	quarter master
操機長	No.1 oiler
操機手	oiler
司厨長	chief steward
司厨員	steward
第三級海上無線通信士	Maritime Third-Class Radio Operator
一般無線通信士証明書	General Operator's Certificate：GOC
船舶局無線従事者証明書	certificate to be ship station radio operator
第一級海上無線通信士	Maritime First-Class Radio Operator
第一級無線電子証明書	First-Class Radio Electronic Certificate

1.2.5　通信符号

日本語	英　語
指示	INSTRUCTION
勧告	ADVICE
警告	WARNING
情報	INFORMATION
質問	QUESTION
回答	ANSWER
要求	REQUEST
意向	INTENTION

1.3 実際の試験問題

1.3.1 筆記試験

(1) 長文の英文和訳 (A1 ～ A5)

省略 (25 ～ 30 行程度の一般的な内容の問題が出題されています).

(2) 英文和訳 (A6 ～ A9)

海上移動業務に関する国際文書の規定文の趣旨に沿った内容が出題されています.

問題 1

In communications between coast stations and ship stations, the ship station shall comply with the instructions given by the coast station in all questions relating to the order and time of transmission, to the choice of frequency, and to the duration and suspension of work.

(設問) How are matters such as the order and time of transmission, or the choice of frequency, to be decided in communications between coast stations and ship stations?

1 It is the responsibility of the ship station to make all such decisions.
2 The ship station is required to follow the instructions given by the coast station.
3 The coast station must comply with the instructions contained in the transmissions of the ship station.

問題 海岸局と船舶局との通信においては，船舶局は，通信の順序及び時間，周波数の選択，業務の継続及び一時停止にかかわるすべての問題について海岸局が与える指示に従わなければならない.

設問 海岸局と船舶局との間の通信では，送信の順序や時間，周波数の選択などの事項はどのように決定されるか？

1 そのようなすべての決定を行うのは，船舶局の責任である.
2 船舶局は，海岸局の指示に従う必要がある.
3 海岸局は，船舶局の送信に含まれる指示に従わなければならない.

coast station：海岸局，ship station：船舶局，comply with：従う，instruction：指示，order and time of transmissions：通信の順序及び時間，choice of frequency：周波数の選択，duration and suspension of work：業務の継続及び一時停止，responsibility：責任，decision：決定

解説 問題文に「the ship station shall comply with the instructions given by the coast station（船舶局は海岸局が与える指示に従わなければならない」とありますので，2が正しいです．

答え▶▶▶2

問題 2

Ship stations, where so equipped, shall, while at sea, maintain an automatic digital selective calling watch on the appropriate distress and safety calling frequencies. Ship stations, where so equipped, shall also maintain watch on the appropriate frequencies for the automatic reception of transmissions of meteorological and navigational warning and other urgent information to ships.

（設問） When should ship stations with the appropriate equipment keep on automatic digital selective calling watch on distress and safety frequencies?

1 Appropriately equipped ships stations need only to maintain a watch until they leave port.

2 Ships stations with digital selective calling equipment are required to maintain a watch only while they are at sea.

3 Ships stations that possess suitable equipment for digital selective calling should maintain a watch at all times whether they are moored or at sea.

問題 船舶局は，そのための機器を搭載している場合，海上に位置する間，その船舶局が運用している周波数帯の適当な遭難及び安全のための呼出周波数で，デジタル選択呼出しの自動聴守を維持しなければならない．船舶局は，また，そのための機器を搭載している場合，船舶向けの気象警報，航行警報及び他の緊急情報の自動受信のための適当な周波数の聴守を維持しなければならない．

設問 適切な機器を備えた船舶局は，いつ遭難及び安全周波数を自動デジタル選択呼出しで聴守する必要があるか？

1 適切に設備された船舶局は，出港するまで聴守を維持するだけで済む．

2 デジタル選択呼出装置を設備している船舶局は，海上に位置する間のみ聴守を維持する必要がある．

3 デジタル選択呼出しに適した機器を設備した船舶局は，停泊中か海上かにかかわらず，常に聴守を維持する必要がある．

while at sea：海上に位置する間，maintain：維持する，automatic digital selective calling：デジタル選択呼出し，appropriate：適切な，distress and safety calling frequencies：遭難及び安全呼出周波数，meteorological and navigational warning：気象警報及び航行警報，urgent information：緊急情報，possess：備えている，suitable：適した，moor：停泊する

解説 問題文に「while at sea, maintain an automatic digital selective（海上に位置する間，デジタル選択呼出しの自動聴守を維持する）とあるので，2が正しいです．

答え▶▶▶2

問題 3

In the maritime mobile service, no assignments shall be made on the frequency 518 kHz other than for transmission by coast stations of meteorological and navigational warnings and urgent information to ships by means of automatic narrow-band direct-printing telegraphy.

（設問） What assignments are permitted to the coast stations on the frequency 518 kHz?

1 No assignments whatsoever are permitted on the frequency 518 kHz.
2 Urgent information other than weather or navigational warnings are the only automatic transmissions allowed on this frequency.
3 This frequency is reserved for transmitting meteorological and navigational warnings and urgent information using automatic narrow-band direct-printing telegraphy.

問題　海上移動業務においては，海岸局が自動狭帯域直接印刷電信により船舶に対して気象警報，航行警報その他緊急情報の伝送を行うもの以外には，周波数 518 kHz はいかなる場合も割り当ては行ってはならない．

設問　周波数 518 kHz はどのような海岸局に割り当てが許可されているか？

1 周波数 518 kHz の割り当ては一切許可されていない．
2 この周波数で許可されている自動送信は，気象又は航行警報以外の緊急情報のみである
3 この周波数は，自動狭帯域直接印刷電信を使用して，気象警報，航行警報及び緊急情報を送信するために留保されている．

maritime mobile service：海上移動業務，assignment：割り当て，coast station：海岸局，meteorological and navigational warnings：気象警報及び航行警報，narrow-band direct-printing telegraphy：狭帯域直接印刷電信

解説　問題文に「気象警報，航行警報その他緊急情報の伝送を行うもの以外には，周波数 518 kHz を割り当ててはいけない」とあるように，518 kHz は気象警報，航行警報その他緊急情報の伝送を行うための周波数となりますので 3 が正しいです．

答え▶▶▶ 3

問題 4

Where a reserve source of energy consists of a rechargeable accumulator battery or batteries, a means of automatically charging such batteries shall be provided which shall be capable of recharging them to minimum capacity requirements within 10 hours.

（設問） What further equipment is required in cases where a reserve source of energy consists of a rechargeable accumulator battery?

1 At least one spare battery muse be carried in addition to the main reserve source.

2 A device capable of charging the battery to the required level in not more than 10 hours.

3 A battery charger that can charge the battery to a level where it can be used for a minimum of 10 hours.

問題 補助電源が，再充電し得る蓄電池で構成されている場合には，当該蓄電池の最小限の要求容量まで 10 時間以内に再充電し得る自動的な充電装置を備えなければならない．

設問 予備エネルギー源が充電式蓄電池で構成されている場合，さらにどのような機器が必要か？

1 メインの電源に加えて，少なくとも 1 つの予備蓄電池．

2 10 時間以内に蓄電池を必要なレベルまで充電できる装置．

3 最低 10 時間使用できるまで蓄電池を充電できる充電器．

rechargeable accumulator battery：再充電し得る蓄電池，
minimum capacity requirement：最小限の要求容量

解説 問題文に「shall be capable of recharging them to minimum capacity requirements within 10 hours.（10 時間以内に最小限の要求容量まで再充電できなければならない）」とありますので，2 が正しいです．

答え▶▶▶ 2

(3) 和文英訳（B1 ～ B3）

3 ～ 4 行程度の和文英訳で，B1 と B2 は一般的な理工系の内容，B3 は海上通信に関する問題が出題されています．

問題 1

次の設問の日本文に対応する英訳文の空欄 [ア] から [オ] までに入る最も適切な語句を，その設問に続く選択肢 1. から 10. までの中からそれぞれ一つずつ選びなさい．

日本は 3 機の準天頂衛星を含む 4 衛星とアメリカの GPS 衛星数機による独自の航行支援サービスを，2018 会計年度から開始する予定である．仰角が高い準天頂衛星は，低仰角の衛星からの信号であれば遮られたり，マルチパスの影響を受けたりする高いビルや山に囲まれた場所においても位置計算をかなりしっかりと支援する．

Japan plans to start providing its own satellite [ア] services using four Japanese satellites, three [イ] are quasi-zenith, and several US GPS satellites in [ウ] 2018. Quasi-zenith satellites at higher elevation angles will provide considerable assistance in position calculations even for locations [エ] by tall building or mountains where the signals from low elevation satellites are blocked or [オ] by multi-path effects.

1. affected　　2. beloved　　3. calendar year　　4. fiscal
5. navigational　　6. occupied　　7. of which　　8. surrounded
9. telecommunication　　10. where

quasi-zenith satellite：準天頂衛星，
low elevation satellites：低仰角の衛星

解説　ア「own satellite **navigational** services」は「独自の航行支援サービス」という意味になります．

ウ「**fiscal** year」は「会計年度」という意味です．

エ「**surrounded** by tall building or mountains」で「高いビルや山に囲まれた」という意味になります．

オ「**affected** by multi-path effects」で「マルチパス効果の影響を受ける」という意味になります．

答え▶▶▶ア－5　イ－7　ウ－4　エ－8　オ－1

関連知識

2：beloved（最愛の，大切な），3：calendar year（暦年），6：occupied（占領された），9：telecommunication（遠距離通信）

問題 2

次の設問の日本文に対応する英訳文の空欄［ア］から［オ］までに入る最も適切な語句を，その設問に続く選択肢 1. から 10. までの中からそれぞれ一つずつ選びなさい.

海水温が上昇したにもかかわらず，2017 年におけるグレートバリアリーフの白化は荒廃をもたらした 2016 年よりも全体を通して少なかったことが研究によって明らかになった．これを科学者は，生物群集の過去の経験が将来の生態学的反応に影響を与える現象である「生態学的記憶」によるものと説明している.

A study has found that bleaching of the Great Barrier Reef［ア］was lower in 2017 than the［イ］year of 2016 in［ウ］of higher water temperatures. The scientist explains this［エ］"ecological memory", the phenomenon by which the past experiences of a community［オ］its future ecological response.

1. as a whole　2. because　3. by　4. despite
5. devastating　6. extinction　7. in some areas　8. influence
9. inherit　10. spite

water temperature：海水温，bleach：白化する，phenomenon：現象，ecological response：生態学的現象

解説　ア「**as a whole**」は「全体を通して，全体として」という意味です.
イ「**devastating**」は「荒廃をもたらす」という意味です.
ウ「in **spite** of ～」は「～にもかかわらず」という意味です（in spite of と despite は同じです）.
エ「**by** ～」は「～によって」という意味です.
オ「**influence**」は「影響」という意味です.

答え▶▶▶ア－1　イ－5　ウ－10　エ－3　オ－8

関連知識

6：extinction（絶滅，消火），9：inherit（受け継ぐ，遺伝する）

問題 3

次の設問の日本文に対応する英訳文の空欄 ア から オ までに入る最も適切な語句を，その設問に続く選択肢 1. から 10. までの中からそれぞれ一つずつ選びなさい.

形象物は，昼間時に航行中，錨泊中又は座礁中というような船舶の状態を示すため，マストの先に掲げられる信号である．それらは黒色で球体，円筒形，円錐形，ひし形という単純な形を集めたものからなっており，関連する規則により日の出から日の入りまで掲揚しておくことが要求されている．夜間には，それらに対応する航行用灯火が要求されている.

Day shapes are the mast head signals which show the vessel's ア during イ hours, such as making-way, anchored, or ウ . They are black and consist of a set of simple shapes, namely, the balls, cylinders, エ and diamonds, and are required to be kept raised from sunrise to sunset by relevant regulations. The オ navigation lights are required at night.

1. aground　2. capsized　3. cones　4. corresponding
5. cubes　6. daylight　7. individual　8. ranking
9. status　10. working

shape：形象物，anchored：停泊中，relevant regulations：関連する規則

解説 ア「**status**」は「状態」という意味なので，「vessel's status」で「船舶の状態」という意味になります.

イ「**daylight**」は「昼間時，日中」という意味です.

ウ「**aground**」は「座礁中」という意味です.

エ「**cones**」は「cone（円錐）」の複数形です.

オ「**corresponding**」は「対応する」という意味です.

答え▶▶▶ア－9　イ－6　ウ－1　エ－3　オ－4

関連知識

2：capsized（capsize（ひっくり返す，転覆させる）の過去形・過去分詞形），5：Cubes（cube（立方体）の複数形），7：individual（個々の，個人の），8：ranking（順位，ランキング）

問題 4

次の設問の日本文に対応する英訳文の空欄[ア]から[オ]までに入る最も適切な語句を，その設問に続く選択肢1. から10. までの中からそれぞれ一つずつ選びなさい.

予報，警報，概況及びその他の船舶のための気象データは，締約政府間の相互承認に基づいて，種々の沿海及び公海区域の担当に最も適した国家気象機関によって発行され，伝えられなければならない.

Forecasts [ア], and synoptic and other meteorological data [イ] ships shall be [ウ] and disseminated by the national meteorological service in the best position to serve various coastal and [エ] seas areas, in accordance with [オ] arrangements made by Contracting Governments.

1. edited　2. high　3. instructions　4. intended for
5. issued　6. mutual　7. originated from　8. public
9. unanimous　10. warnings

forecast：予報，synoptic：概況，meteorological data：気象データ，Contracting Governments：締約政府間，mutual arrangements：相互承認，coastal and high seas areas：沿海及び公海区域，disseminate：伝える，in accordance with：～に従って，～に基づいて

解説　ア 「**warning**」は「警報」という意味です.

イ 「**intended for ～**」は「～のための，～向け」という意味です.

ウ 「**issued**」は「issue（発行する，出版する）」の過去形・過去分詞形です.

エ 「**high seas**」は「公海」という意味です.

オ 「**mutual**」は「相互の」という意味です.

答え▶▶▶ア－10　イ－4　ウ－5　エ－2　オ－6

関連知識

1：edited（edit（編集する）の過去形・過去分詞形），3：instructions（instruction（命令）の複数形），7：originated from（originate from（～から始まる）の過去形・過去分詞形），8：public（公共の，公衆の），9：unanimous（合意して，同意見で）

問題 5

次の設問の日本文に対応する英訳文の空欄 [ア] から [オ] までに入る最も適切な語句を，その設問に続く選択肢 1. から 10. までの中からそれぞれ一つずつ選びなさい.

GMDSS 無線通信士の資格証明を得ようとする者は，退船，船内火災または一部あるいは全部の無線装置の故障というような非常事態に無線通信業務を提供することができる能力を示すことが要求される.

Every candidate for [ア] of GMDSS radio operators shall be required to [イ] ability to provide radio services in [ウ] such as abandon ship, [エ] on board ship and partial or full break down of radio [オ].

1. antennas　2. certification　3. demonstrate　4. distress
5. emergencies　6. fire　7. flood　8. identification
9. installations　10. speak out

candidate：志望者，希望者，be required to：要求される，abandon ship：退船（All hands abandon ship：総員退船），break down：故障，radio installations：無線装置

解説　ア「**certification**」は「証明，検定」という意味です.

イ「**demonstrate**」は「示す」という意味です.

ウ「**emergencies**」は「emergency（非常事態，緊急事態）」の複数形です.

エ「**fire**」は「火事」という意味で，「fire on board ship」は「船内火災」です.

オ「**installations**」は「installation（装置）」の複数形で，「radio installations」は「無線装置」です.

答え▶▶▶ア－2　イ－3　ウ－5　エ－6　オ－9

関連知識

1：antennas（antenna（アンテナ）の複数形），4：distress（災難，遭難），7：flood（洪水），8：identification（身分証明），10：speak out（遠慮なく言う，（意見などを）はっきり言う）

問題 6

次の設問の日本文に対応する英訳文の空欄[ア]から[オ]までに入る最も適切な語句を，その設問に続く選択肢 1. から 10. までの中からそれぞれ一つずつ選びなさい．ただし，[　　]内の同じ記号は，同じ解答を示します．

主管庁は，船舶局及び船舶地球局の職員が局の効率的な運用を行うに適する十分な資格を有することを確保し，関係の国際協定に従う遭難通信及び安全通信のための機器を運用するために利用可能にすること及びそれらを保守されることが確保されるように措置を執らなければならない．

Administrations shall [ア] that the personnel of ship stations and ship earth stations are [イ] qualified to enable [ウ] operation of the station, and shall take steps to [ア] the operational [エ] and maintenance of equipment for distress and safety communications [オ] the relevant international agreements.

1. adequately　2. as proposed in　3. availability
4. certain　5. convenience　6. easy
7. efficient　8. ensure　9. in accordance with
10. inadequately

administration：主管庁，personnel：職員，ship station：船舶局，ship earth station：船舶地球局，ensure：確保する，qualify：資格を有する，relevant international agreement：関係の国際協定，distress and safety communications：遭難通信及び安全通信

解説　ア「**ensure**」は「確保する，保証する」という意味です．

イ「**adequately**」は「十分な」という意味です．

ウ「**efficient**」は「効率的な」という意味で，「efficient operation」は「効率的な運用」です．

エ「**availability**」は「利用可能にすること，利用できること」という意味です．

オ「**in accordance with** ～」は「～に従う」という意味です．

答え▶▶▶ア－8　イ－1　ウ－7　エ－3　オ－9

関連知識

2：as proposed in ～（～で提案されるように），4：certain（確実な），5：convenience（便利，都合），6：easy（簡単な），10：inadequately（不適切に，不適当に）

1.3.2　英会話試験（Q1 ～ Q7）

英会話（リスニング）の試験の 7 問のうち，3 問は一般的な内容，4 問は海上通信に関する内容です．実際の試験では問題文が 3 回流されます．

問題 1

選択肢の中から最も適切な答えを一つ選びなさい．

What measuring apparatus do you use to observe the shape of a pulse stream used in digital communication?

1. A voltmeter　　2. A barometer　　3. An oscilloscope
4. A spectrum analyzer

訳例　デジタル通信で使用されるパルス列の形状を観測するために使用する測定器は何か．

1. 電圧計　　2. 気圧計　　3. オシロスコープ　　4. スペクトルアナライザ

pulse stream：パルス列

解説　パルス波形を観測するのは**オシロスコープ**です．

答え▶▶▶ 3

問題 2

選択肢の中から最も適切な答えを一つ選びなさい．

After the lecture, the professor told the audience to feel free to come to his office to discuss any further questions they may have. What did he mean by that?

1. His lecture was free of charge.
2. They should relax after such a complicated discussion.
3. They should not hesitate to go to his office if they want to talk more.
4. If they were feeling ill in the lecture hall, they should go to his office for a rest.

訳例 講義後，教授は聴講者に，さらなる質問について議論するために研究室に気軽に来るように言った．それはどういう意味か．

1. 彼の講義は無料だった．
2. そのような複雑な議論の後，彼らはリラックスすべきである．
3. もっと話をしたい場合は，遠慮なく彼の研究室に行くべきである．
4. 講義室で気分が悪くなったときは，休憩のために彼の研究室に行きなさい．

audience：聴衆，聴講者，office：研究室，feel free：遠慮なく，further：さらに，もっと，free of charge：無料，complicated discussion：複雑な議論，難しい議論，hesitate：遠慮する，ためらう

答え▶▶▶3

問題 3

選択肢の中から最も適切な答えを一つ選びなさい．

You are working at a vessel traffic service center as an operator. What merits are there for you if many ships use AIS?

1. The information on vessel speeds and positions makes traffic control easier.
2. The compatibility with land mobile system makes it possible to use cellular phones during power outages.
3. The enhanced voice quality due to the digital technology makes voice communications with vessels easier.
4. It is float-free, so a ship which capsizes suddenly can be helped even if no distress alert is sent by the operator.

訳例 あなたは通信士として船舶交通サービスセンター（海上交通センター）で働いている．多くの船がAISを使用している場合，あなたにどのようなメリットがあるか？

1. 船舶の速度と位置に関する情報により，交通管制が容易になる．
2. 陸上移動システムとの互換性により，停電時に携帯電話を使用することができる．
3. デジタル技術による音声品質の向上により，船舶との音声通信が容易になる．
4. 通信士により遭難警報が送信されなくとも，浮力がないため，突然転覆する船を助けることができる．

Point

AIS：船舶自動識別装置，traffic control：交通管制，compatibility：互換性，cellular phones：携帯電話，outages：停電，供給停止，distress alert：遭難警報

解説 AISによって．船舶の識別符号，種類，位置，速度などがわかるので，交通管制が容易になります．

答え▶▶▶1

問題 4

選択肢の中から最も適切な答えを一つ選びなさい．

You are a harbor service operator. You want to change the assignment of the berth for a large cruise ship. You need to confirm whether the ship can pass under the bridge. What do you say in this case?

1. QUESTION. What is your draught?
2. INSTRUCTION. Wait for my advice on the bridge.
3. QUESTION. What are your draught and air draught?
4. INSTRUCTION. Pass under the bridge now. The tide is low.

訳例 あなたは，港湾無線局の通信士である．あなたは，大型クルーズ船のバース割り当て変更したい．船が橋の下を通過できるかどうか確認する必要がある．この場合何というか．

1. 質問：喫水は？
2. 指示：橋の上でアドバイスを待ちなさい．
3. 質問：喫水と水面上の高さは？
4. 指示：今，橋を通過しなさい．干潮です．

Point

assignment：割り当て，confirm：確認する，draught：喫水，air draught：水面上の高さ，The tide is low：干潮です

解説 橋の下を通過できるかどうか判断するため，喫水（船の最下面から水面までの距離）や水面上の高さを確認する必要があります．

答え▶▶▶3

問題 5

選択肢の中から最も適切な答えを一つ選びなさい.

You are the captain of a cargo ship. You have got stuck in the ice off the coast of Greenland. What kind of ship can help you get out of the area?

1. A tug boat
2. An oil tanker
3. An icebreaker
4. A bunkering ship

訳例 あなたは貨物船の船長である．あなたはグリーンランド沖の氷に閉じ込められた．あなたがそこから出るのを助けることができるのはどのような船か？

1. タグボート
2. タンカー
3. 砕氷船
4. 燃料補給船

cargo ship：貨物船，stuck：抜け出せない（get stuck in traffic：渋滞にはまる），get out：危険な場所から出る

解説 氷の中に閉じ込められた場合，氷を砕く砕氷船の助けが必要です．

答え▶▶▶3

問題 6

選択肢の中から最も適切な答えを一つ選びなさい.

Log speed is the speed relative to the water. Ground speed is that relative to the ground. When a vessel is sailing against the current, which value will be higher, the log speed or ground speed?

1. The log speed
2. The ground speed
3. They will be the same
4. It depends on the water temperature

訳例　対水速力は，水に対する速力である．対地速力は，地上を基準にした速力である．船舶が流れに逆らって航行しているとき，対水速力と対地速力はどちらが大きくなるか．

1. 対水速力
2. 対地速力
3. 同じ
4. 水温による

log speed：対水速力（海水に対する速力で船が海面を進む速力）
ground speed：対地速力（陸地に対する船の速力）

解説　**図 1.2** のように船が進行している場合，対水速力が 10 ノットだとすると，対地速力は 10 − 1 で 9 ノットになります．

したがって，海水の流れに逆行している場合は，対水速力の方が大きくなります．

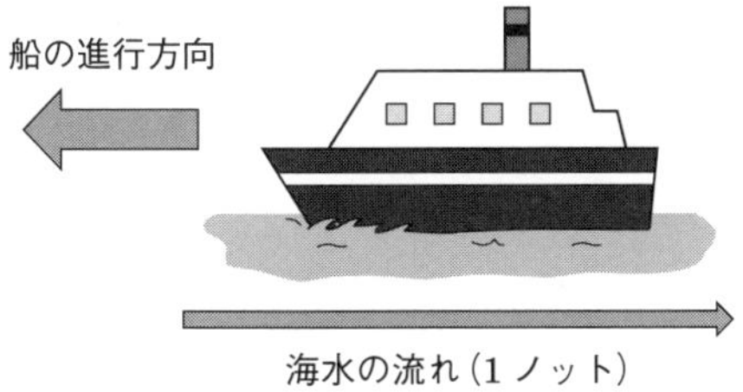

■図 1.2　船の進行方向と海水の流れ

答え▶▶▶ 1

関連知識

1 ノットは 1 時間に 1 海里（1 852 m）進む速さで，およそ 0.5 m/s です．海里は緯度をもとにした単位で，緯度の 1 分に相当する距離が 1 海里です．北極点から赤道までの子午線の長さ（10 000 km）を，90 度を分に換算した値（90 × 60 = 5 400 分）が 1 海里になるので，1 海里は 10 000/5 400 = 1.852 km = 1 852 m になります．

問題 7

選択肢の中から最も適切な答えを一つ選びなさい.

You are the radio operator of a ship. While at sea, you have received a distress call from a small boat on VHF. What will you do?

1. I will do nothing.
2. I will send a distress alert immediately.
3. I will report it immediately to the captain.
4. I will report the incident immediately to my company.

訳例 あなたは船の無線通信士である. 海上にいる間, 小型ボートからVHF（の無線電話）で遭難呼出しを受けた. あなたは何をするか？

1. 何もしません.
2. 遭難警報を直ちに送信します.
3. 直ちに船長に報告します.
4. その事態を直ちに会社に報告します.

distress call：遭難呼出し, distress alert：遭難警報, immediately：直ちに, incident：事態

解説 遭難呼出しを受信した場合は船舶の責任者（船長）に報告しなければいけません（法規5章5.9.9参照）.

答え▶▶▶3

問題 8

選択肢の中から最も適切な答えを一つ選びなさい.

You are deck crew of a ship. When you moor your ship alongside the pier, the berth master says, "Your vessel is in position. Make fast." What does "make fast" mean?

1. To fix the ship firmly with ropes
2. To move the ship a little bit faster
3. To notify the other ship you have priority
4. To go up to the bridge quickly to check the ship's position

訳例 あなたは船の甲板員である.船を桟橋に横づけして停泊させるとき,バースマスターは「貴船は所定の位置にある.Make fast」と言う.「make fast」とはどういう意味か?

1. ロープで船をしっかり固定する
2. 船をもう少し速く動かす
3. 優先する他の船に通知する
4. 船橋に素早く上り,船の位置を確認する

注)berth master:船舶の船員と意思疎通を図って荷役作業をコーディネートする人

deck crew:甲板員,moor:停泊させる,pier:桟橋,「Your vessel is in position.」:貴船は所定の位置にある,make fast:しっかり結ぶ

答え ▶▶▶ 1

問題 9

選択肢の中から最も適切な答えを一つ選びなさい.

You are one of a cargo ship's crew and cook meals for others. Which department do you belong to?

1. I work in the same department as the chief officer.
2. Like the master, I do not belong to any department.
3. I work with the engineers taking care of the engines.
4. I belong to the steward's department, which is responsible for cooking and cleaning.

訳例 あなたは貨物船の乗組員の一人で，他の人のために食事を作っている．あなたはどの部署に所属しているか？

1. 私は一等航海士と同じ部署で働いています.
2. 船長のように，私はどの部門にも属していません.
3. 私はエンジンを整備している機関士と一緒に働いています.
4. 私は料理と掃除を担当する司厨部門に属しています.

a cargo ship's crew：貨物船の乗組員，cook meals：食事を作る，department：部署，belong to：所属する，chief officer：一等航海士，master：船長，engineers：機関士，steward：司厨員

答え ▶▶▶ 4

2章　電気通信術

第三級海上無線通信士の電気通信術の試験は，直接印刷電信と電話の２種類の試験があります．直接印刷電信は，試験官の前で 250 字の欧文普通語を５分間の制限時間内にキーボードで入力する実技試験です．電話は，100 字の欧文暗語を２分間の制限時間内に送話及び受話を行う実技試験です．送話は試験官の前での個別試験，受話は教室で一斉に流される問題を聞き取り，受話用紙に記入する試験です．

2.1　第三級海上無線通信士の電気通信術試験

無線従事者の電気通信術の試験には，「モールス電信」「直接印刷電信」「電話」の３種類があります．第三級海上無線通信士の電気通信術の試験では，無線従事者規則第５条によって，次に示す「直接印刷電信」と「電話」の２種類が課せられています．

直接印刷電信　１分間 50 字の速度の欧文普通語による約５分間の手送り送信

電話　１分間 50 字の速度の欧文（運用規則別表第５号の欧文通話表によるものをいう．）による約２分間の送話及び受話

2.2　直接印刷電信の試験

(1) 試験は，あらかじめ備付けの装置（ノートパソコン）を操作することにより行われます．

(2) 問題と合致する語字等の鍵盤の操作が行われたときは，その語字等を画面に表示します．

(3) 問題と異なった語字等の鍵盤の操作が行われたときは，これを知らせる音を発生し，この語字等を画面に表示せず，画面の表示は，問題と合致する語字等の鍵盤の操作が行われるまで進行しません．

(4) 試験時間内に問題のすべての語字等の鍵盤の操作が行われたとき又は試験時間が経過したときは，試験の終了を知らせる音を発生します．

（詳細は，日本無線協会のホームページで確認して下さい．）

※ 250 字の欧文普通語のうち 200 字以上送信できれば合格点が得られます．

※平常，パソコンのキーボードが正確に打鍵できれば，250 字全てを打ち終えることができますが，誤って打鍵すると先に進めませんので注意して下さい．

2.3 電話の試験

2.3.1　欧文通話表

無線局運用規則別表第5号には「和文通話表」と「欧文通話表」があります．「欧文通話表」は（1）「文字」と（2）「数字及び記号」で構成されています．航空無線通信士の電気通信術の試験では，アルファベット5文字ずつで構成された暗語と呼ばれる形式で出題されます．無線局運用規則別表第5号欧文通話表（1）文字を**表 2.1** に示します．

数字，記号についても規定はありますが，試験には直接関係しないので省略しています．

表 2.1　無線局運用規則別表第5号欧文通話表（1）文字

文字	使用する語	発　音
A	ALFA	AL FAH　（アルファー）
B	BRAVO	BRAH VOH　（ブラボー）
C	CHARLIE	CHAR LEE　又は　SHAR LEE　（チャーリー）（シャーリー）
D	DELTA	DELL TAH　（デルタ）
E	ECHO	ECK OH　（エコー）
F	FOXTROT	FOKS TROT　（フォックストロット）
G	GOLF	GOLF　（ゴルフ）
H	HOTEL	HOH TELL　（ホテール）
I	INDIA	IN DEE AH　（インディア）
J	JULIETT	JEW LEE ETT　（ジュリエット）
K	KILO	KEY LOH　（キーロー）
L	LIMA	LEE MAH　（リーマー）
M	MIKE	MIKE　（マイク）
N	NOVEMBER	NO VEM BER（ノーベンバー）
O	OSCAR	OSS CAH　（オスカー）
P	PAPA	PAH PAH　（パアパア）
Q	QUEBEC	KEH BECK　（ケベック）

文字	使用する語	発　音
R	ROMEO	ROW ME OH （ロミィオ）
S	SIERRA	SEE AIR RAH （シイエラ）
T	TANGO	TANG GO （タンゴ）
U	UNIFORM	YOU NEE FORM 又は OO NEE FORM（ユニフォーム）
V	VICTOR	VIK TAH （ビクター）
W	WHISKEY	WISS KEY （ウイスキー）
X	X-RAY	ECKS RAY （エクスレイ）
Y	YANKEE	YANG KEY （ヤンキー）
Z	ZULU	ZOO LOO （ズールー）

注）下線部分は語勢の強いことを示します．

表 2.1 の文字とその発音（A はアルファーなど）を正確に覚えましょう．

2.3.2 試験方法

電気通信術の試験は送話と受話の試験があります．

A　送話の試験

送話とは，アルファベットに対応した語句（表 2.1 の「使用する語」）を順に読み上げる試験です．受験者は試験官がいる別室に 1 人ずつ呼ばれ，試験官に渡された電話送信文を読み上げます．電話送信文はアルファベット 5 文字（例えば，CSFDX．5 文字ひとまとめを 1 語という）で構成されています．

次に電話送信文の例を示します．

電話送信文の例

(始めます．本文)

C S F D X	Z H T V K	I T U S J	T D L J R	Q P M E J
C B E J K	N W O R C	C O L O R	P L K Q W	H U Y X Z
P H A L E	V A R T Y	D Z U E N	F N S G I	M X O G S
J T W B I	Y G S E S	K B Z L I		

(終わり)

送話の試験は次のように行います．

「始めます」「**本文**」「CSFDX（チャーリー，シイエラ，フォックストロット，デルタ，エクスレイ） ZHTVK ITUSJ TDLJR QPMEJ … KBZLI（合計 100 字)」「**終わり**」

Point

CSFDX と次の ZHTVK を送話するまで少し間隔を空けます．

Point

間違って送話した場合，「訂正」といい，間違った文字の 2 ～ 3 字前の正しく送話した文字から送話し直します．

Point

「始めます」といってから時間が計測されます．

B　受話の試験

受話の試験は，受験会場にテープレコーダなどで流された問題を聴き，あらかじめ配布された受話用紙に記入します．例えば,「チャーリー，シイエラ，フォックストロット，デルタ，エクスレイ」と読み上げられたら，解答用紙に「CSFDX」と記入します．文章は，送話と同様アルファベット 5 文字ずつで構成された 20 語（100 字）です．

2.3.3 採点基準

電気通信術の採点基準を**表 2.2** に示します．送話，受話とも誤字（文字の誤り），脱字（文字の抜け），冗字（不要な文字の追加）は大きく減点されますので，焦ることなく正確に送話又は受話することが大切です．

■表 2.2 電気通信術の採点基準

	採点区分	点　数
送話	誤字，脱字，冗字	1 字ごとに　3 点
	発音不明りょう	1 字ごとに　1 点
	未送話字数	2 字までごとに　1 点
	訂正	3 回までごとに　1 点
	品位	15 点以内
受話	誤字，冗字	1 字ごとに　3 点
	脱字，書体不明りょう	1 字ごとに　1 点
	抹消，訂正	3 字までごとに　1 点
	品位	15 点以内

品位は，送話又は受話についての全般的な評価点です．例えば，送話では訂正が多すぎる場合，受話では読みにくい文字や紛らわしい文字などが多い場合，減点される可能性があります．

2.3.4 合格基準

第三級海上無線通信士の電気通信術のうち「直接印刷電信」の合格点は 250 字のうち 200 字以上送信した場合です．「電話」は，送話，受話とも試験時間 2 分間で，それぞれ 100 字を送話，受話し，80 点以上が合格です．なお，採点は減点方式で採点されます．

参考文献

（1） 情報通信振興会編：「令和２年版　学習用電波法令集」，情報通信振興会（2020）

（2） 今泉至明：「電波法要説」（第 11 版改訂版），情報通信振興会（2020）

（3） 情報通信振興会編：「第三級海上無線通信士　法規」第４版，情報通信振興会（2019）

（4） 情報通信振興会編：「第三級海上無線通信士　英語」第３版，情報通信振興会（2016）

（5） 一之瀬優：「一陸技　無線工学Ａ〈無線機器〉完全マスター」第４版，情報通信振興会（2015）

（6） 倉持内武，吉村和昭，安居院猛：「身近な例で学ぶ　電波・光・周波数――電波の基礎から電波時計，地デジ，GPS まで」，森北出版（2009）

（7） TONY JONES 著，松浦俊輔訳：「原子時計を計る――300 億分の１秒物語」，青土社（2001）

（8） 吉村和幸，古賀保喜，大浦宣徳：「周波数と時間――原子時計の基礎／原子時のしくみ」，電子情報通信学会（1989）

（9） 奥澤隆志：「空中線系と電波伝搬」，CQ 出版（1989）

（10） 宇田新太郎：「無線工学Ⅰ　伝送編」，丸善（1974）

（11） 宇田新太郎：「無線工学Ⅱ　エレクトロニクス編」，丸善（1974）

（12） 中島将光：「電気学会大学講座　基本電子回路」，オーム社（1984）

（13） 安居院猛，吉村和昭，倉持内武：「エッセンシャル電気回路（第２版）」，森北出版（2017）

（14） 吉村和昭，倉持内武，安居院猛：「よくわかる最新　電波と周波数の基本と仕組み（第２版）」，秀和システム（2010）

（15） 吉村和昭，倉持内武：「これだけ！　電波と周波数」，秀和システム（2015）

索 引

ア 行

カ 行

マ　行

〈著者略歴〉

吉村和昭（よしむら　かずあき）

学　歴　東京商船大学大学院博士後期課程修了
　　　　博士（工学）
職　歴　東京工業高等専門学校
　　　　桐蔭学園工業高等専門学校
　　　　桐蔭横浜大学電子情報工学科
　　　　芝浦工業大学工学部電子工学科（非常勤）
　　　　国士舘大学理工学部電子情報学系（非常勤）

　　　　第一級陸上無線技術士，第一級総合無線通信士

〈主な著書〉

「第一級陸上無線技術士試験　やさしく学ぶ　法規（改訂2版）」
「やさしく学ぶ　第一級陸上特殊無線技士試験（改訂2版）」
「やさしく学ぶ　第二級陸上特殊無線技士試験（改訂2版）」
「やさしく学ぶ　第三級陸上特殊無線技士試験」
「やさしく学ぶ　航空無線通信士試験（改訂2版）」
「やさしく学ぶ　航空特殊無線技士試験」
「やさしく学ぶ　第一級アマチュア無線技士試験」
「やさしく学ぶ　第二級海上特殊無線技士試験」
以上オーム社

やさしく学ぶ
第三級海上無線通信士試験

2021年7月20日　　第1版第1刷発行

著　者　吉村和昭
発行者　村上和夫
発行所　株式会社 オーム社
　　　　郵便番号　101-8460
　　　　東京都千代田区神田錦町3-1
　　　　電話　03(3233)0641(代表)
　　　　URL　https://www.ohmsha.co.jp/

組版　新生社　　印刷・製本　平河工業社
ISBN978-4-274-22668-7　Printed in Japan